中国职业技术教育学会科研项目优秀成果
The Excellent Achievements in Scientific Research Project of The Chinese Society Vocational and Technical Education
高等职业教育“双证课程”培养方案规划教材·机电基础课程系列

电工电子技术

高等职业技术教育研究会 审定
张明海 王夕英 主编
荣红梅 李桂华 张洪丹 副主编

Electrical and Electronic Technology

人民邮电出版社
北京

图书在版编目（CIP）数据

电工电子技术 / 张明海，王夕英主编. —北京：人民邮电出版社，2009.10（2018.8 重印）
中国职业技术教育学会科研项目优秀成果. 高等职业教育“双证课程”培养方案规划教材. 机电基础课程系列
ISBN 978-7-115-20560-5

I. 电… II. ①张…②王… III. ①电工技术－高等学校：技术学校－教材②电子技术－高等学校：技术学校－教材 IV. TM TN

中国版本图书馆CIP数据核字（2009）第037259号

内 容 提 要

本书根据高职高专的培养目标和教学特点，本着理论知识够用，面向应用、面向实践的原则，以培养学生在实践应用中观察问题和独立分析、解决问题的能力为目的编写而成。主要内容包括直流电路分析、正弦交流电路分析、磁路和变压器、电动机及其控制、半导体元器件及其应用、集成运算放大电路、直流稳压电路、组合逻辑电路、时序逻辑电路等。

本书可作为高职高专院校机电、数控、汽车、电气、自动化、模具、机械制造、计算机等相关专业的教材，也可作为初学者的自学参考书。

中国职业技术教育学会科研项目优秀成果
高等职业教育“双证课程”培养方案规划教材 • 机电基础课程系列

电工电子技术

◆ 主　　编　张明海　王夕英
　副 主 编　荣红梅　李桂华　张洪丹
　责任编辑　潘新文

◆ 人民邮电出版社出版发行　北京市丰台区成寿寺路 11 号
　邮编　100164　电子邮件　315@ptpress.com.cn
　网址　http://www.ptpress.com.cn
　大厂聚鑫印刷有限责任公司印刷

◆ 开本：787×1092　1/16
　印张：15.25　　2009 年 10 月第 1 版
　字数：369 千字　　2018 年 8 月河北第 10 次印刷

ISBN 978-7-115-20560-5/TN

定价：25.00 元

读者服务热线：(010)81055256　印装质量热线：(010)81055316
反盗版热线：(010)81055315

职业教育与职业资格证书推进策略与“双证课程”的研究与实践课题组

组　长：

俞克新

副组长：

李维利　张宝忠　许　远　潘春燕

成　员：

林　平　周　虹　钟　健　赵　宇　李秀忠　冯建东　散晓燕　安宗权
黄军辉　赵　波　邓晓阳　牛宝林　吴新佳　韩志国　周明虎　顾　晔
吴晓苏　赵慧君　潘新文　李育民

课题鉴定专家：

李怀康　邓泽民　吕景泉　陈　敏　于洪文

高等职业教育“双证课程”培养方案规划教材·机电基础课程系列编委会

丛书出版前言

职业教育是现代国民教育体系的重要组成部分，在实施科教兴国战略和人才强国战略中具有特殊的重要地位。党中央、国务院高度重视发展职业教育，提出要全面贯彻党的教育方针，以服务为宗旨，以就业为导向，走产学结合的发展道路，为社会主义现代化建设培养千百万高素质技能型专门人才。因此，以就业为导向是我国职业教育今后发展的主旋律。推行“双证制度”是落实职业教育“就业导向”的一个重要措施，教育部《关于全面提高高等职业教育教学质量的若干意见》（教高［2006］16 号）中也明确提出，要推行“双证书”制度，强化学生职业能力的培养，使有职业资格证书专业的毕业生取得“双证书”。但是，由于基于“双证书”的专业解决方案、课程资源匮乏，“双证课程”不能融入教学计划，或者现有的教学计划还不能按照职业能力形成系统化的课程，因此，“双证书”制度的推行遇到了一定的困难。

为配合各高职院校积极实施“双证书”制度工作，推进示范校建设，中国高等职业技术教育研究会和人民邮电出版社在广泛调研的基础上，联合向中国职业技术教育学会申报了职业教育与职业资格证书推进策略与“双证课程”的研究与实践课题（中国职业技术教育学会科研规划项目，立项编号 225753）。此课题拟将职业教育的专业人才培养方案与职业资格认证紧密结合起来，使每个专业课程设置嵌入一个对应的证书，拟为一般高职院校提供一个可以参照的“双证课程”专业人才培养方案。该课题研究的对象包括数控加工操作、数控设备维修、模具设计与制造、机电一体化技术、汽车制造与装配技术、汽车检测与维修技术等多个专业。

该课题由教育部的权威专家牵头，邀请了中国职教界、人力资源和社会保障部及有关行业的专家，以及全国 50 多所高职高专机电类专业教学改革领先的学校，一起进行课题研究，目前已召开多次研讨会，将课题涉及的每个专业的人才培养方案按照“专业人才定位—对应职业资格证书—职业标准解读与工作过程分析—专业核心技能—专业人才培养方案—课程开发方案”的过程开发。即首先对各专业的工作岗位进行分析和分类，按照相应岗位职业资格证书的要求提取典型工作任务、典型产品或服务，进而分析得出专业核心技能、岗位核心技能，再将这些核心技能进行分解，进而推出各专业的专业核心课程与“双证课程”，最后开发出各专业的人才培养方案。

根据以上研究成果，课题组对专业课程对应的教材也做了全面系统的研究，拟开发的教材具有以下鲜明特色。

1. 注重专业整体策划。本套教材是根据课题的研究成果——专业人才培养方案开发的，每个专业各门课程的教材内容既相互独立，又有机衔接，整套教材具有一定的系统性与完整性。

2. 融通学历证书与职业资格证书。本套教材将各专业对应的职业资格证书的知识和能力要求都嵌入到各双证教材中，使学生在获得学历文凭的同时获得相关的国家职业资格证书。

3. 紧密结合当前教学改革趋势。本套教材紧扣教学改革的最新趋势，专业核心课程、“双证课程”按照工作过程导向及项目教学的思路编写，较好地满足了当前各高职高专院校的需求。

为方便教学，我们免费为选用本套教材的老师提供相关专业的整体教学方案及相关教学资源。

经过近两年的课题研究与探索，本套教材终于正式出版了，我们希望通过本套教材，为各高职高专院校提供一个可实施的基于“双证书”的专业教学方案，也热切盼望各位关心高等职业教育的读者能够对本套教材的不当之处给予批评指正，提出修改意见，并积极与我们联系，共同探讨教学改革和教材编写等相关问题。来信请发至 panchunyan@ptpress.com.cn。

前　言

本书按照高职高专院校应用型人才的培养目标，本着面向应用、面向实践，理论知识够用为度的原则编写而成。书中将电工技术与电子技术的基本知识、基本技能融合在一起，注重培养高职高专学生在实践中观察问题、独立分析问题和解决问题的综合能力，尽量减少数学推导，降低理论深度，以便教师讲授和学生自学。与同类其他教材相比，本书具有以下特点。

（1）在内容安排上由浅入深，循序渐进，文字叙述简洁通俗，图解清晰明了，便于学生在短时间内理解和掌握基本知识。

（2）注意内容的先进性和实用性，注重对元器件外部特性和集成器件的深入讲解，培养学生合理选择、正确使用元器件的能力，并介绍一些最新元器件的应用情况。

（3）根据各知识点在实际中的应用特点，合理设置了一定的案例和实验，培养学生理论联系实际、分析问题和解决问题的能力。

本书第1～5章为电工技术部分，此部分是本书的理论基础，对电路的基本概念、电路解题方法作了具体的阐述；第6～9章为模拟电子技术部分，此部分对放大电路、集成电路进行详细分析，重点放在元器件的外部特性和应用上；第10～12章为数字电子技术部分，着重对组合逻辑电路和时序逻辑电路进行具体讲述。本书每章都有“本章小结”，并配有精选的习题，供学生练习使用。

本书配有电子课件，任课教师可到人民邮电出版社教学服务与资源网 http://www.ptpedu.com.cn 免费下载。

本书由张明海、王夕英任主编，荣红梅、李桂华、张洪丹任副主编，燕居怀和蔡超强任主审。参加本书编写工作的还有王世康、柳艾美等，在此一并表示衷心的感谢。

在本书编写过程中，编者参阅和借鉴了部分文献和资料，在此谨向其作者表示衷心的感谢。

由于编者水平有限，加之时间仓促，书中不妥之处在所难免，恳请广大读者批评指正。

编者

2009年3月

目录

第1章 直流电路

本章提要

本章主要讲解电路的组成和电路的工作状态以及电路基本物理量的意义，阐述基尔霍夫定律和戴维南定律的分析方法及应用。

1.1 电路的组成

1.1.1 电路

电路就是电流流过的路径。电路的主要作用是：能实现电能的传输、分配和转换，还能实现信号的传递和处理。如白炽灯在电流流过时将电能转换成热能和光能，电视机将接收到的信号经过处理，转换成图像和声音。

1.1.2 模型电路

在电路的分析计算中，用一个假定的二端元件如电阻元件（见图 1-1）来代替实际元件（如白炽灯），二端元件的电和磁的性质反应了实际电路元件的电和磁的性质，称这个假定的二端元件为理想电路元件。

由理想电路元件组成的电路称为理想电路模型，简称电路模型，如图 1-2 所示。

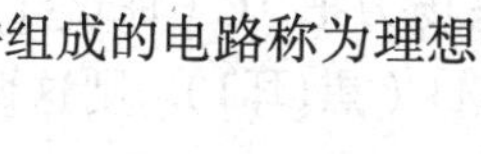

图 1-1 理想电路元件

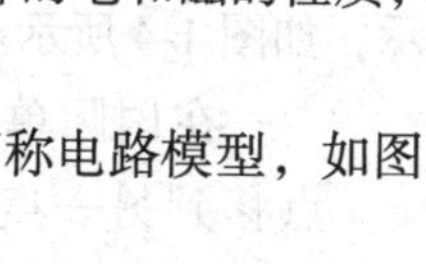

图 1-2 电路模型

1.2 电路的基本物理量

1.2.1 电流

单位时间内流过导体截面积的电荷[量]定义为电流强度，用以衡量电流的大小。电工技术中，常把电流强度简称为电流，用 i（I）表示。随时间而变化的电流定义为

$$i=\frac{\mathrm{d}q}{\mathrm{d}t} \tag{1-1}$$

式中，q 为随时间 t 变化的电荷量。

在电场力的作用下，电荷有规则地定向移动，形成了电流。规定正电荷的方向为电流的实际方向。

若 $\frac{\mathrm{d}q}{\mathrm{d}t}$=常数，则称这种电流为恒定电流，简称直流。今后大写字母如 U、I 表示电压、电流为恒定量，不随时间变化，一般称作直流电压、直流电流。小写字母 u、i 表示电压、电流随时间变化。

国际单位制（SI）中，在 1s 内通过导体横截面的电荷量为 1C（库[仑]）时，其电流为 1A（安[培]）。

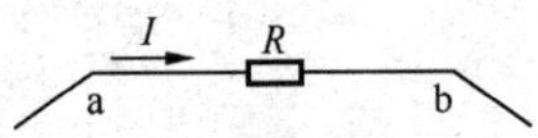

图 1-3　电流的方向表示

电流的方向可用箭头表示，也可用字母顺序表示，如图 1-3 所示。用双下标表示时为 i_{ab}。

1.2.2 电压

单位正电荷从电场中的 a 点移到 b 点，电场力所做的功称为 a、b 两点间的电压. 用 u_{ab}（U_{ab}）表示。

$$u_{ab}=\frac{\mathrm{d}W}{\mathrm{d}q} \tag{1-2}$$

习惯上把电位降低的方向作为电压的实际方向，可用+、−号表示，也可用字母的双下标表示，有时也用箭头表示，如图 1-4 所示。

图 1-4　电压的方向表示

在国际单位制中，当电场力把 1C（库[仑]）的正电荷[量]从一点移到另一点所做的功为 1J（焦[耳]），则这两点间的电压为 1V（伏[特]）。

有时把电路中任一点与参考点（规定电位能为零的点）之间的电压，也称为该点的电位。也就是该点对参考点所具有的电位能。参考点的电位为零可用符号“⊥”表示。电位的单位与电压相同，用 V（伏[特]）表示。

电路中两点间的电压也可用两点间的电位差来表示。

$$U_{ab}=U_a-U_b \tag{1-3}$$

电场中两点间的电压是不变的，电位随参考点（零电位点）选择的不同而不同。

1.2.3 电动势

非电场力即局外力把单位正电荷在电源内部由低电位 b 端移到高电位 a 端所做的功，称为电动势，用字母 e（E）表示。

$$e(t)=\frac{dW}{dq} \tag{1-4}$$

电动势的实际方向在电源内部从低电位指向高电位，单位与电压相同，用 V（伏[特]）表示。

在图 1-5 中，电压 u_{ab} 是电场力把单位正电荷由外电路从 a 点移到 b 点所做的功，由高电位指向低电位。电动势是非电场力在电源内部把单位正电荷克服电场阻力，从 b 点移到 a 点所做的功。图 1-6 中所示的直流电源在没有与外电路连接的情况下，电动势与两端电压大小相等，方向相反。

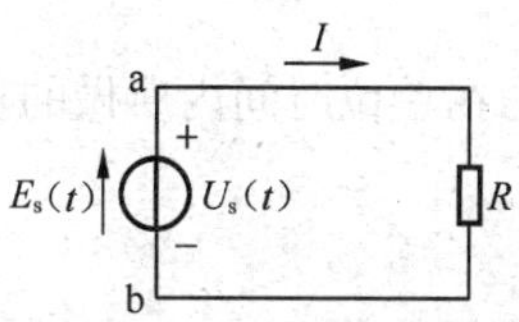

图 1-5　电动势

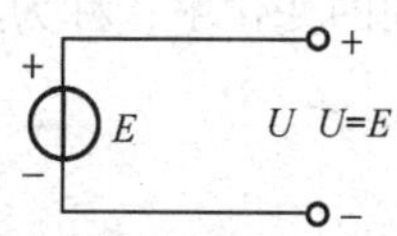

图 1-6　电动势与电压

1.3 电流、电压的参考方向

在电路的分析计算中，流过某一段电路或某一元件的电流实际方向或两端电压的实际方向往往不知道，我们可以任意假定一个电流方向或电压方向，当假定的电流方向或电压方向与实际方向一致则取正，相反则取负。假定的电流、电压方向称为电流、电压的参考方向。

1.3.1 电流的参考方向

图 1-7（a）中电流的参考方向与实际方向一致，$I>0$。图 1-7（b）中电流的参考方向与实际方向相反，$I<0$。

实际方向用虚线表示，参考方向用实线表示，以下同。

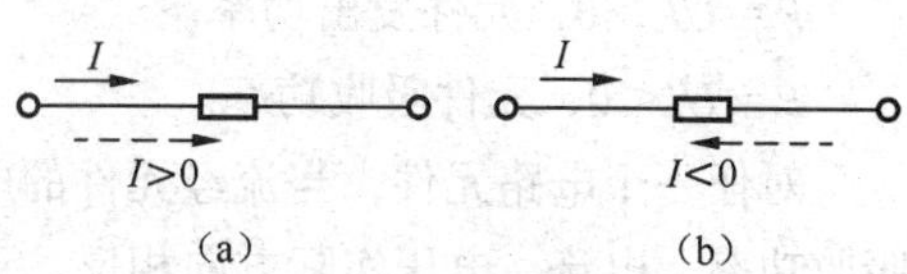

图 1-7　电流参考方向

1.3.2 电压的参考方向

图 1-8（a）中电压参考方向与实际方向一致，取正 $U>0$。在图 1-8（b）中电压参考方向与实际方向相反，取负 $U<0$。可见电流、电压都是代数量。

当电流的方向与电压方向选取一致，称为关联参考方向，如图 1-9 所示。

（a）　　（b）

图 1-8　电压参考方向

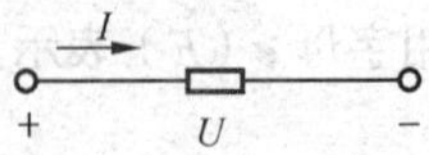

图 1-9　关联参考方向

1.4 功率

电能量对时间的变化率，称为功率，也就是电场力在单位时间内所做的功，即

$$P=\frac{\mathrm{d}W}{\mathrm{d}t} \tag{1-5}$$

在国际单位制中，功率的单位是瓦特（W）。

在图 1-10 中电阻两端的电压是 U，流过的电流是 I，是关联参考方向，则电阻吸收的功率为

$$P=UI$$

电阻在 t 时间内所消耗的电能为

$$W=Pt$$

元件两端电压和流过的电流在关联参考方向下时，如图 1-11 所示。

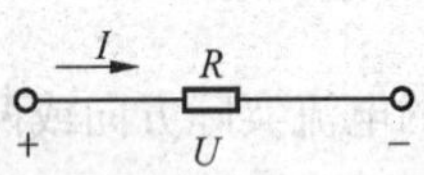

图 1-10　电阻的功率

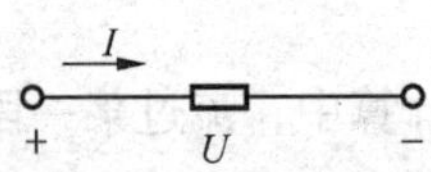

图 1-11　关联参考方向

$P=UI>0$，元件吸收功率。

$P=UI<0$，元件发出功率。

如果元件两端的电压和流过的电流在非关联参考方向下时，如图 1-12 所示。

$P=UI>0$，元件发出功率。

$P=UI<0$，元件吸收功率。

对任一个电路元件，当流经元件的电流实际方向与元件两端电压的实际方向一致时，元件吸收功率。电流、电压实际方向相反，元件发出功率。

例 1.1　试判断图 1-13（a）、（b）中元件是发出功率还是吸收功率。

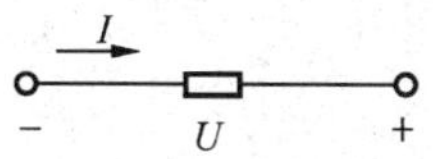

图 1-12　非关联参考方向

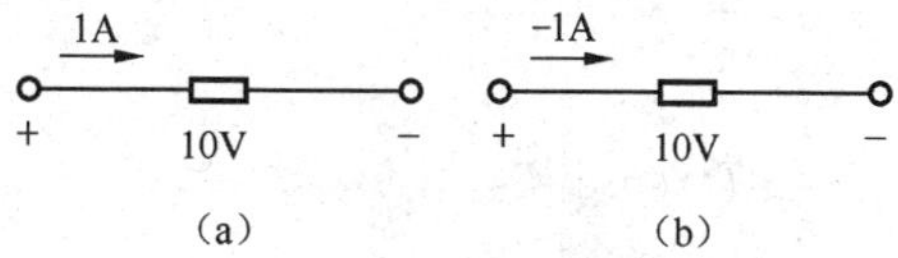

图 1-13　例 1.1 图

解：1-13（a）中电压、电流是关联参考方向，且 $P=UI=10\text{W}>0$，元件吸收功率。

1-13（b）中电压、电流是关联参考方向，且 $P=UI=-10\text{W}<0$，元件发出功率。

1.5 电阻元件

电阻元件一般为反应实际电路中的能耗元件，如电炉、电灯等。图形符号如图 1-14 所示，用字母 R 表示。

当电阻两端的电压与流过电阻的电流是关联参考方向，如图 1-14 所示，根据欧姆定律电压与电流成正比，有如下关系

$$U=RI \tag{1-6}$$

当电阻两端的电压与流过的电流为非关联参考方向时，如图 1-15 所示，根据欧姆定律有如下关系

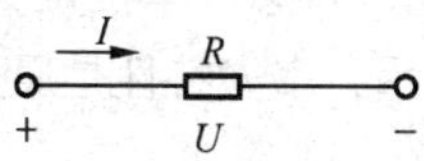

图 1-14　关联参考方向

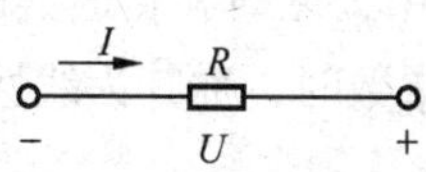

图 1-15　非关联参考方向

$$U=-RI \tag{1-7}$$

在关联参考方向下，若 R 是个常数，也称其为线性电阻。如图 1-16 所示伏安特性是过原点的直线。

把式（1-6）两边乘以 I 得到

$$P=UI=RI^2=U^2/R=GU^2\geqslant 0$$

其中，G 称电导，$G=1/R$。在国际单位制中，当电阻两端的电压为 1V（伏[特]），流过电阻的电流为 1A（安培）时，电阻为 1Ω（欧姆）。

电导 G 的单位是 s（西门子）。

当电阻两端的电压与流过电阻的电流不成正比关系时，伏安特性是曲线，如图 1-17 所示。电阻不是一个常数，随电压电流变动，也称为非线性电阻。

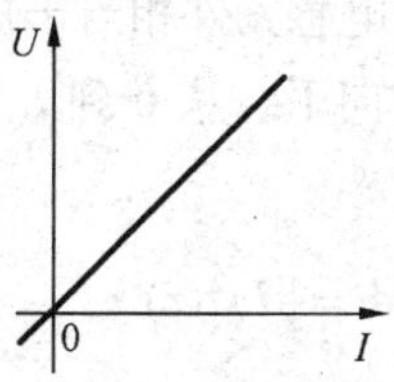

图 1-16　线性电阻伏安特性

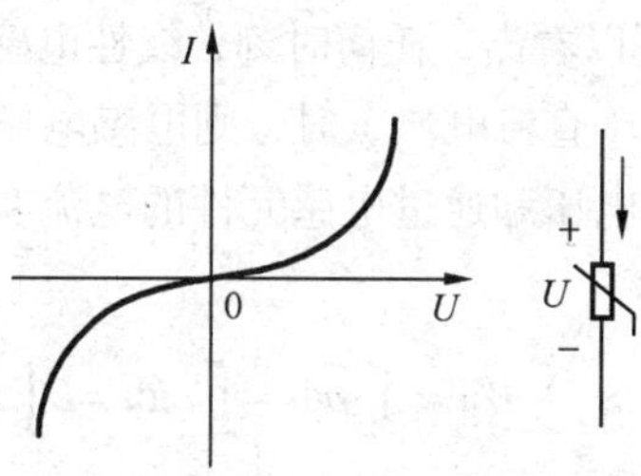

图 1-17　非线性电阻及伏安特性

1.6 电感元件、电容元件

1.6.1 电感元件

图 1-18 所示是实际的线圈，假定绕制绕圈的导线无电阻，线圈有 N 匝，当线圈通以电流 i 时，在线圈内部将产生磁通 Φ_L，若磁通 Φ_L 与线圈 N 匝都交链，则磁通链 $\Psi_L = N\Phi_L$。在电路中一般用图 1-19 表示实际线圈，并用字母 L 表示。Φ_L 和 Ψ_L 都是线圈本身电流产生的，称为自感磁通和自感磁通链。

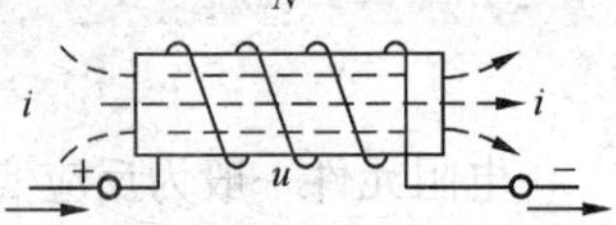

图 1-18 实际的线圈

当磁通 Φ_L 和磁通链 Ψ_L 的参考方向与电流 i 参考方向之间满足右手螺旋定则时，有式

$$\Psi_L = Li \tag{1-8}$$

式中，L 称为线圈的自感或电感。

在国际单位制中，磁通和磁通链的单位是 Wb（韦伯），自感的单位是 H（亨利）。

当 $L = \Psi_L/i$ 是常数时，称其为线性电感，如图 1-20 所示，韦安特性是通过原点的一条直线。

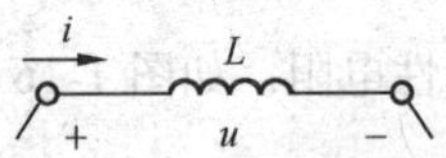

图 1-19 实际线圈表示图

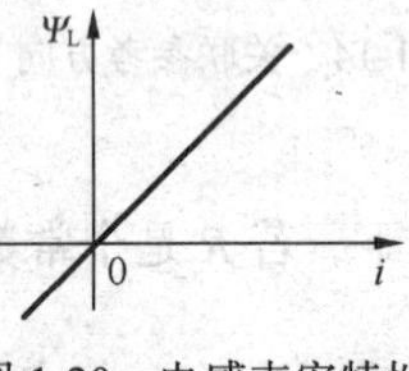

图 1-20 电感韦安特性

当电感元件两端电压和通过电感元件的电流在关联参考方向下时根据楞次定律，有

$$u = \frac{d\Psi_L}{dt}$$

把 $\Psi_L = Li$ 代入上式，得

$$u = L\frac{di}{dt} \tag{1-9}$$

从式（1-9）可以看出，任何时刻，线性电感元件的电压与该时刻电流的变化率成正比。当电流不随时间变化（直流电流）时，则电感电压为零。这时电感元件相当于短接。

电感元件两端电压和通过电感元件的电流在关联参考方向下，从 0 到 t 的时间内电感元件所吸收的电能为

$$W_L = \int_0^{\tau} p dt = \int_0^{\tau} ui dt = L\int_0^{\tau} i\frac{di}{dt} dt = L\int_{i(0)}^{i(\tau)} i di = \frac{1}{2}Li^2(\tau) \tag{1-10}$$

从式（1-10）中可以看出：L 一定时，磁场能量 W_L 随着电流的增加而增加，假定 $i(0) = 0$。

1.6.2 电容元件

如图 1-21 所示，当电容元件上电压的参考方向由正极板指向负极板，则正极板上的电荷 q 与其两端电压 u 有以下关系

$$q = Cu \tag{1-11}$$

$$C = \frac{q}{u}$$

C 称为该元件的电容，当 C 是正实常数时，电容为线性电容，如图 1-21 所示，库伏特性是通过原点的一条直线。

电容的单位在国际单位制中，用 F（法拉）表示。当在电容两端的电压是 1V，极板上电荷为 1C（库仑）时，电容是 1F（法拉）。

$$1\text{F} = 10^6\mu\text{F} = 10^{12}\text{pF}$$

当电容两端的电压 u 与流进正极板电流参考方向一致时为关联参考方向，如图 1-22 所示。

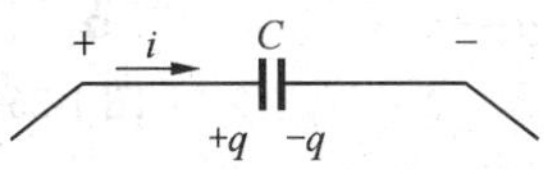

图 1-21　电容元件

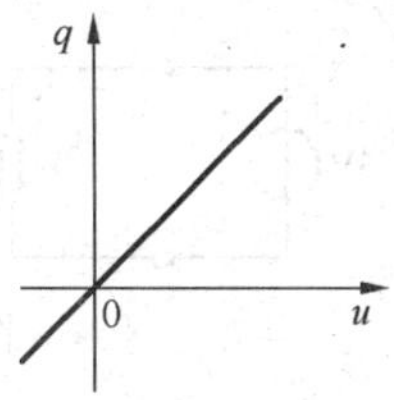

图 1-22　电容库伏特性

$$i = \frac{\mathrm{d}q}{\mathrm{d}t} \tag{1-12}$$

把式 $q = Cu$ 代入 1-12，得

$$i = C\frac{\mathrm{d}u}{\mathrm{d}t} \tag{1-13}$$

当电容一定时，电流与电容两端电压的变化率成正比，当电压为直流电压时，电流为零，电容相当于开路。

电容元件两端电压与通过的电流在关联参考方向下，从 0 到 τ 的时间内元件所吸收的电能为

$$W_\mathrm{C} = \int_0^\tau p\mathrm{d}t = \int_0^\tau ui\mathrm{d}t = C\int_0^\tau u\frac{\mathrm{d}u}{\mathrm{d}t}dt = C\int_{u(0)}^{u(\tau)} u\mathrm{d}u = \frac{1}{2}Cu^2(\tau) \tag{1-14}$$

式（1-14）中 C 一定时，电场能量随着电压的增加而增加，假定 u（0）= 0。

1.7 电压源、电流源及其等效变换

1.7.1 电压源

电压源如图 1-23 所示，具有以下特点：电压源两端的电压 U_s（t）为确定的时间函数，与

流过的电流无关。当 U_s 为直流电压源时，两端的电压 $U_s(t)$ 不变，$U_s(t)=U$。直流电压源伏安特性如图 1-24 所示。

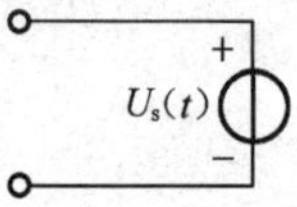

图 1-23　电压源

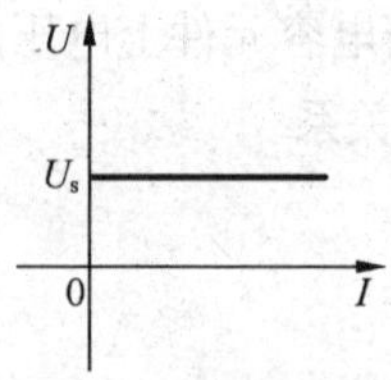

图 1-24　电压源伏安特性

在图 1-25 中可以看出电压源两端电压不随外电路改变而改变。

直流电压源也可用如图 1-26 所示的符号表示。长线表示正极（高电位），短线表示负极（低电位）。

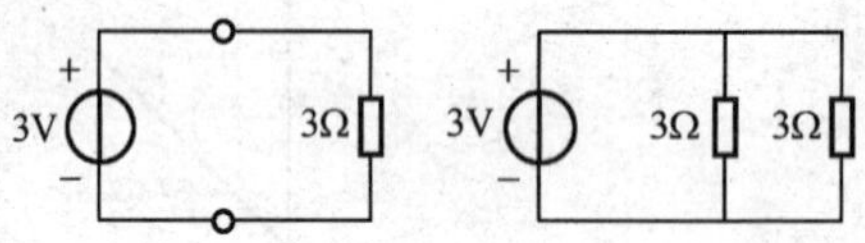

图 1-25

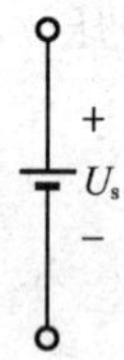

图 1-26

当电流流过电压源时从低电位流向高电位，则电压源向外提供电能。当电流流过电压源时从高电位流向低电位，则电压源吸收电能。如电池充电的情况。

1.7.2　电流源

电流源如图 1-27 所示，电流 $I_s(t)$ 是确定的时间函数，与电流源两端的电压无关。在直流电流源的情况下，发出的电流是恒值，$I_s(t)=I$。伏安特性如图 1-28 所示。

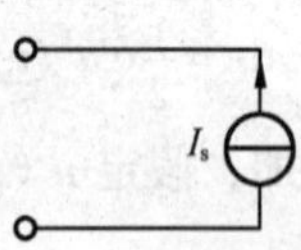

图 1-27　电流源

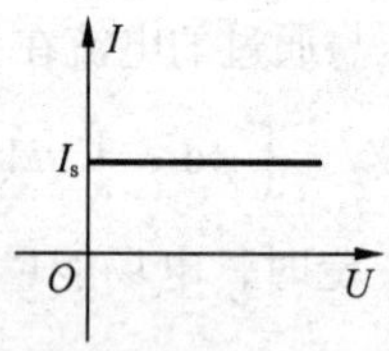

图 1-28　电流源伏安特性

从图 1-29 中可以看出电流源发出的电流不随外电路的改变而改变。

对电流源的电流和电压取非关联参考方向，如图 1-30 所示。在这种情况下，如果 $P>0$，则表示电流源发出功率，$P<0$，则表示电流源吸收功率。

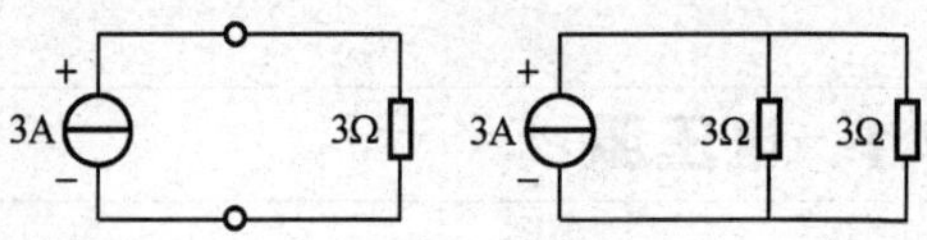

图 1-29

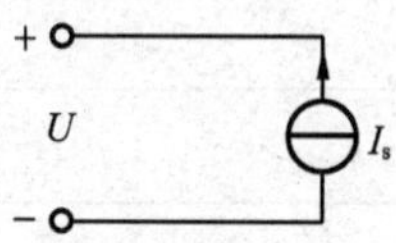

图 1-30

1.7.3 实际电源两种模型的等效变换

实际电源可用两种电路模型来表示，一种为电压源和电阻（内阻 R_0）的串联模型，还有一种为电流源和电阻（内阻 R_0）的并联模型，如图 1-31 所示。

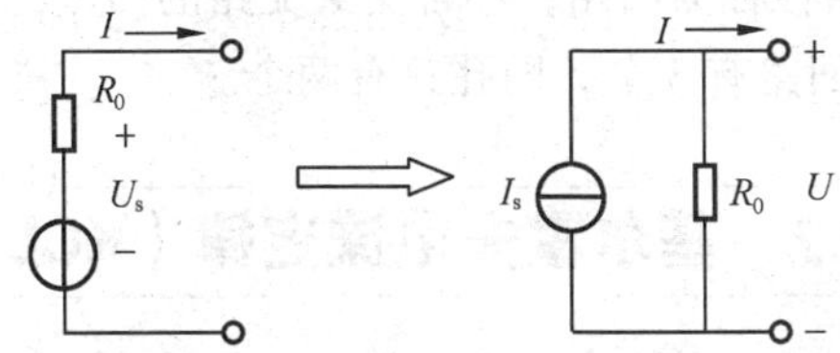

图 1-31 两种电源电路模型

两种模型的特点是：电阻相同，电流源电流为

$$I_s = \frac{U_s}{R_0} \tag{1-15}$$

电流 I_s 的方向为由电压源的低电位指向高电位，注意是对外电路等效。

1.7.4 电路的短路与开路

在图 1-32 所示的简单闭合电路中，有

$$RI = U_s - R_0 I$$

$$I = U_s/(R + R_0) \tag{1-16}$$

当 $R = 0$ 时，$U = 0$，$I = U_s/R_0$，称电路 ab 间短路。

当 $R = \infty$（断开）时，$I = 0$，$U = U_s$，称电路 ab 间开路。

当有载情况下，$I = U_s/(R + R_0)$，在 ab 间短路时，$U = 0$，$I = U_s/R_0$；在 ab 间开路时 $I = 0$，$U = U_s$。

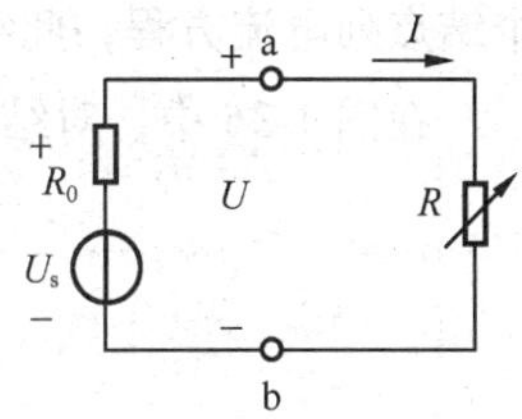

图 1-32 简单闭合电路

为了使电气设备能安全可靠，经济运行，引入了电气设备额定值，就是电气设备在电路的正常运行状态下，能承受的电压，允许通过的电流，以及它们吸收和产生功率的限额。如额定电压 U_N、额定电流 I_N、额定功率 P_N。如一个灯泡上标明 220V、60W，这说明额定电压 220V，在此额定电压下消耗功率 60W。

当电气设备的电流等于额定电流时，称为满载工作状态。电流小于额定电流时，称为轻载工作状态，超过额定电流时，称为过载工作状态。

1.8 基尔霍夫定律

1.8.1 支路、结点、回路

支路：通常情况下，通以相同的电流无分支的一段电路称为支路。图 1-33 中有 3 条支路。

其中两条含电源的支路称为有源支路，不含电源的支路称无源支路。

结点：3 条或 3 条以上支路的连接点称为结点，图 1-33 中有两个结点 a、b。

回路：电路中任一闭合路径称为回路，不含交叉支路的回路称为网孔，在图 1-33 中，回路有 3 个，网孔只有两个。

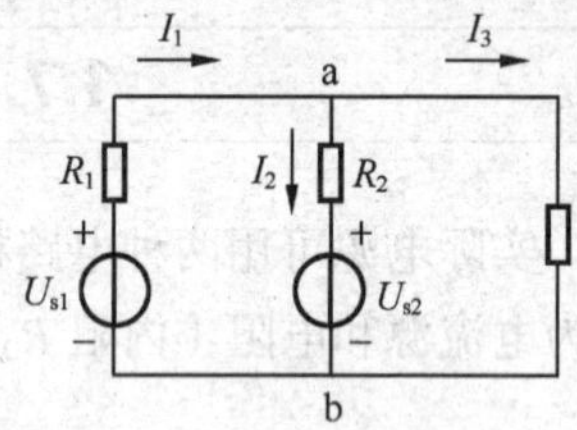

图 1-33 复杂电路

1.8.2 基尔霍夫电流定律（KCL）

在电路中，任何时刻，对任一结点所有支路电流的代数和等于零。即在电路中对任一结点，在任一时刻流进该结点的电流等于流出该结点的电流。

$$\sum I = 0 \tag{1-17}$$

在图 1-34 中，假定流入 a 结点电流取负，流出 a 结点电流取正，有

$$-I_1 - I_2 + I_3 = 0$$

在图 1-33 中，对结点 a 有 $-I_1 + I_2 + I_3 = 0$ （1-18）

对结点 b 有 $-I_3 - I_2 + I_1 = 0$ （1-19）

将式（1-19）两边乘以（−1），所得方程与式（1-18）完全相同，故在图 1-33 中只能对其中一个结点列电流方程，此结点称为独立结点，当有 n 个结点，$n-1$ 个结点是独立的。

在图 1-35 中，对结点 a $-I_1 - I_{ca} + I_{ab} = 0$

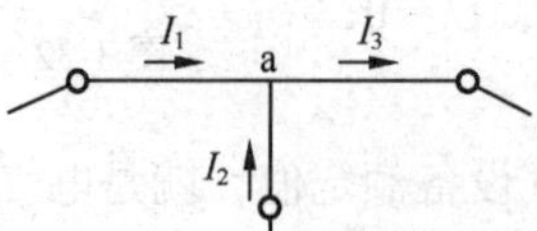

图 1-34 结点电流

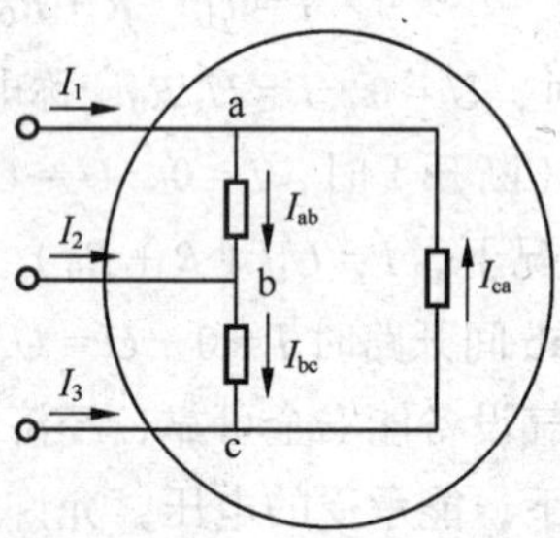

图 1-35 广义结点

对结点 b $-I_2 - I_{ab} + I_{bc} = 0$

对结点 c $-I_3 - I_{bc} + I_{ca} = 0$

把上面 3 个方程式相加，得 $I_1 + I_2 + I_3 = 0$

得出在电路中，任一闭合电路电流的代数和为零，即流进闭合电路的电流等于流出闭合电路的电流。这是电流连续性的体现。

1.8.3 基尔霍夫电压定律（KVL）

在电路中任何时刻，沿任一回路内所有支路电压的代数和等于零，即

$$\sum U = 0 \tag{1-20}$$

在图 1-36 中，假定回路绕行方向顺时针有

$$U_{R1} + U_{R2} + U_{R3} + U_{s2} - U_{s1} = 0 \tag{1-21}$$

元件上的电压方向与绕行方向一致取正，相反取负。把欧姆定律公式代入式（1-21）有

$$R_1I + R_2I + R_3I + U_{s2} - U_{s1} = 0$$

$$R_1I + R_2I + R_3I = U_{s1} - U_{s2}$$

$$\sum R_kI = \sum U_{sk} \tag{1-22}$$

式（1-22）中流过电阻的电流与绕行方向一致则 R_kI 取正，否则取负。

电压源电压方向与绕行方向一致 U_{sk} 取负（移到等号右边变号），否则取正。

注意

一般对独立回路列电压方程，网孔一般是独立回路。在电路中，设有 b 条支路，n 个结点，独立回路数为 $b-(n-1)$。

例 1.2　求图 1-37 所示电路的开口电压 U_{ab}。

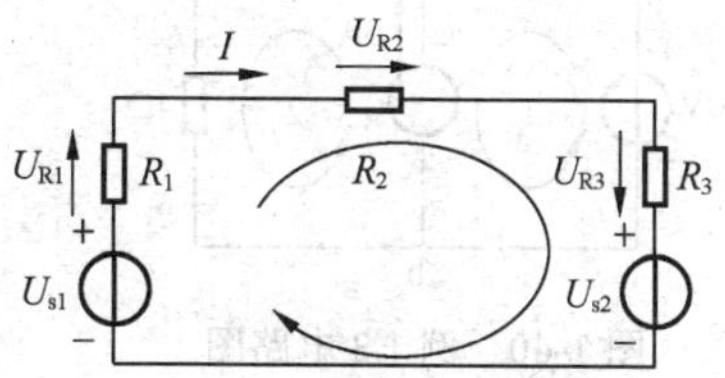

图 1-36　电压回路

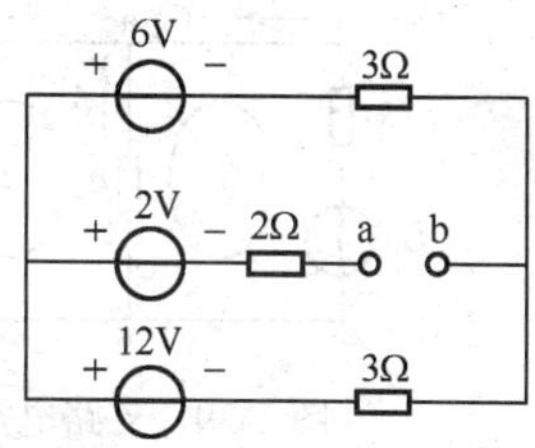

图 1-37　例 1.2 电路图

解：先把图 1-37 改画成图 1-38，求电流 I。

在回路 1 中，有　　$6I = 12 - 6$

$I = 1\text{A}$

根据基尔霍夫电压定律，在回路 2 中，得

$$U_{ac} + U_{cb} - U_{ab} = 0$$

$$-2 + 12 - 3 \times 1 - U_{ab} = 0$$

$$U_{ab} = 7\text{V}$$

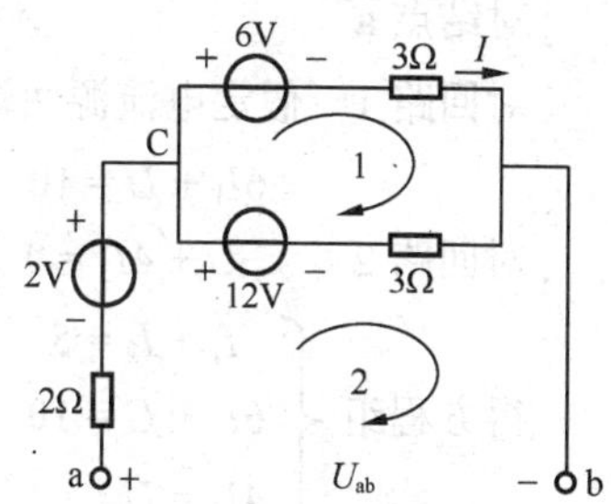

图 1-38　例 1.2 电路变换图

从例 1.2 可看出，基尔霍夫电压定律不但适用于闭合回路，对开口回路同样适用，但需在开口处假设电压（例中 U_{ab}）。在列电压方程时，要注意开口处电压方向。

1.9 支路电流法

如图 1-39 所示，每条支路电流 I_1、I_2、I_3 的参考方向已知，网孔为顺时针方向。

在图中有两个结点，独立结点只有一个，故只要对其中一个结点列电流方程。独立回路有两个，故只要对网孔列电压方程即可。

对 a 结点有　　$-I_1 - I_2 + I_3 = 0$

对回路 1　　$R_1I_1 - R_2I_2 = U_{s1}$

对回路 2　　$R_2I_2 + R_3I_3 = -U_{s3}$

由此可解得支路电流 I_1、I_2、I_3。

步聚如下。

（1）假定各支路电流的参考方向，网孔绕行方向。

（2）根据基尔霍夫电流定律对独立结点列电流方程（如：有 n 个结点，则 $n-1$ 个结点是独立的）。

（3）根据基尔霍夫电压定律对独立回路列电压方程（一般选取网孔，网孔是独立回路）。

（4）解出支路电流。

例 1.3 电路如图 1-39 所示，用支路法求各支路电流。

解： 在图 1-40 中，设支路电流 I_1、I_2、I_3 的参考方向。

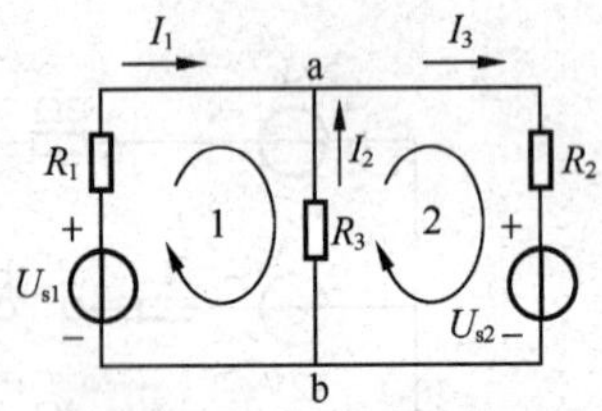

图 1-39 支路电流法

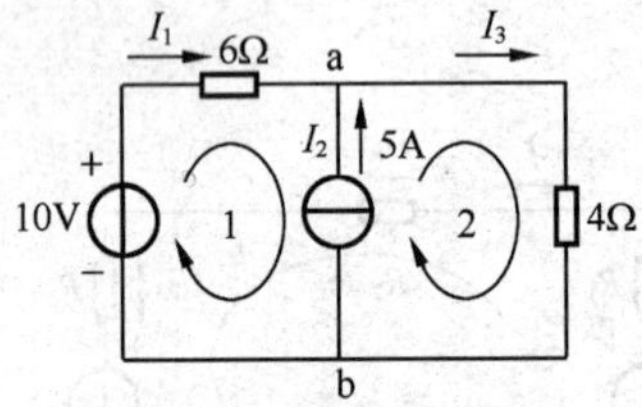

图 1-40 例 1.3 电路图

根据电流源的性质，得 $I_2 = 5A$。设网孔绕行方向按顺时针方向。

对结点 a $$-I_1 - I_2 + I_3 = 0$$

对回路 1 假定电流源两端电压 u 参考方向如图 1-39 所示，即

$$6I_1 + U = 10$$

对回路 2 $$-U + 4I_3 = 0$$

得方程组 $$\begin{cases} -I_1 + I_3 = 5 \\ 6I_1 + U = 10 \\ 4I_3 = U \end{cases}$$

解得：$I_1 = -1A$，$I_2 = 5A$，$I_3 = 4A$，$U = 16V$。

注意对电流源在列回路电压方程时，要假设电流源两端电压的参考方向。

1.10 叠加定理

叠加定理叙述为：在线性电路中，如果有多个独立源同时作用时，任何一条支路的电流或电压，等于电路中各个独立源单独作用时对该支路所产生的电流或电压的代数和。

当某独立源单独作用于电路时，其他独立源应该除去，称为“除源”。即对电压源来说，令其电源电压 U_s 为零，相当于“短路”；对电流源来说，令其电源电流 I_s 为零，相当于“开路”。如图 1-41 所示。

在图 1-41 中，用叠加定理求流过 R_2 的电流 I_2，等于电压源、电流源单独对 R_2 支路作用产生电流的叠加。

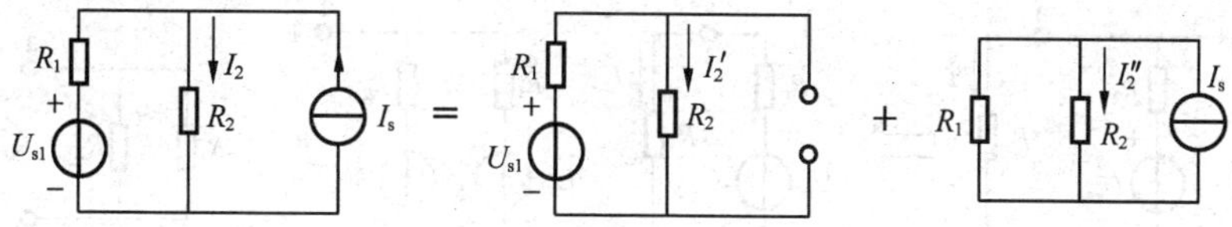

图 1-41　叠加定理

注意

不作用的电压源短接，不作用的电流源断开，电阻不动。

$$I_2 = I_2' + I_2''$$

例 1.4　用叠加定理求电路图 1-42 中流过电阻（4Ω）的电流。

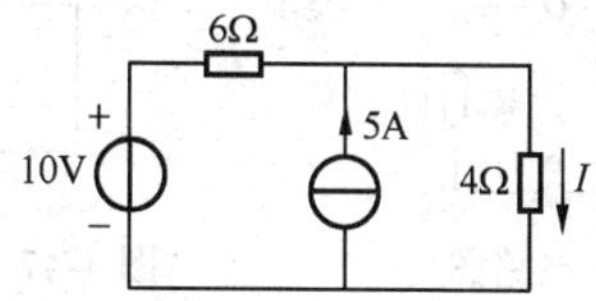

图 1-42　例 1.4 电路图

解：如图 1-43 所示，即

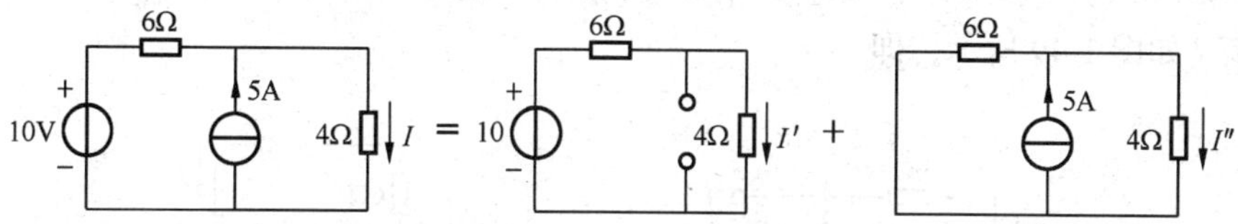

图 1-43　例 1.4 等效电路图

$$I' = 10/10\text{A} = 1\text{A} \qquad I'' = 6/10 \times 5\text{A} = 3\text{A}$$
$$I = I' + I'' = (1+3)\text{A} = 4\text{A}$$

1.11 戴维南定理

具有两个端的网络称为二端网络。含有电源的二端线性网络称为有源二端线性网络；不含电源的二端线性网络，称为无源二端线性网络。图 1-44 所示电路为有源二端线性网络。

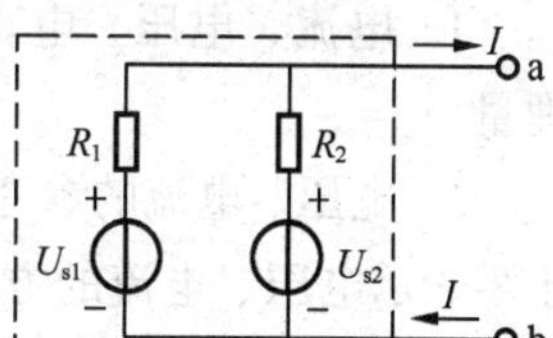

图 1-44　有源二端线性网络

戴维南定理叙述为：任何有源二端线性网络，都可以用一条含源支路即电压源和电阻的串联组合来等效替代（对外电路），其中电阻等于二端网络化成无源（电压源短接，电流源断开）后，从两个端看进去的电阻，电压源的电压等于二端网络两个端之间的开路电压，如图 1-45 所示。

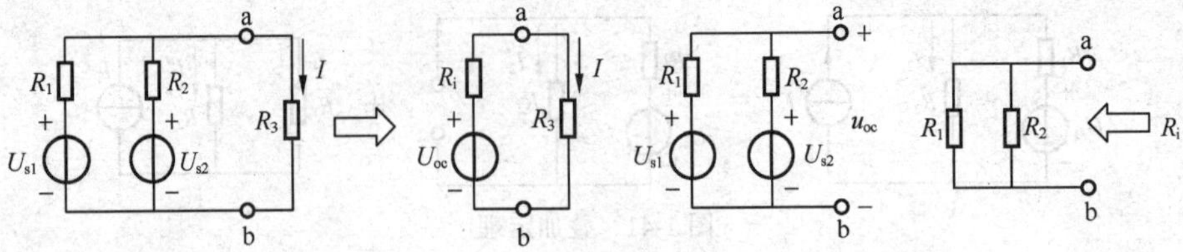

图 1-45　戴维南定理

例 1.5　用戴维南定理，求图 1-46 中流过 4Ω电阻的电流 I。

解： 求入端电阻 R_i（电压源短接，电流源断开，从 a、b 两端看进去的电阻），如图 1-47 所示。

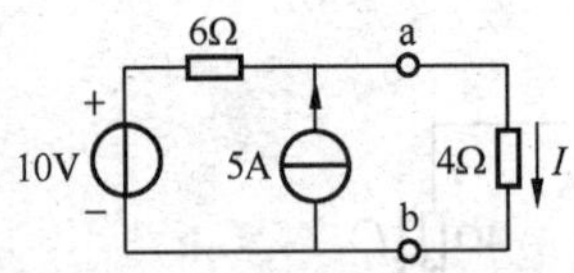

图 1-46　例 1.5 电路图

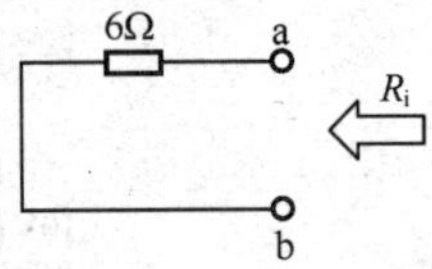

图 1-47　例 1.5 等效电路图

$$R_i = 6\Omega$$

求开路电压（a、b 两端之间断开的电压）U_{oc}，如图 1-48 所示，即

$$U_{oc} = (5 \times 6 + 10)\text{V} = 40\text{V}$$

则电流 I 如图 1-49 所示，即

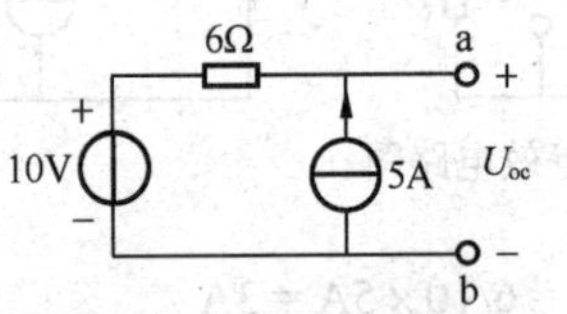

图 1-48

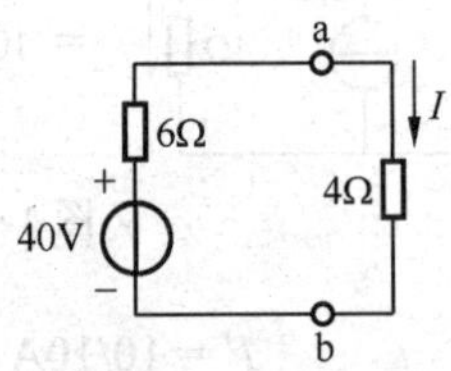

图 1-49

$$I = 40/10 = 4\text{A}$$

本章小结

本章着重理解和掌握以下几个问题。

1. 电流、电压、电功率是电路中 3 个主要的物理量。其中，电流、电压是电路的基本物理量。

2. 电压、电流的参考方向。参考方向是假定的一个方向。在电路的分析中，电压、电流大于零表示电压、电流的方向与实际方向一致，电压、电流小于零表示电压、电流的方向与实际方向相反。

3. 基尔霍夫定律主要是分析元件之间的约束关系。欧姆定律主要是讨论电阻元件两端电压与通过电流的关系。

4. 基尔霍夫定律。

（1）基尔霍夫电流定律：在电路中，任何时刻，对任一结点所有支路电流的代数和等于零。即在电路中对任一结点，在任一时刻流进该结点的电流等于流出该结点的电流。$\sum I=0$。

（2）基尔霍夫电压定律：在电路中任何时刻，沿任一回路内所有支路电压的代数和等于零。$\sum U=0$。

5. 支路电流法：

（1）先要假定每条支路电流的参考方向。

（2）对独立结点列电流方程、独立回路列电压方程，特别要注意在列回路方程时，回路中含电流源，需在电流源两端先假设电压后，再列回路电压方程。

（3）解方程组，求出支路电流。

6. 戴维南定理：应用戴维南定理计算复杂电路时，关键是求等效电压源的电动势 E 和内阻。在计算 R_i 时，应将待求支路断开、有源二端网络中各电动势均短路、各电流源均断路，这样既便于计算，也可以避免错误。

习题

1-1 写出题图 1-1 中有源支路的电压、电流关系式。

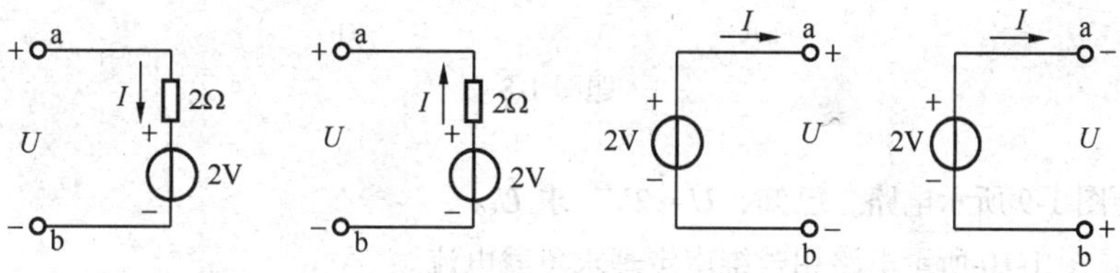

题图 1-1

1-2 求题图 1-2 所示电路 U_{ab}。

1-3 电路如题图 1-3 所示。试问 ab 支路是否有电压和电流？

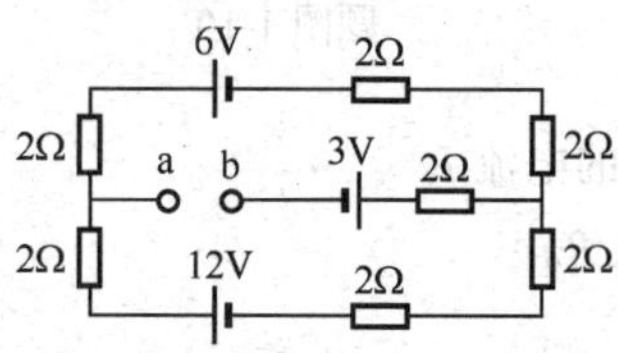

题图 1-2

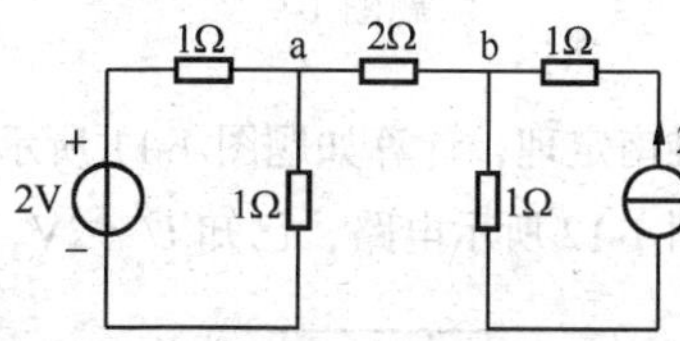

题图 1-3

1-4 题图 1-4 中若（1）$U=10$V，$I=2$A；（2）$U=10$V，$I=-2$A。试问哪个元件吸收功率？哪个元件输出功率？为什么？

1-5 求题图 1-5 所示电路中的 U_1 和 U_2。

1-6 将题图 1-6 所示电路化成等值电流源电路。

1-7 求题图 1-7 所示各电压源输出的功率。

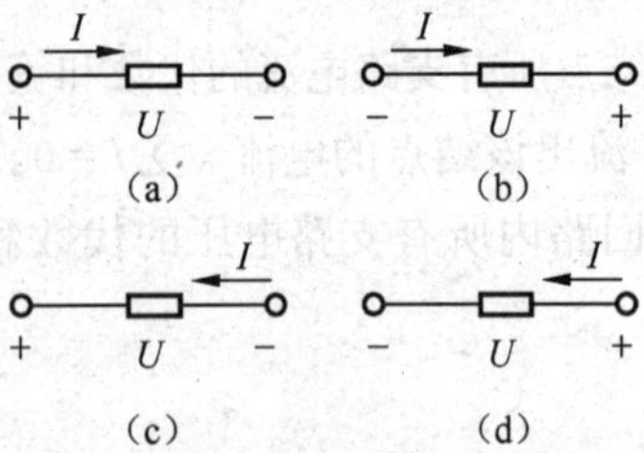

题图 1-4

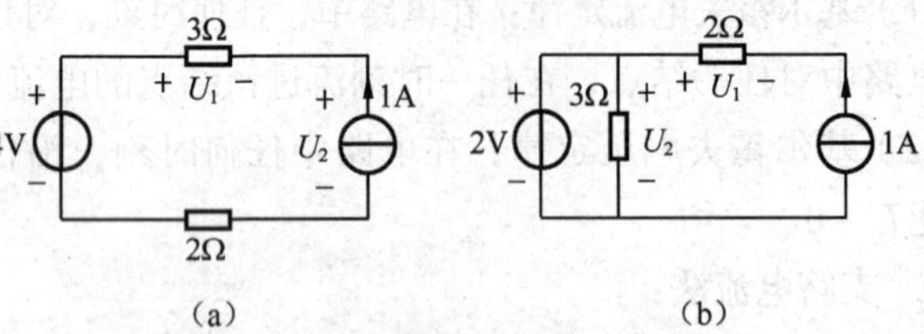

题图 1-5

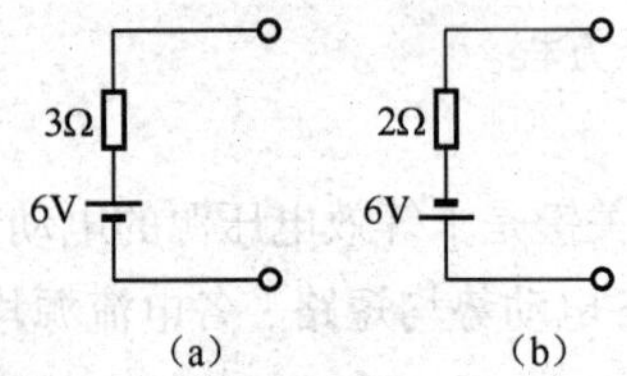

题图 1-6

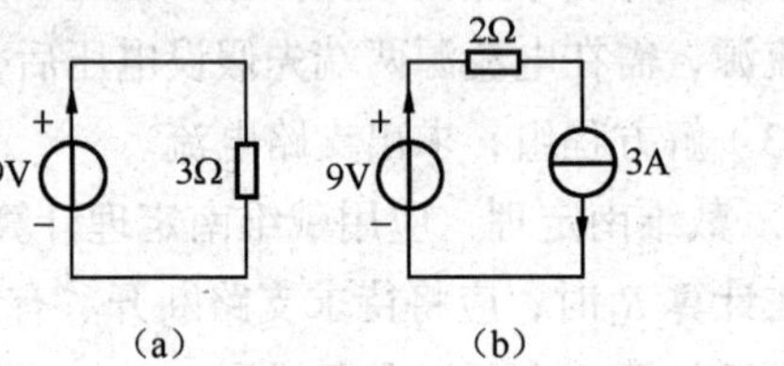

题图 1-7

1-8　求题图 1-8 所示电路中的电压 U 和电流 I。

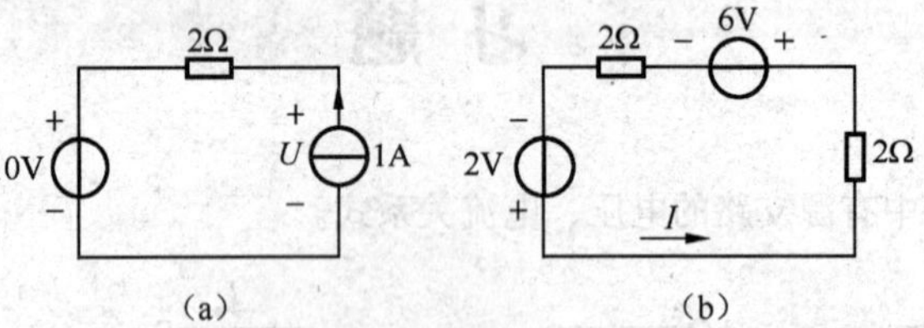

题图 1-8

1-9　如题图 1-9 所示电路，已知，$U=2\text{V}$，求 U_s。

1-10　如题图 1-10 所示电路用戴维南定理求负载电流。

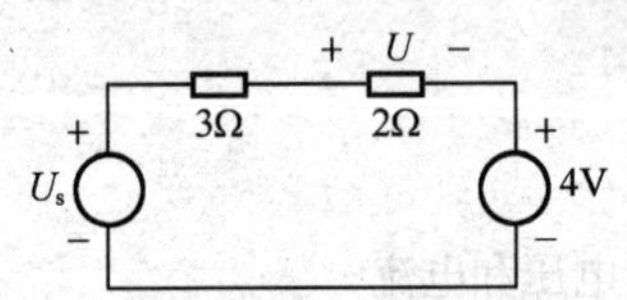

题图 1-9

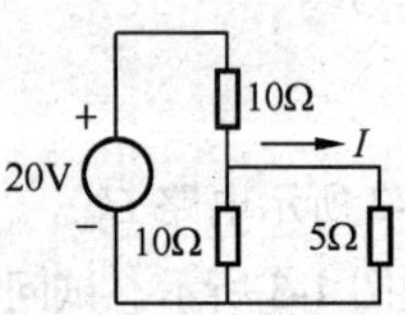

题图 1-10

1-11　用戴维南定理，计算如题图 1-11 所示电路中的电流 I。

1-12　如题图 1-12 所示电路，已知 $U=2\text{V}$，求电阻 R。

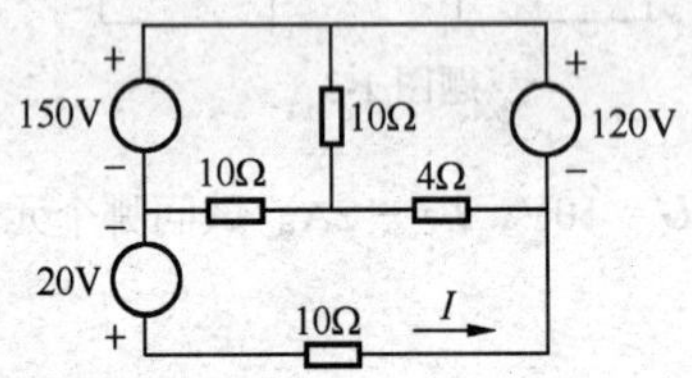

题图 1-11

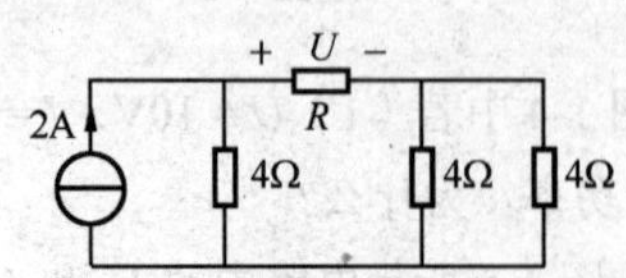

题图 1-12

1-13　计算题图 1-13 中电压 U。

1-14　列出如题图 1-14 所示电路的支路电流方程。

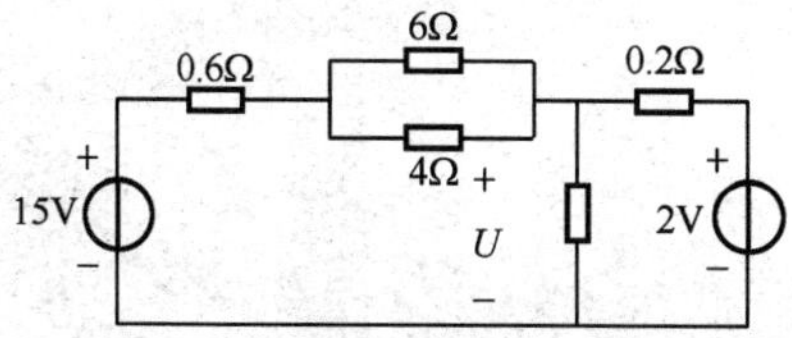

题图 1-13

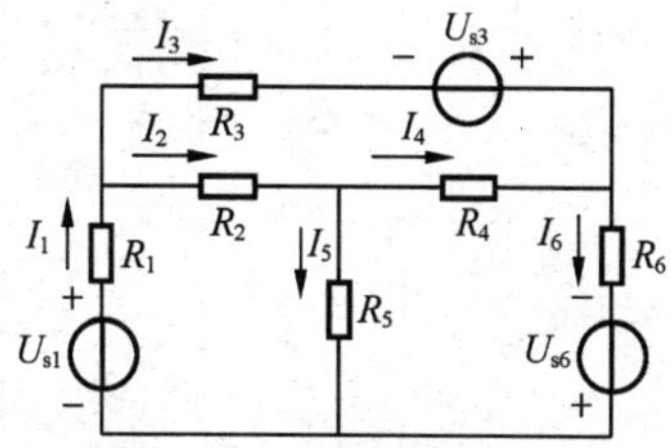

题图 1-14

第2章 正弦交流电路

本章提要

本章着重讨论和分析正弦交流电路的基本概念、基本规律，引入相量对正弦交流电路进行分析计算。分析正弦交流电路在串联和并联的情况下，发生谐振的条件、特点以及三相交流电路中电源的连接方法和负载的连接方法。

2.1 正弦量的三要素

在正弦交流电路中，电压和电流的大小和方向随时间按正弦规律变化。凡按正弦规律变动的电压、电流等统称正弦量。

图 2-1 所示是一段正弦电流电路，电流 i 在图示参考方向下，其数学表达式为

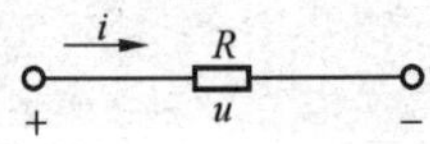

图 2-1 正弦电流电路模型

$$i = I_m \sin(\omega t + \psi_i)$$

式中，I_m 为振幅，ω为角频率，ψ_i 为初相，正弦量的变化取决于以上 3 个量，通常把 I_m、ω、ψ_i 称为正弦量的三要素。

2.1.1 频率与周期

正弦量完整变化一周所需的时间称为周期 T。单位是 s（秒），每秒内变化的周数称为频率，用字母 f 表示，单位是赫兹（Hz）。我国采用 50Hz 作为电力标准频率，又称工频。频率和周期互为倒数

$$f = 1/T \tag{2-1}$$

ω称为正弦电流 i 的角频率，单位是 rad/s（弧度每秒），即

$$\omega = 2\pi/T = 2\pi f \tag{2-2}$$

从式（2-2）中可以看出角频率与频率之间是 2π的倍数关系，有时我们也把振幅、频率、初相称为正弦量的三要素。

2.1.2 振幅和有效值

正弦量的大小和方向随时间周期性地变化，最大幅值称为振幅，也称为最大值，如图 2-2 所示为电流的正弦波形。一般用 I_m、U_m 来表示电流、电压的最大值。

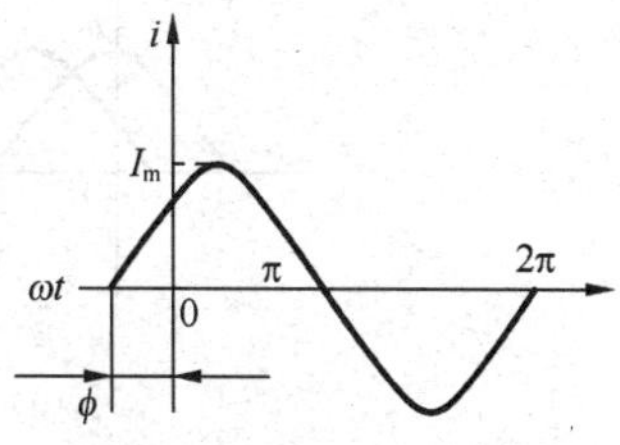

图 2-2　正弦交流波形图

下面分析正弦量的有效值。

在图 2-3 中有两个相同的电阻 R，其中一个电阻通以周期电流 i，另一个电阻通以直流电流 I，在一个周期内，电阻消耗的电能分别为

$$W_{周} = \int_0^T Ri^2\mathrm{d}t \qquad W_{直} = RI^2T$$

令消耗的电能相等，$W_{直} = W_{周}$，则

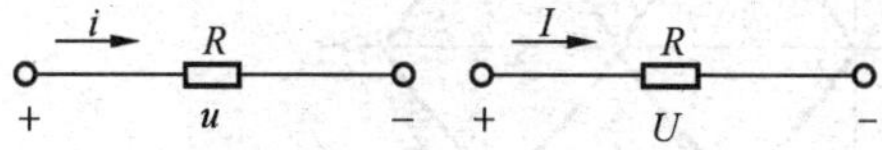

图 2-3　交流电的有效值

$$RI^2T = \int_0^T Ri^2\mathrm{d}t$$

$$I = \sqrt{\frac{1}{T}\int_0^T i^2\mathrm{d}t}$$

式中，I 称为周期电流 i 的有效值，又称方均根值。

当周期电流为正弦量时，$i = I_m\sin\omega t(\psi_i = 0)$，则

$$I = \sqrt{\frac{1}{T}\int_0^T i^2\mathrm{d}t} = \sqrt{\frac{1}{T}\int_0^T I_m^2\sin^2\omega t\mathrm{d}t} = \sqrt{\frac{I_m^2}{T}\int_0^T\frac{1-\cos 2\omega t}{2}\mathrm{d}t} = \frac{I_m}{\sqrt{2}}$$

$$I_m = \sqrt{2}\,I \tag{2-3}$$

同理

$$U_m = \sqrt{2}\,U \tag{2-4}$$

得到正弦量最大值（振幅）是有效值的 $\sqrt{2}$ 倍。

2.1.3 相位、初相、相位差

正弦电流一般表示为

$$i = I_m\sin(\omega t + \psi_i)$$

其中，$\omega t + \psi_i$ 称为相位，反应了正弦量随时间变化的进程。当 $t = 0$ 时，ψ_i 称为初相。

假定两个同频率的正弦量 u、i，则

$$u = U_m\sin(\omega t + \psi_u)$$
$$i = I_m\sin(\omega t + \psi_i)$$

它们的相位差 ϕ 为

$$\phi = (\omega t + \psi_u) - (\omega t + \psi_i) = \psi_u - \psi_i$$

此式表明，相位差与计时起点无关，是一个定数。我们只讨论同频率正弦量的相位差，这点要注意。

当 $\phi > 0$ 时，反映出电压 u 的相位超前电流 i 的相位一个角度 ϕ，简称电压 u 超前电流 i，

如图 2-4（a）所示。

当$\phi<0$时，反映出电压 u 的相位滞后电流 i 的相位一个角度ϕ，简称电压 u 滞后电流 i。

当$\phi=0$时，电压 u 和电流 i 同相位，如图 2-4（b）所示。

当$\phi=\pi/2$时，称为正交，如图 2-4（c）所示。

当$\phi=\pi$时，称反相，如图 2-4（d）所示。

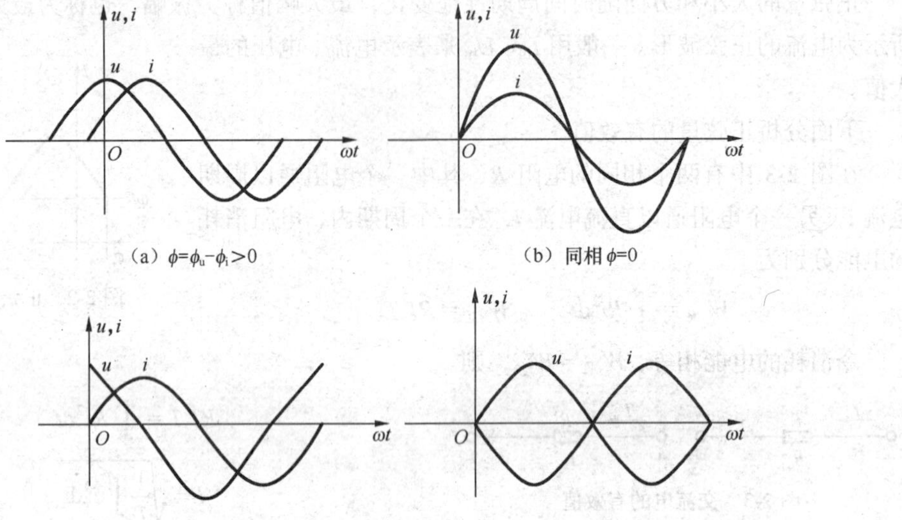

图 2-4 相位图

2.2 同频率正弦量的相加与相减

同频率正弦量相加与相减，可以用解析式的方法，也可以用波形图逐点描绘的方法，但这两种方法都不简便。所以，要计算几个同频率的正弦量的相加、减，常用旋转矢量的方法。

2.2.1 正弦量的旋转矢量表示方法

用旋转矢量表示正弦交流电的方法是：在直角坐标系中画一个旋转矢量，规定用该矢量的长度表示正弦交流电的最大值，该矢量与横轴的正向夹角表示正弦交流电的初相，矢量以角速度ω按逆时针旋转，旋转的角速度也就表示正弦交流电的角频率。

例 2.1 已知：$i_1=7.5\sin(\omega t+30°)$，$i_2=5\sin(\omega t+90°)$，$i_3=5\sin\omega t$，$i_4=10\sin(\omega t-120°)$，画出表示以上正弦交流电的旋转矢量。

解：如图 2-5 所示，用旋转矢量 I_{1m}、I_{2m}、I_{3m}、I_{4m} 分别表示正弦交流电 i_1、i_2、i_3、i_4，其中

$$I_{1m}=7.5A，I_{2m}=5A，I_{3m}=5A，I_{4m}=10A$$

应当注意：只有当正弦交流电的频率相同时，表示这些正弦量的旋转矢量才能画在同一坐标系中。

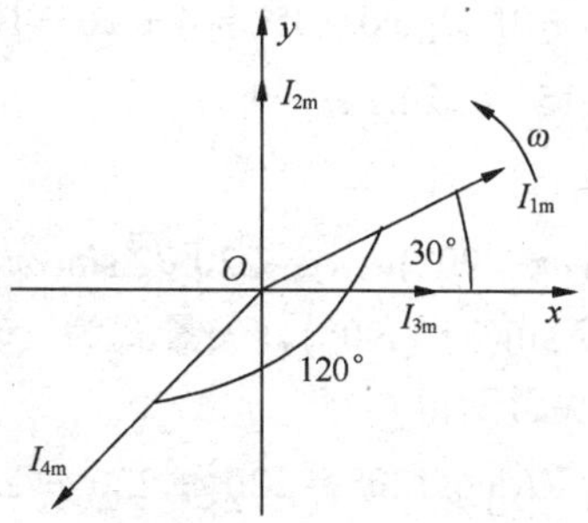

图 2-5　用旋转矢量表示正弦交流电

2.2.2　同频率正弦量的加、减法

1. 同频率正弦量的加、减的一般步骤

几个同频率正弦量的加、减的一般步骤如下：

（1）在直角坐标中画出代表这些正弦量的旋转矢量；

（2）分别求出这几个旋转矢量在横轴上的投影之和及在纵轴上的投影之和；

（3）求合成矢量；

（4）根据合成矢量写出计算结果。

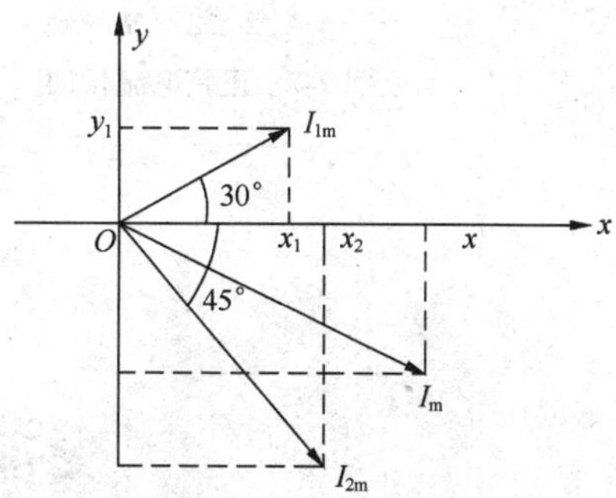

图 2-6　例 2.2 矢量图

例 2.2　已知 $i_1 = 2\sin(\omega t + 30°)$，$i_2 = 4\sin(\omega t - 45°)$，求 $i = i_1 + i_2$。

解：画 i_1、i_2 的旋转矢量图 I_{1m}、I_{2m}，如图 2-6 所示，求得

$$ox = ox_1 + ox_2 = 2\cos30° + 4\cos45° = \sqrt{3} + 2\sqrt{2} \approx 4.66$$

$$oy = oy_1 + oy_2 = 2\sin30° - 4\sin45° = 1 - 2\sqrt{2} \approx -1.828$$

$$I_m = \sqrt{ox^2 + oy^2} \approx \sqrt{21.72 + 3.34} = \sqrt{25.06} \approx 5$$

$$\Phi = \arctan\frac{oy}{ox} = \arctan\frac{-1.828}{4.66} = \arctan - 0.3\,922 \approx -21.4°$$

2. 正弦量加、减的简便方法

可以证明，几个同频率的正弦量相加、相减，其结果还是一个相同频率的正弦量。所以，在画旋转矢量图时，可以略去直角坐标系及旋转角速度ω，只要选其中一个正弦量为参考量，将其矢量图画在任意方向上（一般画在水平位置上），其他正弦量仅按它们和参考量的相位关系画出，便可直接按矢量计算法进行。

另外，由于交流电路中通常只计算有效值，而不计算瞬时值，因而计算过程更简单。

例 2.3　已知 $i_1 = 2\sin(\omega t + 30°)$，$i_2 = 4\sin(\omega t - 45°)$，求 $i = i_1 + i_2$ 的最大值。

解： 相位差$\phi = 30° - (45°) = 75°$，且 i_1 超前于 $i_2$75°。以 i_1 为参考量，矢量图如图 2-7 所示。根据矢量图求 $I_m = I_{1m} + I_{2m}$。用余弦定理得

$$I_m^2 = I_{1m}^2 + I_{2m}^2 - 2I_{1m}I_{2m}\cos105° = 4 + 16 - 16\cos(90° + 15°)$$
$$= 20 + 16\sin15° \approx 24.14$$

所以 $I_m = \sqrt{24.14} \approx 4.91\text{A}$

例 2.4 已知 $u_1 = 220\sqrt{2}\sin(\omega t + 90°)$，$u_2 = 220\sqrt{2}\sin(\omega t - 30°)$，求 $u = u_1 - u_2$ 的有效值。

解： 设参考量为 $u_1 = 220\sqrt{2}\sin(\omega t + 90°)$，矢量式为 $U = U_1 + (-U_2)$，有效值矢量图如图 2-8 所示。根据余弦定理，从矢量图得

$$U^2 = U_1^2 + U_2^2 - 2U_1^2U_2^2\cos120° = 220^2 + 220^2 + 2 \times 220 \times 220 \times \sin30°$$
$$= 145\,200$$
$$U \approx 381\text{V}$$

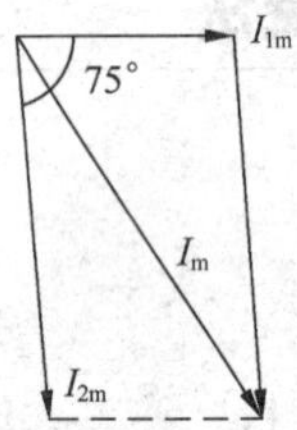

图 2-7 正弦电流相加

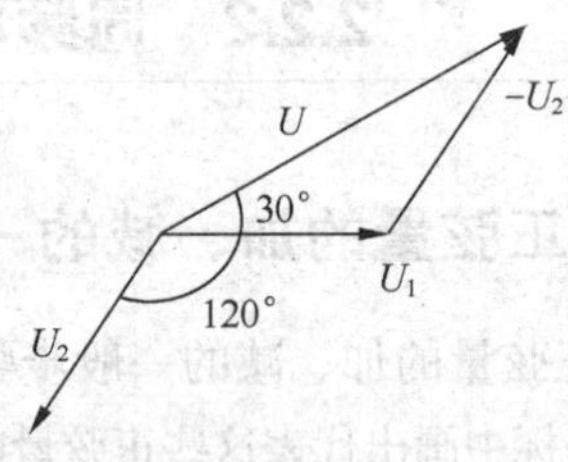

图 2-8 正弦电压相减

2.3 交流电路中的电阻、电容与电感

直流电流的大小与方向不随时间变化，而交流电流的大小和方向则随时间不断变化。因此，在交流电路中出现的一些现象，与直流电路中的现象不完全相同。

电容器接入直流电路时，电容器被充电，充电结束后，电路处在断路状态。但在交流电路中，由于电压是交变的，因而电容器时而充电，时而放电，电路中出现了交变电流，使电路处在导通状态。

电感线圈在直流电路中相当于导线。但在交流电路中由于电流是交变的，所以线圈中有自感电动势产生。

电阻在直流电路与交流电路中作用相同，起着限制电流的作用，并把取用的电能转换成热能。

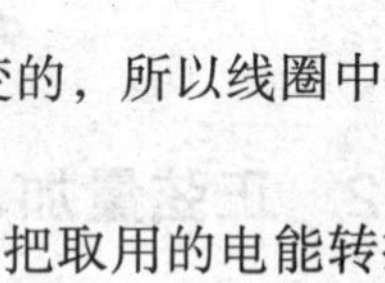

图 2-9 交流电方向的设定

由于交流电路中电流、电压、电动势的大小和方向随时间变化，因而分析和计算交流电路时，必须在电路中给电流、电压、电动势标定一个正方向。同一电路中电压和电流的正方向应标定一致，如图 2-9 所示。若在某一瞬时电流为正值，则表示此时电流的实际方向与标定方向一致；反之，当电流为负值时，则表示此时电流的实际方向与标定方向相反。

2.3.1 纯电阻电路

1. 电阻电路中的电流

将电阻 R 接入如图 2-10（a）所示的交流电路，设交流电压为 $u = U_m \sin\omega t$，则 R 中电流的瞬时值为

$$i = u/R = (U_m/R)\sin\omega t = I_m \sin\omega t \tag{2-5}$$

这表明，在正弦电压作用下，电阻中通过的电流是一个相同频率的正弦电流，而且与电阻两端电压同相位。画出矢量图如图 2-10（b）所示。电流最大值为

$$I_m = U_m/R \tag{2-6}$$

电流有效值为

$$I = U_m/\sqrt{2}R = U/R \tag{2-7}$$

2. 电阻电路的功率

（1）瞬时功率。

电阻在任一瞬时取用的功率，称为瞬时功率，计算为

$$p = ui = U_m I_m \sin^2\omega t \tag{2-8}$$

$p \geqslant 0$，表明电阻任一时刻都在向电源取用功率，起负载作用。i、u、p 的波形图如图 2-11 所示。

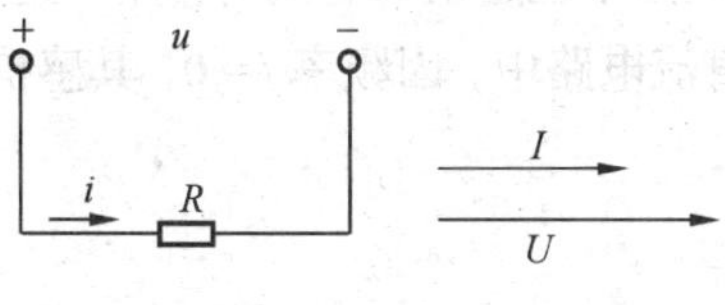

（a）纯电阻电路　（b）矢量图

图 2-10 电阻电路

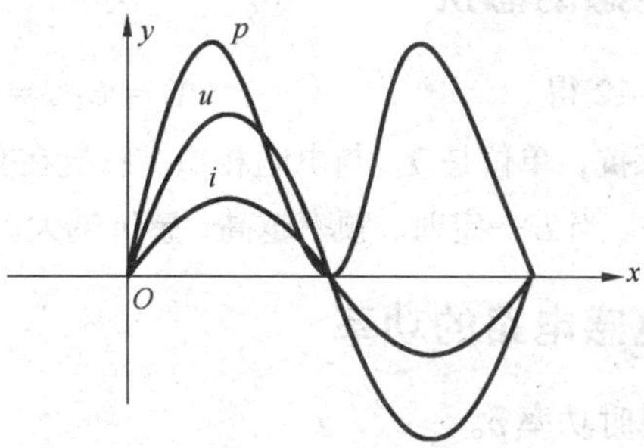

图 2-11 波形图

（2）平均功率（有功功率）。

由于瞬时功率是随时间变化的，为便于计算，常用平均功率来计算交流电路中的功率。平均功率为

$$P = \frac{1}{T}\int_0^T p\mathrm{d}t = \frac{1}{T}\int_0^T U_m I_m \sin^2\omega t\mathrm{d}t = U_m I_m/2$$

或

$$P = U_m I_m/2 = UI = I^2 R \tag{2-9}$$

这表明，平均功率等于电压、电流有效值的乘积。平均功率的单位是 W（瓦［特］）。通常，白炽灯、电炉等电器所组成的交流电路，可以认为是纯电阻电路。

例 2.5 已知电阻 $R = 440\Omega$，将其接在 $U = 220V$ 的交流电路上，试求电流 I 和功率 P。

解： 电流为

$$I = U/R = 220/440 = 0.5A$$

功率为

$$P = UI = 220 \times 0.5 = 110\text{W}$$

2.3.2 纯电感电路

一个线圈，当它的电阻小到可以忽略不计时，就可以看成是一个纯电感。纯电感电路如图 2-12（a）所示，L 为线圈的电感。

1. 电感的电压

设 L 中流过的电流为 $i = I_m\sin\omega t$，L 上的自感电动势 $e_L = -L\dfrac{di}{dt}$，由图 2-12（a）所示标定的方向，电压瞬时值为

$$u_L = -e_L = L\frac{di}{dt} = \omega LI_m\cos\omega t = \omega LI_m\sin(\omega t + \pi/2)$$

即

$$u_L = \omega LI_m\sin(\omega t + \pi/2) \tag{2-10}$$

这表明，纯电感电路中通过正弦电流时，电感两端电压也以同频率的正弦规律变化，而且在相位上超前于电流π/2。纯电感电路的矢量图如图 2-12（b）所示。

电压最大值为

$$U_{Lm} = \omega LI_m \tag{2-11}$$

电压有效值为

$$U_L = \omega LI \tag{2-12}$$

2. 电感的感抗

从式 2-12 得

$$X_L = U_L/I = \omega L = 2\pi fL \tag{2-13}$$

X_L 称感抗，单位是Ω。与电阻相似，感抗在交流电路中也起阻碍电流的作用，这种阻碍作用与频率有关。当 L 一定时，频率越高，感抗越大。在直流电路中，因频率 $f = 0$，其感抗也等于零。

3. 电感电路的功率

（1）瞬时功率 p。

纯电感电路的瞬时功率为

$$p = ui = U_m\sin(\omega t + \pi/2)\cdot I_m\sin\omega t = U_mI_m\cos\omega t\cdot\sin\omega t$$
$$= 1/2U_mI_m\sin2\omega t = UI\sin2\omega t$$

纯电感电路的瞬时功率 p、电压 u、电流 i 的波形图如图 2-13 所示。从波形图看出：第 1、3 个 $T/4$ 期间，$p > 0$，表示线圈从电源处吸收能量；在第 2、4 个 $T/4$ 期间，$p \leqslant 0$，表示线圈向电路释放能量。

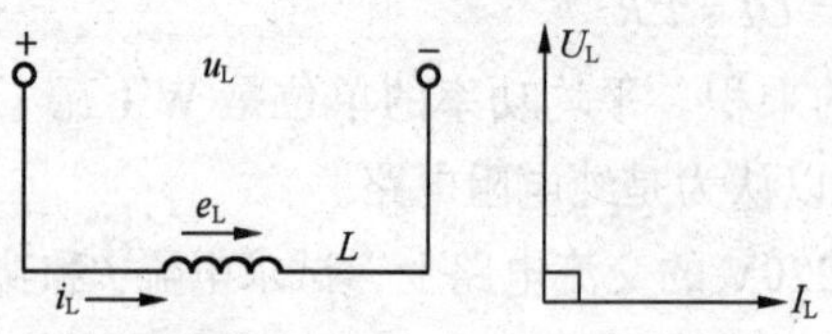

（a）纯电感电路　（b）矢量图

图 2-12　纯电感电路及矢量图

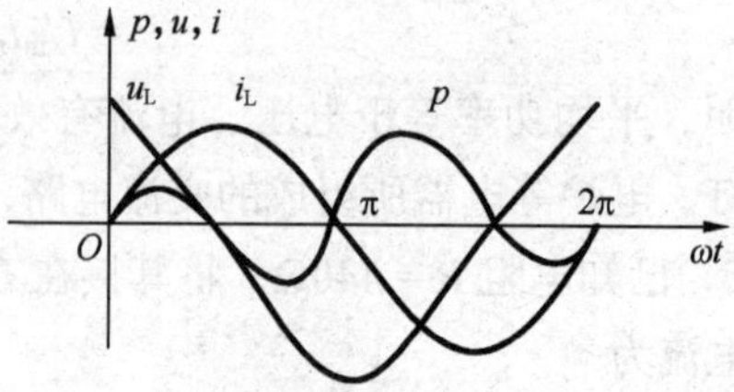

图 2-13　波形图

（2）平均功率（有功功率）P。

瞬时功率表明，在电流的一个周期内，电感与电源进行两次能量交换，交换功率的平均值为零，即纯电感电路的平均功率为零。平均功率表示为

$$P = 1/T\int_0^T p\mathrm{d}t = 0 \tag{2-14}$$

式（2-14）说明，纯电感线圈在电路中不消耗有功功率，它是一种储存电能的元件。

（3）无功功率 Q。

纯电感线圈和电源之间进行能量交换的最大速率，称为纯电感电路的无功功率。用 Q 表示

$$Q_L = U_L I = I^2 X_L \tag{2-15}$$

无功功率的单位是 V · A（在电力系统，惯用单位为乏（var））。

例 2.6 一个线圈电阻很小，可略去不计。电感 $L = 35\text{mH}$。求该线圈在 50Hz 和 1 000Hz 的交流电路中的感抗各为多少？若接在 $U = 220\text{V}$，$f = 50\text{Hz}$ 的交流电路中，电流 I、有功功率 P、无功功率 Q 又是多少？

解： $f = 50\text{Hz}$ 时，

$$X_L = 2\pi fL = 2\pi \times 50 \times 35 \times 10^{-3} \approx 11\Omega$$

$f = 1\,000\text{Hz}$ 时，

$$X_L = 2\pi fL = 2\pi \times 1\,000 \times 35 \times 10^{-3} \approx 220\Omega$$

当 $U = 220\text{V}$，$f = 50\text{Hz}$ 时，

电流 $I = U/X_L = 220/11 = 20\text{A}$

有功功率 $P = 0$

无功功率 $Q_L = UI = 220 \times 20 = 4\,400\text{V} \cdot \text{A}$

2.3.3 纯电容电路

图 2-14（a）所示为仅含电容的交流电路，称为纯电容电路。

设电容器 C 两端加上电压 $u = U_m\sin\omega t$。由于电压的大小和方向随时间变化，使电容器极板上的电荷量也随之变化，电容器的充、放电过程也不断进行，形成了纯电容电路中的电流。

1. 电路中的电流

（1）瞬时值。

$$I = \frac{\mathrm{d}q}{\mathrm{d}t} = C\frac{\mathrm{d}u_c}{\mathrm{d}t} = \omega CU_m\cos\omega t = \omega CU_m\sin(\omega t + \pi/2)$$
$$= I_m\sin(\omega t + \pi/2) \tag{2-16}$$

这表明，纯电容电路中通过的正弦电流比加在它两端的正弦电压超前π/2，如图 2-14（b）所示。纯电容电路电压、电流波形图如图 2-14（c）所示。

（2）最大值。

$$I_m = \omega CU_m = \frac{U_m}{\frac{1}{\omega C}} = U_m/X_C \tag{2-17}$$

（3）有效值。

$$I = \omega CU = \frac{U}{\frac{1}{\omega C}} = U/X_C \quad (2\text{-}18)$$

2. 容抗

$$X_C = 1/\omega C = 1/2\pi fC \quad (2\text{-}19)$$

式中，X_C 的单位是Ω。

3. 功率

（1）瞬时功率。

$$p = ui = U_m I_m \sin\omega t\cos\omega t = 1/2U_m I_m \sin 2\omega t = UI\sin 2\omega t \quad (2\text{-}20)$$

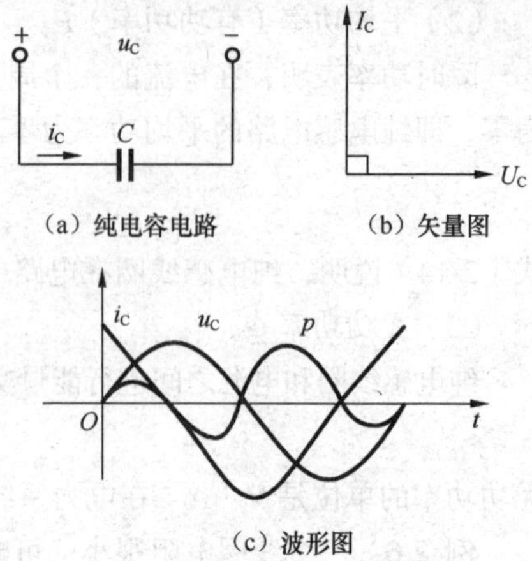

图 2-14　纯电容电路、矢量图及波形图

这表明，纯电容电路瞬时功率波形与电感电路的相似，以电路频率的 2 倍按正弦规律变化。电容器也是储能元件，当电容器充电时，它从电源吸收能量，当电容器放电时则将能量送回电源。

（2）平均功率。

$$P = 1/T\int_0^T p\mathrm{d}t = 0 \quad (2\text{-}21)$$

（3）无功功率。

$$Q_C = U_C I = I^2 X_C \quad (2\text{-}22)$$

2.4 电阻、电感的串联电路

前面介绍的纯电感电路实际上是不存在的，因为实际所用的线圈，不但有电感，还具有一定的电阻。在分析电路时，实际线圈可用一个纯电阻 R 与纯电感 L 串联的等效电路来代替。

2.4.1 电压、电流瞬时值及电路矢量图

在图 2-15 所示的 R、L 串联电路中，设流过电流 $i = I_m\sin\omega t$，则电阻 R 上的电压瞬时值为

$$u_R = I_m R\sin\omega t = U_{Rm}\sin\omega t$$

根据式（2-10）可知电感 L 上的电压瞬时值为

$$u_L = I_m X_L\sin(\omega t + \pi/2) = U_m\sin(\omega t + \pi/2)$$

总电压 u 的瞬时值为 $u = u_R + u_L$。画出该电路电流和各段电压的矢量图如图 2-16 所示。

因为通过串联电路各元件的电流是相等的，所以在画矢量图时通常把电流矢量画在水平方向上，作为参考矢量。电阻上的电压与电流同相位，故矢量 U_R 与 I 同方向；感抗两端电压超前于电流π/2，故矢量 U_L 与 I 垂直。U_R 与 U_L 的合成矢量 U 便是总电压 U 的矢量。

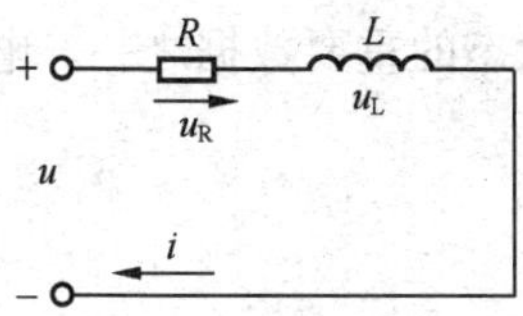

图 2-15　RL 串联电路

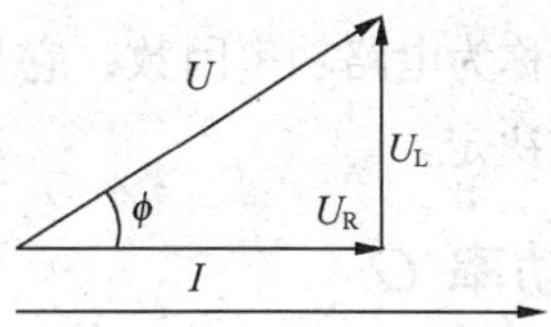

图 2-16　电压和电流矢量图

2.4.2　电压有效值、电压三角形

从电压矢量图可以看出，电阻上电压矢量、电感上电压矢量与总电压的矢量，恰好组成一个直角三角形，此直角三角形称为电压三角形如图 2-17 所示。从电压三角形可求出总电压有效值为

$$U=\sqrt{U_{\mathrm{R}}^2+U_{\mathrm{L}}^2}=\sqrt{(IR)^2+(IX_{\mathrm{L}})^2}=I\sqrt{R^2+X_{\mathrm{L}}^2} \tag{2-23}$$

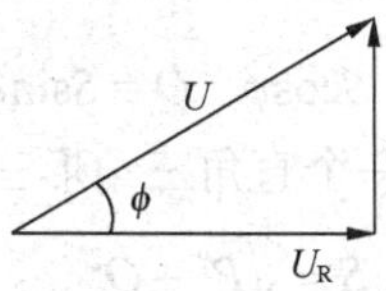

图 2-17　电压三角形

2.4.3　阻抗、阻抗三角形

和欧姆定律对比，式（2-23）可写成

$$I=\frac{U}{\sqrt{R^2+X_{\mathrm{L}}^2}}=\frac{U}{Z} \tag{2-24}$$

式中

$$Z=\sqrt{R^2+X_{\mathrm{L}}^2} \tag{2-25}$$

我们把 Z 称为电路的阻抗，它表示 R、L 串联电路对电流的总阻力。阻抗的单位是Ω。

电阻、感抗、阻抗三者之间也符合一个直角三角形三边之间的关系，如图 2-18 所示，该三角形称为阻抗三角形。注意这个三角形不能用矢量表示。

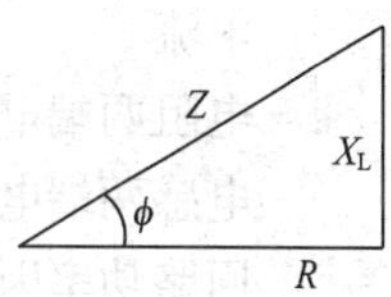

图 2-18　阻抗三角形

电流与总电压之间的相位差为

$$\phi=\arctan(U_{\mathrm{L}}/U_{\mathrm{R}})=\arctan(X_{\mathrm{L}}/R) \tag{2-26a}$$

$$\phi=\arccos(U_{\mathrm{R}}/U)=\arccos(R/Z) \tag{2-26b}$$

式（2-26）说明，ϕ角大小取决于电路的电阻 R 和感抗 X_{L} 的大小，与电流、电压的量值无关。

2.4.4　功率、功率三角形

1. 有功功率 *P*

在交流电路中，电阻消耗的功率称为有功功率，为

$$P=I^2R=U_{\mathrm{R}}I=UI\cos\phi \tag{2-27}$$

式中，$\cos\phi$称为电路功率因数，它是交流电路运行状态的重要数据之一。电路功率因数的大小由负载性质决定。

2. 无功功率 Q

$$Q = I^2X_L = U_LI = UI\sin\phi \tag{2-28}$$

3. 视在功率 S

总电压 U 和电流 I 的乘积称为电路的视在功率，为

$$S = UI = I^2Z \tag{2-29}$$

视在功率的单位是 V · A（伏安），或 kV · A（千伏安）。

视在功率表示电器设备（例发电机、变压器等）的容量。

（2-27）和（2-28）还可写成

$$P = S\cos\phi,\ Q = S\sin\phi$$

可见，S、P、Q 之间的关系也符合一个直角三角形三边的关系，即

$$S = \sqrt{P^2 + Q^2} \tag{2-30}$$

由 S、P、Q 组成的这个三角形称为功率三角形，如图 2-19 所示。该三角形可看成是电压三角形各边同乘以电流 I 得到。与阻抗三角形一样，功率三角形也不应画成矢量，因 S、P、Q 都不是正弦量。

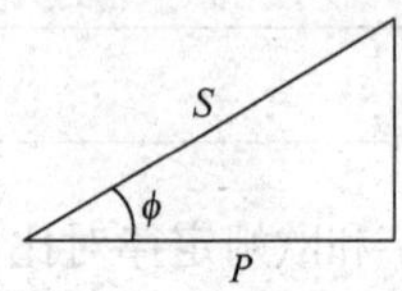

图 2-19　功率三角形

例 2.7　把电阻 $R = 60\Omega$，电感 $L = 255\text{mH}$ 的线圈，接入频率 $f = 50\text{Hz}$，电压 $U = 110\text{V}$ 的交流电路中，分别求出 X_L、I、U_L、U_R、$\cos\Phi$、P、S。

解： 分别求得

感抗　$X_L = 2\pi fL = 2\pi \times 50 \times 255 \times 10^{-3} \approx 80\ (\Omega)$

阻抗　$Z = \sqrt{R^2 + X_L^2} = \sqrt{60^2 + 80^2} = 100\ (\Omega)$

电流　$I = U/Z = 110/100 = 1.1\ (\text{A})$

电阻两端电压　$U_R = IR = 1.1 \times 60 = 66\ (\text{V})$

电感两端电压　$U_L = IX_L = 1.1 \times 80 = 88\ (\text{V})$

回路功率因数　$\cos\Phi = R/Z = 60/100 = 0.6$

有功功率　$P = UI\cos\Phi = 110 \times 1.1 \times 0.6 = 72.6\ (\text{W})$

视在功率　$S = UI = 110 \times 1.1 = 121\ (\text{V} \cdot \text{A})$

2.5 电阻、电感、电容串联电路及串联谐振

2.5.1 电路分析

R、L、C 三种元件组成的串联电路如图 2-20 所示。若电路中流过正弦电流

$$i = \sqrt{2}I\sin\omega t$$

则各元件上对应的电压有效值为

$$U_R = IR,\ U_L = IX_L,\ U_C = IX_C$$

总电压的有效值矢量应为各段电压有效值矢量之和

$$U = U_R + U_L + U_C$$

且 U_R 与电流 I 同相，U_L 超前于 I 90°，U_C 滞后于 I 90°，电压、电流矢量图如图 2-21 所示。

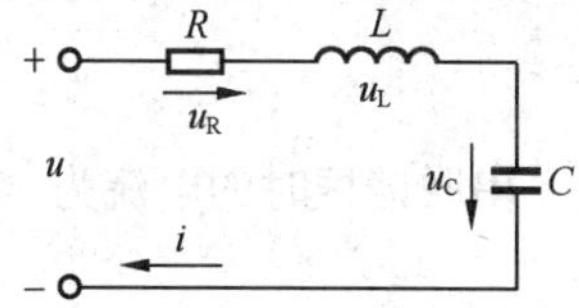

图 2-20　RLC 串联电路

从矢量图可得总电压有效值为

$$\sqrt{U_R^2 + (U_L - U_C)^2} = I\sqrt{R^2 + (X_L - X_C)^2} = IZ \qquad (2\text{-}31)$$

式（2-31）中，$Z = \sqrt{R^2 + (X_L - X_C)^2} = \sqrt{R^2 + X^2}$ 称为电路阻抗，$X = X_L - X_C$ 称为电路的电抗。阻抗和电抗的单位都是Ω。

电路中总电压和电流的相位差为

$$\phi = \arctan(U_L - U_C)/U_R = \arctan(X_L - X_C)/R \qquad (2\text{-}32)$$

从式（2-31）可以看出：

当 $X_L > X_C$ 时，$\phi > 0$，总电压超前于电流，如图 2-21（a）所示，电路属感性电路；

当 $X_L < X_C$ 时，$\phi < 0$，总电压滞后于电流，如图 2-21（b）所示，电路属容性电路；

当 $X_L = X_C$ 时，$\phi = 0$，总电压和电流同相位，如图 2-21（c）所示，电路属阻性电路，这种现象称为谐振。

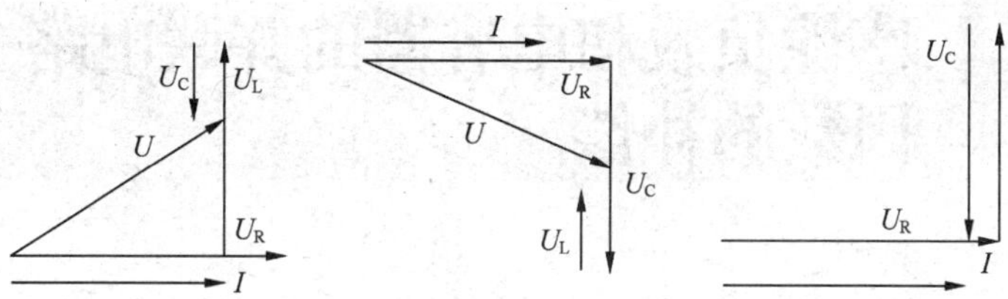

（a）感性电路　　（b）容性电路　　（c）阻性电路

图 2-21　相位图

2.5.2 串联谐振

1. 谐振条件和谐振频率

如上所述，在 R、L、C 串联电路中，当 $X_L = X_C$ 时，电路中总电压和电流同相位，这时电路中产生谐振现象，所以，$X_L = X_C$ 便是电路产生谐振的条件。

因为 $X_L = X_C$，又知 $X_L = 2\pi fL$（见式（2-13）），$X_C = 1/2\pi fC$（见式（2-19）），故

$$2\pi f_0L = 1/2\pi f_0C$$

所以谐振时的频率 f_0 为

$$f_0 = 1/2\pi\sqrt{LC} \qquad (2\text{-}33)$$

2. 串联谐振时的电路特点

（1）总电压和电流同相位，电路呈电阻性。

（2）串联谐振时电路阻抗最小，电路中电流最大。

串联谐振时电路阻抗为

$$Z_0 = \sqrt{R^2 + (X_L - X_C)^2} = R \quad (2\text{-}34)$$

串联谐振时的电流为

$$I_0 = U/Z_0 = U/R \quad (2\text{-}35)$$

（3）串联谐振时，电感两端电压、电容两端电压可以比总电压大许多倍。

电感电压为

$$U_L = IX_L = (X_L/R)U = QU$$

电容电压为

$$U_C = IX_C = (X_C/R)U = QU$$

可见，谐振时电感（或电容）两端的电压是总电压的 Q 倍，Q 称为电路的品质因数，即

$$Q = X_L/R = X_C/R = \omega_0 L/R = 1/\omega_0 CR \quad (2\text{-}36)$$

在电子电路中经常用到串联谐振，例如某些收音机的接收回路便用到串联谐振。在电力电路中应尽量防止谐振发生，因为谐振时电容、电感两端出现的高压会使电器损坏。

2.6 感性负载和电容器的并联电路——功率因数的补偿

2.6.1 电路的功率因数

功率因数是用电设备的一个重要技术指标。电路的功率因数由负载中包含的电阻与电抗的相对大小决定。纯电阻负载 $\cos\phi = 1$，纯电抗负载 $\cos\phi = 0$；一般负载的 $\cos\phi$在 0～1 之间，而且多为感性负载。例如常用的交流电动机便是一个感性负载，满载时功率因数为 0.7～0.9，而空载或轻载时功率因数较低。

功率因数过低，会使供电设备的利用率降低，输电线路上的功率损失与电压损失增加。下面通过实例来说明这个问题。

例 2.8 某厂供电变压器至发电厂之间输电线的电阻是 5Ω，发电厂以 10^4V 的电压输送 500kW 的功率。当 $\cos\phi = 0.6$ 时，问输电线上的功率损失是多大？若将功率因数提高到 0.9，每年可节约多少电？

解： 当 $\cos\phi = 0.6$ 时，输电线上的电流为

$$I = P/U\cos\phi = (500 \times 10^3)/(10^4 \times 0.6) \approx 83\text{A}$$

输电线上的功率损失为

$$P_{损} = I^2 r = 83^2 \times 5 \approx 34.5\text{kW}$$

当 $\cos\phi = 0.9$ 时，输电线上的电流为

$$I' = P/U\cos\phi = (500 \times 10^3)/(10^4 \times 0.9) \approx 55.6\text{A}$$

输电线上的功率损失为

$$P'_{损} = I'^2 r = 55.6^2 \times 5 \approx 15.5\text{kW}$$

一年共有 365 × 24 = 8 760h，当 $\cos\phi$从 0.6 提高到 0.9 后，节约的电能为 $W = (P_{损} - P'_{损}) \times 8\,760 = (34.5 - 15.5) \times 8\,760 \approx 166\,440\text{kW} \cdot \text{h}$ 即每年可节约用电 16.6 万度。

从上例可见，提高功率因数，可以充分利用供电设备的容量，减少输电线路上的损失。下面介绍提高功率因数的方法。

2.6.2 感性负载和电容器的并联电路

常用的提高功率因数的方法，是在感性负载两端并联容量合适的电容器。这种方法不会改变负载原有的工作状态，但负载的无功功率从电容支路得到了补偿，从而提高了功率因数。感性负载和电容器的并联电路如图 2-22 所示。由图 2-22 可知

$$Z_1 = \sqrt{R^2 + X_L^2}$$

Z_1 支路电流为

$$I_1 = \frac{U}{Z_1} = \frac{U}{\sqrt{R^2 + X_L^2}}$$

i_1 滞后于总电压 u 的电角为$\phi_1 = \arccos\frac{R}{Z_1}$，电容 C 支路的电流为 $I_C = \frac{U}{X_C}$，电路总电流为 $I = I_1 + I_C$。

值得注意的是：由于相位不同，故总电流 I 的有效值应从 I_1 和 I_C 的矢量和求得。根据电流矢量式画出该电路电流、电压矢量图如图 2-23 所示，并联电路取总电压为参考矢量。

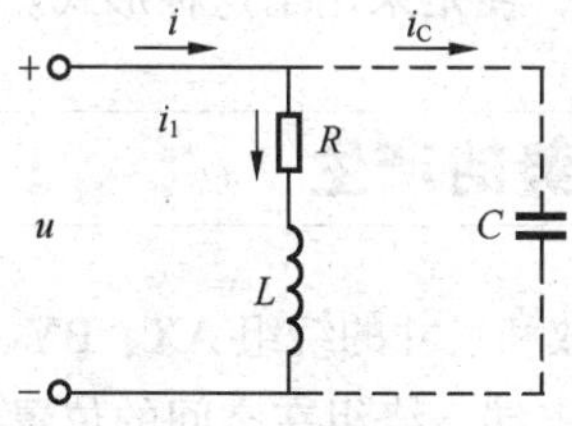

图 2-22 感性负载与电容并联电路

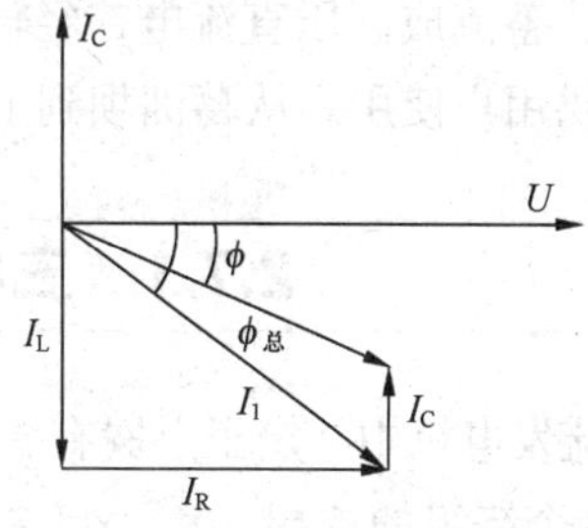

图 2-23 电流电压矢量图

感性负载中的电流 I_1 可以分解成两个分量，其中与电压同相的 I_R 称为有功分量，另一个滞后于电压π/2 的 I_L 称为无功分量，它们的大小分别是

$$I_R = I_1\cos\phi_1,\ I_L = I_1\sin\phi_1$$

从矢量图求出总电流的有效值为

$$I = \sqrt{I_R^2 + (I_L - I_C)^2}$$

总电流与电压的相位差为

$$\phi = \arctan\frac{I_L - I_C}{I_R}$$

根据矢量图，我们讨论以下几种情况；

（1）当 $I_L > I_C$ 时，电路的总电流滞后于电压，此时电路呈感性；

（2）当 $I_L < I_C$ 时，电路的总电流超前于电压，此时电路呈容性；

（3）当 $I_L = I_C$ 时，电路的总电流与电压同相位，$\phi = 0$，此时电路呈电阻性。这种情况称为并联谐振（或电流谐振）。并联谐振时，电路的阻抗最大，总电流最小。

2.7 三相交流电路

目前，电能的产生、输送和分配，基本都采用三相交流电路。三相交流电路就是由 3 个频率相同，最大值相等，相位上互差 120° 的正弦电动势组成的电路。这样的 3 个电动势称为三相对称电动势。

广泛应用三相交流电路的原因，是因为它具有以下优点：

（1）在相同体积下，三相发电机输出功率比单相发电机大；

（2）在输送功率相等、电压相同、输电距离和线路损耗都相同的情况下，三相输电比单相输电节省输电线材料，输电成本低；

（3）与单相电动机相比，三相电动机结构简单，价格低廉，性能良好，维护使用方便。

目前，三相交流电路虽已得到广泛的应用，但在输送交流电的过程中，由于电流的交变引起周围磁场的变化，造成对周围通信线路的干扰，而且输电线路上的损耗仍比较大，因此出现了采用输送高压直流电来代替输送交流电的趋势。输送高压直流电，就是将发电机发出的三相交流电升压后，整流成高压直流电，经输电线路输送到终端后，再将高压直流电逆变成三相交流电，降压后供用户使用。从葛洲坝到上海的输电线路，便是采用了这种形式。

2.7.1 三相交流电动势的产生

在三相交流发电机中，定子上嵌有 3 个具有相同匝数和尺寸的绕组 AX、BY、CZ。其中 A、B、C 分别为 3 个绕组的首端，X、Y、Z 分别为绕组的末端。绕组在空间的位置彼此相差 120°（两极电机）。

当转子磁场在空间按正弦规律分布、转子恒速旋转时，三相绕组中将感应出三相正弦电动势 e_A、e_B、e_C，分别称作 A 相电动势、B 相电动势和 C 相电动势。它们的频率相同，振幅相等，相位上互差 120°。

规定三相电动势的正方向是从绕组的末端指向首端。三相电动势的瞬时值为

$$e_A = E_m\sin\omega t$$
$$e_B = E_m\sin(\omega t - 120°)$$
$$e_C = E_m\sin(\omega t - 240°)$$

$$= E_m \sin(\omega t + 120°)$$

波形图、矢量图分别如图 2-24（a）、（b）所示。任一瞬时，三相对称电动势之和为零，即

$$e_A + e_B + e_C = 0$$

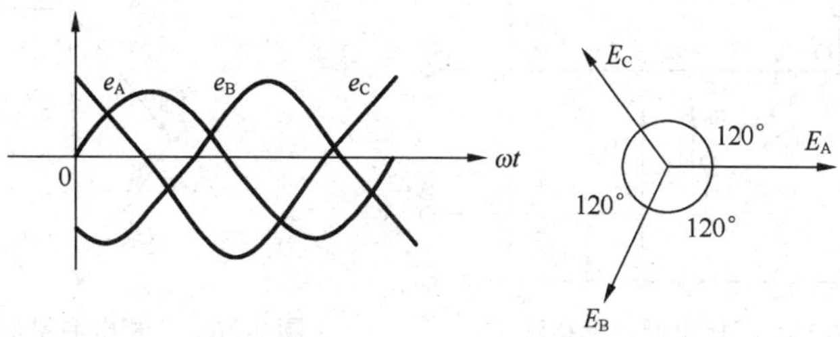

（a）波形图　　（b）矢量图

图 2-24　三相正弦电动势

2.7.2　三相电源的连接

三相发电机的 3 个绕组连接方式有两种，一种为星形（Y）接法，另一种为三角形（△）接法。

1. 星形（Y）接法

若将电源的 3 个绕组末端 X、Y、Z 连在一点 O，而将 3 个首端作为输出端，如图 2-25 所示，则这种连接方式称为星形接法。

在星形接法中，末端连接点称作中点，中点的引出线称为中线（或零线），三绕组首端的引出线称为端线或相线（俗称火线）。这种从电源引出四根线的供电方式称为三相四线制。

在三相四线制中，端线与中线之间的电压 u_A、u_B、u_C 称为相电压，它们的有效值用 U_A、U_B、U_C 或 $U_{相}$表示。当忽略电源内阻抗时，$U_A = E_A$，$U_B = E_B$，$U_C = E_C$，且相位上互差 120°，所以三相电压是对称的。规定 $U_{相}$的正方向是从端线指向中线。

在三相四线制中，任意两根相线之间的电压 u_{AB}、u_{BC}、u_{CA} 称为线电压，其有效值用 U_{AB}、U_{BC}、U_{CA} 或 $U_{线}$表示，规定正方向由脚标字母的先后顺序标明。例如，线电压 U_{AB} 的正方向是由 A 指向 B，书写时顺序不能颠倒，否则相位上相差 180°。从接线图 2-25 中可得出线电压和相电压之间的关系，其对应的矢量式为

$$U_{AB} = U_A - U_B$$
$$U_{BC} = U_B - U_C$$
$$U_{CA} = U_C - U_A$$

根据矢量表示式可画出三相四线制的电压矢量图，如图 2-26 所示。从矢量图的几何关系可求得线电压有效值为

$$U_{AB} = 2U_A\cos 30° = \sqrt{3}\,U_A$$
$$U_{BC} = \sqrt{3}\,U_B$$
$$U_{CA} = \sqrt{3}\,U_C$$

或
$$U_{线} = \sqrt{3}\,U_{相} \tag{2-37}$$

式中，$U_{线}$——三相对称电源线电压；

$U_{相}$——三相对称电源相电压。

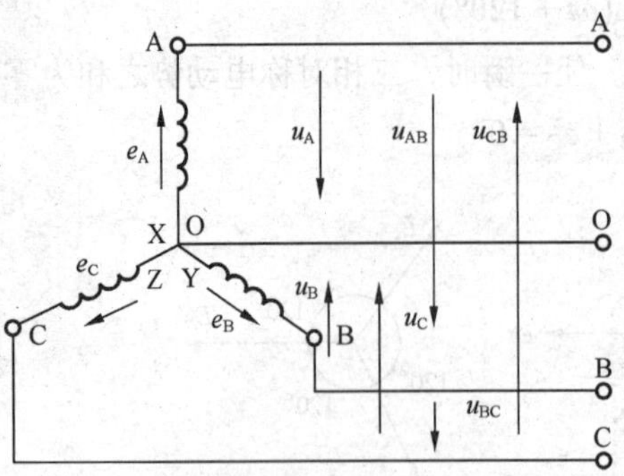

图 2-25　三相电源星形接法

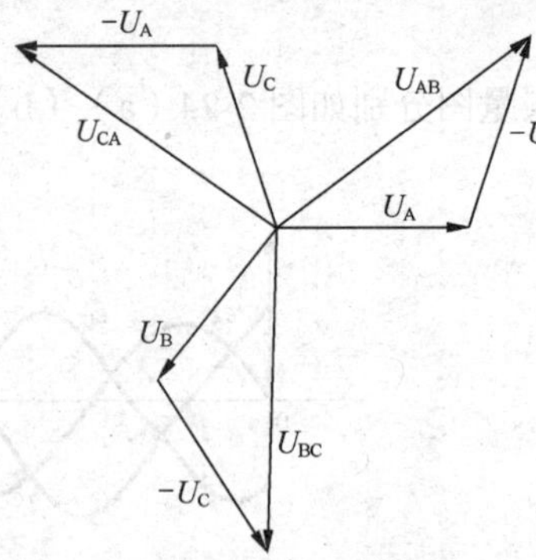

图 2-26　三相电源星形接法电压矢量

从矢量图还可得出，3 个线电压在相位上互差 120°，故线电压也是对称的。

星形连接的三相电源，有时只引出三根端线，不引出中线。这种供电方式称为三相三线制。它只能提供线电压，主要在高压输电时采用。

例 2.9　已知三相交流电源相电压 $U_{相}=220\text{V}$，求线电压 $U_{线}$。

解：线电压

$$U_{线}=\sqrt{3}\,U_{相}=\sqrt{3}\times 220\approx 380\text{V}$$

由此可见，我们平日所用的 220V 电压是指相电压，即火线和中线之间的电压，380V 电压是指火线和火线之间的电压，即线电压。所以，三相四线制供电方式可给我们提供两种电压。

2. 三角形（△）接法

除了星形连接以外，电源的 3 个绕组还可以接成三角形。即把一相绕组的首端与另一相绕组的末端依次相接，再从 3 个接点处分别引出端线，如图 2-27 所示。按这种接法，在三相绕组闭合回路中，有

$$e_A+e_B+e_C=0$$

所以回路中无环路电流。若有一相绕组首、末端接错，则在三相绕组中将产生很大环流，致使发电机烧毁。

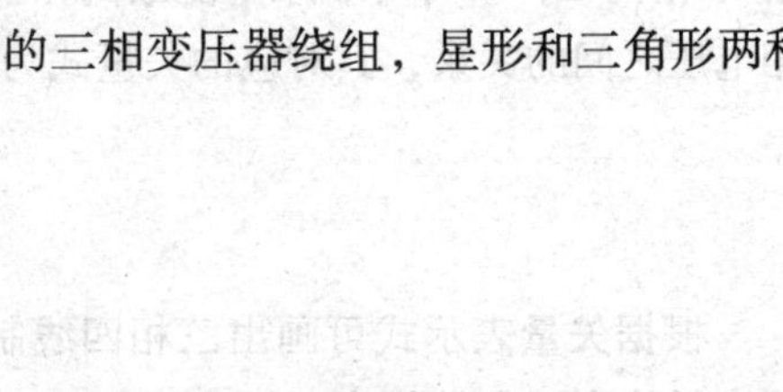

图 2-27　三相电源三角形接法

发电机绕组很少用三角形接法，但作为三相电源用的三相变压器绕组，星形和三角形两种接法都会用到。

2.8 三相负载的连接

2.8.1　单相负载和三相负载

按电器其对供电电源的要求，可分为单相负载和三相负载。工作时只需单相电源供电的电

器称为单相负载，例如照明灯、电视机、小功率电热器、电冰箱等。

需要三相电源供电才能正常工作的电器称为三相负载，例如三相异步电动机等。

若每相负载的电阻相等，电抗相等而且性质相同的三相负载称为三相对称负载，即：$Z_A = Z_B = Z_C$，$R_A = R_B = R_C$，$X_A = X_B = X_C$。否则称为三相不对称负载。

三相负载的连接方式也有两种，即星形连接和三角形连接。

2.8.2 三相负载的星形连接

三相负载的星形连接如图 2-28 所示，每相负载的末端 x、y、z 接在一点 O'，并与电源中线相连；负载的另外 3 个端点 a、b、c 分别和 3 根相线 A、B、C 相连。

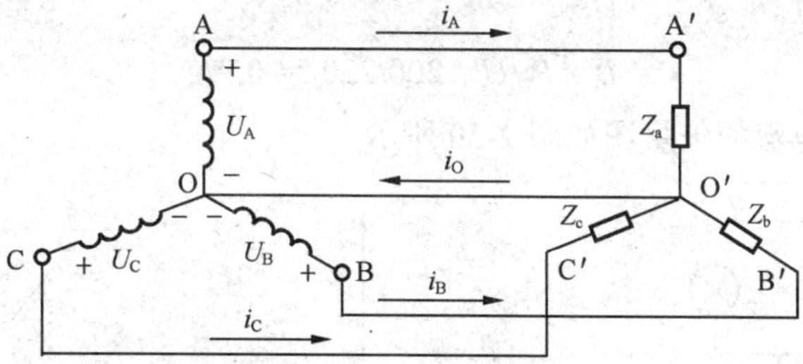

图 2-28 三相负载的星形连接

在三相四线制中，我们把每相负载中的电流叫相电流 $I_{相}$，每根相线（火线）上的电流叫线电流 $I_{线}$。从如图 2-28 所示的三相负载星形连接图可以看出，三相负载星形时的特点是：

（1）各相负载承受的电压为对称电源的相电压；

（2）线电流 $I_{线}$等于负载相电流 $I_{相}$。下面讨论各相负载中电流、功率的计算。

1. 三相不对称负载的星形连接

已知三相负载

$$Z_a = \sqrt{R_a^2 + X_a^2}\ ,\ \ Z_b = \sqrt{R_b^2 + X_b^2}\ ,\ \ Z_c = \sqrt{R_c^2 + X_c^2}$$

则每相负载中的电流有效值为

$$I_a = \frac{U_a}{Z_a} = \frac{U_{相}}{Z_a} = \frac{U_{线}}{\sqrt{3}Z_a} \tag{2-38a}$$

$$I_b = \frac{U_b}{Z_b} = \frac{U_{相}}{Z_b} = \frac{U_{线}}{\sqrt{3}Z_b} \tag{2-38b}$$

$$I_c = \frac{U_c}{Z_c} = \frac{U_{相}}{Z_c} = \frac{U_{线}}{\sqrt{3}Z_c} \tag{2-38c}$$

各相负载的电流和电压的相位差为

$$\phi_a = \arccos R_a/Z_a \tag{2-39a}$$

$$\phi_b = \arccos R_b/Z_b \tag{2-39b}$$

$$\phi_c = \arccos R_c/Z_c \tag{2-39c}$$

中线电流瞬时值

$$i_0 = i_a + i_b + i_c$$

中线电流的有效值应从三相电流的矢量和求得，即

$$I_0 = I_a + I_b + I_c \tag{2-40}$$

例 2.10 如图 2-29 所示的三相对称电源，$U_{相} = 220V$，将三盏额定电压 $U_N = 220V$ 的白炽灯分别接入 A、B、C 相，已知白炽灯的功率 $P_a = P_b = P = 60W$，$P_c = 200W$。

（1）求各相电流及中线电流；

（2）分析 B 相断路后各灯工作情况；

（3）分析 B 相断开、中线也断开时的各灯情况。

解：（1）各相电流。

$$I_a = I_b = P/U = 60/220 \approx 0.27A$$

且分别与 u_A、u_B 同相位。

$$I_c = P_c/U = 200/220 \approx 0.9A$$

与 u_C 同相位。电压、电流的矢量图如图 2-30 所示。

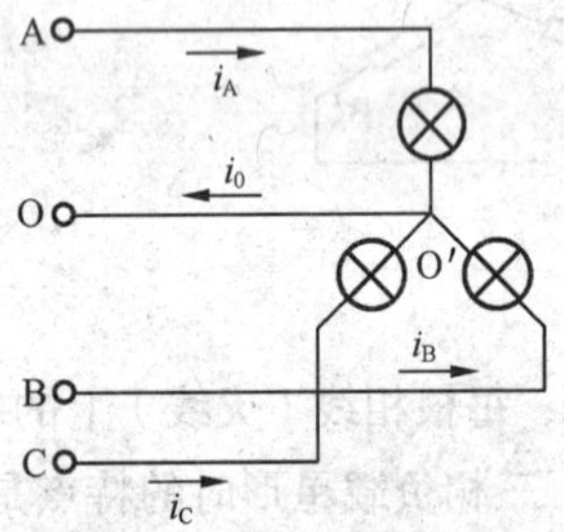

图 2-29　例 2.10 电路接线

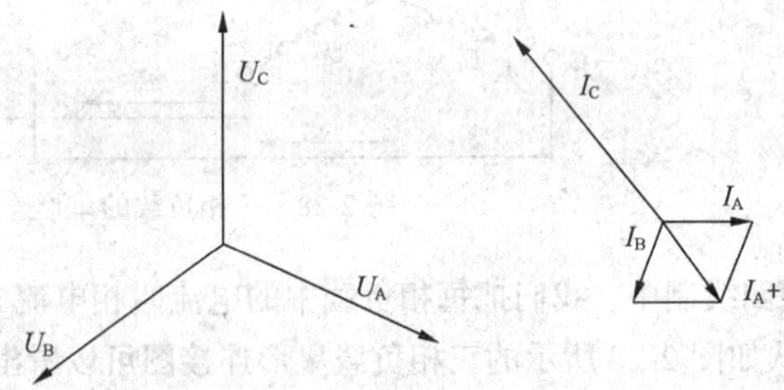

图 2-30　例 2.10 矢量图

根据矢量图可得中线电流为

$$I_0 = 0.9 - 0.27 = 0.63A$$

（2）B 相断开，则 $I_b = 0$，B 灯不亮；A 灯两端电压和 C 灯两端电压仍是对称电源相电压，故 A 灯、B 灯正常工作。

（3）B 相断开且中线也断开时，A 灯和 C 灯之间串联，共同承受三相电源的线电压 380V。因为各灯的电阻为

$$R_A = U^2/P_A = 220^2/60 \approx 807\Omega \qquad R_C = U^2/P_C = 220^2/200 \approx 242\Omega$$

利用分压关系可计算出 60W 的 A 灯两端电压是 292V，大于额定电压；200W 的 C 灯两端电压是 88V，小于额定电压，故两灯都不能正常工作。

例 2.10 说明：三相四线制供电时，中线的作用是很大的，中线使三相负载成为三个互不影响的独立回路，甚至在某一相发生故障时，其余两相仍能正常工作。

为了保证负载正常工作，规定中线上不能安装开关和熔丝，而且中线本身的机械强度要好，接头处必须连接牢固，以防断开。

2. 三相对称负载的星形接法

三相对称负载为

$$Z_A = Z_B = Z_C = Z，\ \phi_a = \phi_b = \phi_c = \arctan X/R$$

且各相负载性质相同。

将三相对称负载在三相对称电源上作星形连接时，三个相电流对称，中线电流为零，即

$$I_a = I_b = I_c = \frac{U_{相}}{Z} = \frac{U_{线}}{\sqrt{3}Z}$$

$$I_0 = I_a + I_b + I_c = 0$$

在这种情况下，中线存在与否对系统工作没有影响。

2.8.3 三相对称负载的三角形连接

三相对称负载也可以接成如图 2-31（a）的三角形连接。这时，加在每相负载上的电压是对称电源的线电压。

因为各相负载对称，故各相电流也对称，相电流为

$$I_{ab} = I_{bc} = I_{ca} = \frac{U_{线}}{Z} \tag{2-41}$$

每相电压、电流的相位差为

$$\phi_a = \phi_b = \phi_c = \arctan X/R$$

任一端线上的线电流，按基尔霍夫电流定律，写出矢量

$$I_A = I_{ab} - I_{ca} \tag{2-42a}$$

$$I_B = I_{bc} - I_{ab} \tag{2-42b}$$

$$I_C = I_{ca} - I_{bc} \tag{2-42c}$$

作出线电流、相电流的矢量图如图 2-31（b）所示，从矢量图得

$$I_{线} = \sqrt{3}\, I_{\Delta相} \tag{2-43}$$

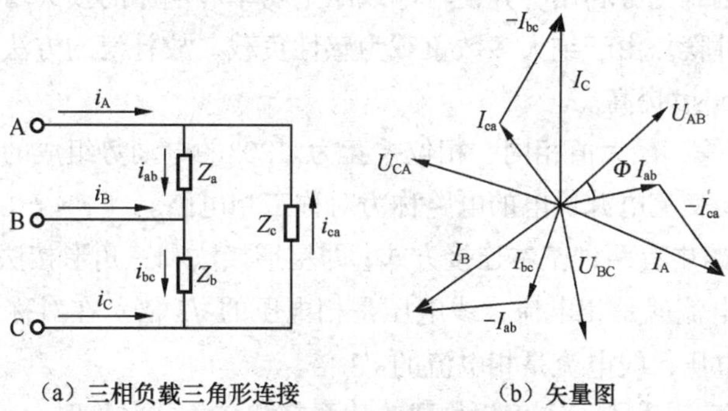

（a）三相负载三角形连接　　（b）矢量图

图 2-31　三角形连接电路图及矢量图

2.8.4 三相电功率

三相负载的功率，就等于三个单相负载的功率之和，即

$$\begin{aligned} P &= P_a + P_b + P_c \\ &= U_A I_a \cos\phi_a + U_B I_b \cos\phi_b + U_C I_c \cos\phi_c \end{aligned}$$

三相对称负载的三相总功率

$$P = 3U_{相} I_{相} \cos\phi_{相} \tag{2-44}$$

在三相对称负载的星形接法中

$$I_{线}=I_{相} \qquad U_{线}=\sqrt{3}\,U_{相}$$

在三相对称负载的三角形接法中

$$U_{线}=U_{相} \qquad I_{线}=\sqrt{3}\,I_{相}$$

所以三相对称负载的三相总功率还可以写成

$$P=\sqrt{3}\,U_{线}I_{线}\cos\phi_{相} \tag{2-45}$$

式中，$U_{线}$——线电压；

$I_{线}$——线电流；

$\cos\phi_{相}$——每相负载的功率因数。

本章小结

1. 随时间按正弦规律变化的电动势、电压、电流统称为正弦交流电，简称交流电。最大值、频率和初相称为正弦交流电的三要素，三要素决定后，即可唯一地确定一个正弦量。

2. 只有相同频率的两个或两个以上的正弦量才能进行相位比较。相位差是两正弦量的初相之差。比较两正弦量的超前与滞后，规定取两矢量间小于π的那个相位差角作为判断的依据。

3. 正弦交流电的有效值与最大值的关系是$I_m=\sqrt{2}\,I$。

4. 电路有功功率与视在功率的比值称为功率因数，即$\cos\Phi=P/S$。电路的功率因数过低，将使供电设备容量得不到充分利用，并使输电线路上功率和电压的损失增大。为此，对功率因数过低的电路需进行补偿。由于绝大多数负载为感性负载，故补偿的方法是在感性负载两端并联适当的电容器，使$\cos\Phi$提高。

5. 由三个频率相等、最大值相同、相位差互为 120°的电动势组成的电源，称为对称三相交流电源。由对称三相交流电源供电的电路称为对称三相电路。

6. 三相负载在电路中有两种基本连接方式，即星形接法和三角形接法。在对称负载星形接法的三相电路中，线电流就是相电流，线电压是相电压的$\sqrt{3}$倍。在对称负载三角形的三相电路中，相电压就是线电压，线电流是相电流的$\sqrt{3}$倍。

7. 三相负载的总功率等于三个单相负载的功率之和。负载对称时，总功率为

$$P=3U_{相}I_{相}\cos\Phi_{相}=\sqrt{3}\,U_{线}I_{线}\cos\Phi_{相}$$

习 题

2-1　两个频率相同的正弦交流电流，它们的有效值是：$I_1=8\text{A}$，$I_2=6\text{A}$，求在下面各种情况下合成电流的有效值。

（1）i_1与i_2同相；

（2）i_1与i_2反相；

（3）i_1超前于$i_2\pi/2$电角；

（4）i_1滞后于$i_2\pi/3$电角。

2-2　220V、100W的电烙铁接在220V电源上。要求：

（1）计算烙铁消耗的功率；

（2）画电流、电压矢量图。

2-3　把$C=140\mu F$的电容器接在$f=50Hz$，$U=220V$的交流电路中，要求：

（1）计算X_C和I；

（2）绘出电压、电流矢量图。

2-4　把$L=51mH$的线圈（线圈电阻极小，可忽略不计）接在$f=50Hz$，$U=220V$的交流电路中，要求：

（1）计算X_L和I；

（2）绘出电压、电流矢量图。

2-5　有一线圈，接在电压为48V的直流电源上，测得其电流为8A，然后再将这个线圈改接到电压为120V、50Hz的交流电源上，测得电流为12A。试问线圈的电阻及电感各为多大？

2-6　如题图2-6所示的电路是一放大器中的耦合电路。已知输入电压$u_i=\sqrt{2}\sin\omega t$，频率$f=1\,200Hz$，$C=0.01\mu F$，$R=5.1k\Omega$。

（1）求输出电压u_i；

（2）求输出电压和输入电压的相位差；

（3）画出电路中电压、电流矢量图。

2-7　在题图2-7所示电路中，已知$R_1=9\Omega$，$X_L=12\Omega$，$R_2=15\Omega$，$X_C=20\Omega$，电源电压$U=120V$。

（1）求各支路电流及功率（S、P、Q）；

（2）求总电流及总功率；

（3）画出电路中电压、电流矢量图。

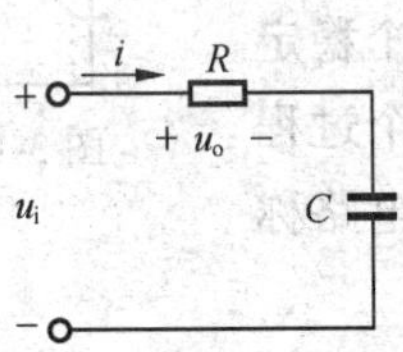

题图2-6

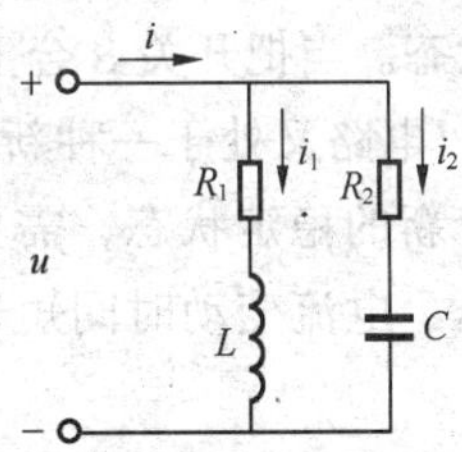

题图2-7

2-8　题图2-8中电路，对称负载为三角形连接，已知三相电源对称线电压等于220V，电流表读数等于17.3A，每相负载的有功功率为4.5kW，求每相负载的电阻和感抗。

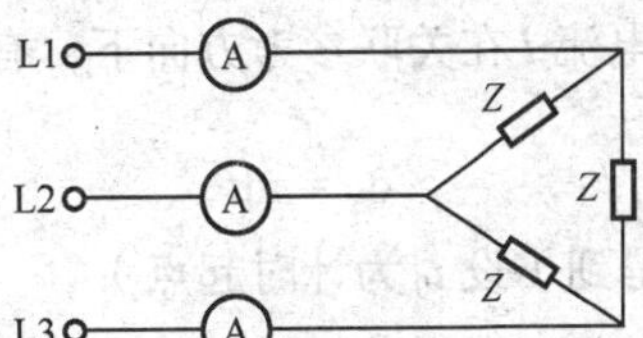

题图2-8

第3章 动态电路分析

本章提要

本章主要讨论动态电路（含电容或电感元件的电路）的初始条件、换路定则一阶电路的零输入、零状态响应以及用三要素法来求一阶电路的全响应。

3.1 动态电路

含有电容或电感的电路，在分析计算时涉及到用微分方程来描述电路。把这类电路称为动态电路。

图 3-1 所示电路，当开关 S 闭合前，电容上未充电，$u_C=0$，电路处于稳定状态。当把开关 S 合上，经过一段时间 t，得到电容两端电压为 U_s，电路又处于一种新的稳定状态。电路从一个稳定状态变化到一个新的稳定状态，需要一个过渡过程，在这个过程中，电路的电压、电流变动时间短暂，称为暂态或动态，电路称为动态电路。

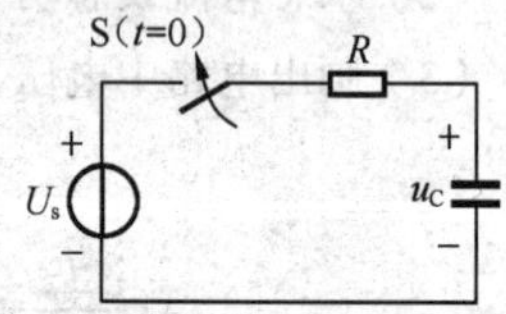

图 3-1　动态电路图

电路中开关的闭合或断开，元件参数的改变，都会使电路发生变化，这种情况称为“换路”。如果我们把换路瞬间的时间记为 $t=0$，假定换路前的一瞬间记为 $t=0_-$，把换路后的一瞬间记为 $t=0_+$，便于对下面问题的讨论。

对线性电容元件，电压 u 和电流 i 在关联参考方向下，有 $i=\dfrac{\mathrm{d}q}{\mathrm{d}t}$，即

$$\mathrm{d}q=i\mathrm{d}t$$

对上式两边积分，在任意时刻 t 得到（设 t_0 为计时起点）

$$q(t)=q(t_0)+\int_{t_0}^{t} i(\xi)\mathrm{d}\xi$$

将 $q=Cu$ 代入上式有

$$u(t)=u(t_0)+\frac{1}{C}\int_{t_0}^{t}i(\xi)\mathrm{d}\xi$$

式中，t_0 为一指定时间。

假如我们把换路时间选择为 $t=0$，换路前的一瞬间记为 $t=0_-$，换路后的一瞬间记为 $t=0_+$，则得

$$q(0_+)=q(0_-)+\int_{0_-}^{0_+}i\mathrm{d}t$$

$$u_c(0_+)=u_c(0_-)+\frac{1}{C}\int_{0_-}^{0_+}i\mathrm{d}t$$

如果换路时，流过电容的电流 i 为有限值，式中积分等于零，$\int_{0_-}^{0_+}i\mathrm{d}t=0$，得到电容上的电荷、电压不能发生跃变，即

$$q(0_+)=q(0_-)$$
$$u_C(0_+)=u_C(0_-)$$

线性电感元件，电压 u 和电流 i 在关联参考方向下，有

$$u=\frac{\mathrm{d}\psi}{\mathrm{d}t}$$

$$\mathrm{d}\psi=u\mathrm{d}t$$

对上式两边积分，在任意时刻 t 得到（设 t_0 为计时起点）

$$\psi(t)=\psi(t_0)+\int_{t_0}^{t}u\mathrm{d}\xi$$

将 $\psi=Li$ 代入上式，有

$$i(t)=i(t_0)+\frac{1}{L}\int_{t_0}^{t}u\mathrm{d}\xi$$

式中，t_0 为一指定时间。

假如我们把换路时间选择为 $t=0$，换路前的一瞬间记为 $t=0_-$，换路后的一瞬间记为 $t=0_+$，则得

$$\psi(0_+)=\psi(0_-)+\int_{0_-}^{0_+}u\mathrm{d}t$$

$$i(0_+)=i(0_-)+\frac{1}{L}\int_{0_-}^{0_+}u\mathrm{d}t$$

如果换路时，电感两端电压 u 为有限值，式中积分等于零，$\int_{0_-}^{0_+}u\mathrm{d}t=0$，电感中的磁通链和电流不能发生跃变，即

$$\psi(0_+)=\psi(0_-)$$
$$i_L(0_+)=i_L(0_-)$$

通过上面分析，换路定则叙述如下：对电容来说，当通过电容元件的电流为有限值时，在换路瞬间 $q(0_+)=q(0_-)$，$u_C(0_+)=u_C(0_-)$。对电感元件来说，当电感两端的电压为有限值时，在换路瞬间，$\psi(0_+)=\psi(0_-)$，$i_L(0_+)=i_L(0_-)$。

3.2 RC 电路、RL 电路的零输入响应

当线性电路中仅含有一个动态元件（电容或电感）时，用一阶微分方程来描述电路，这个电路称为一阶电路。当外施电源为零，仅由电容或电感元件初始储存的能量，在电路中产生的电压或电流（响应）称为电路的零输入响应。

下面我们将分析 RC、RL 电路的零输入响应。

3.2.1 RC 电路的零输入响应

在如图 3-2 所示的 RC 电路中，开关合上前电容已充电，$u_c(0_-) = U_0$，外施电源为零，求开关合上后电路的零输入响应 $u_C(t)$。

下面来分析这个问题：

第一步，根据基尔霍夫电压定律，找到开关合上后 $t \geqslant 0$ 时电压的关系式

$$u_C = u_R$$
$$u_C = Ri$$

第二步，以待求量 u_C 为未知量，建立微分方程 $i = -c\dfrac{du_C}{dt}$ 电容两端电压 u_C 与电流 i 参考方向相反，如图 3-2 所示，得

$$RC\frac{du_C}{dt} + u_C = 0$$

根据数学方程解的形式 $u_C = Ae^{pt}$ 代入上式，得

$$RCpAe^{pt} + Ae^{pt} = 0$$
$$p = -1/RC$$

第三步，根据换路定则，有 $u_C(0_+) = u_C(0_-) = U_0$

定积分常数 $A = U_0$

得
$$u_C = U_0e^{-t/RC}$$

式中，将 RC 称作时间常数，用 τ 来表示，τ 与 R 成正比。

$$u_C = U_0e^{-\frac{t}{\tau}}$$

$$i = -C\frac{du_C}{dt} = U_0/R\,e^{-\frac{t}{\tau}}$$

$$u_R = u_C = U_0e^{-\frac{t}{\tau}}$$

u_C、i 随时间的变化曲线如图 3-3 所示。

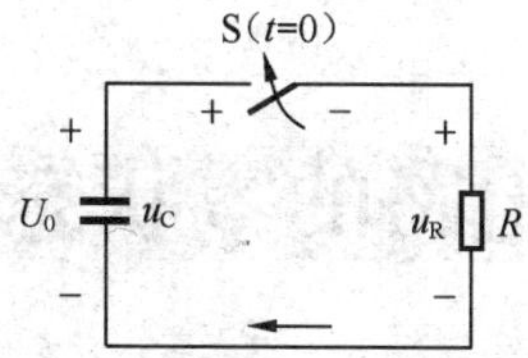

图 3-2　RC 电路零输入响应

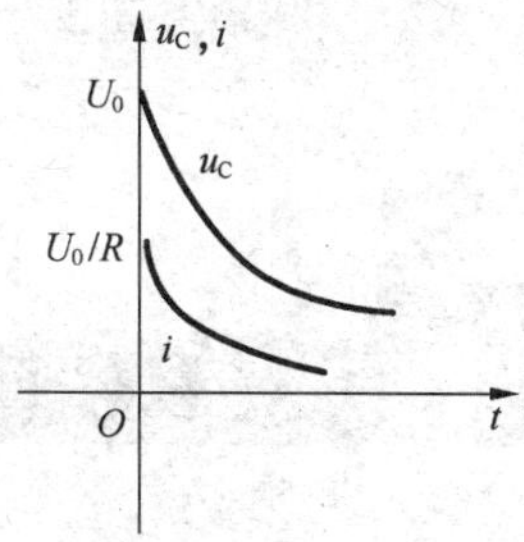

图 3-3　u_C、i 时间变化曲线

3.2.2　RL 电路的零输入响应

RL 电路零输入响应的分析方法与 RC 电路相同。

在图 3-4 中，开关由 1 合向 2 前，$i_L(0_-) = U_s/R_1 = I_0$，在 $t = 0$ 时，开关由 1 合向 2，求合向 2 后，RL 电路的零输入响应。

下面来分析这个问题。

第一步，根据基尔霍夫电压定律，找到开关由 1 合向 2 后 $t \geqslant 0_+$时，电压的关系式。

第二步，以待求量 i 为未知量，建立微分方程。因 $u_L = L\dfrac{di}{dt}$，如图 3-4 所示电感两端电压 u_L 与电流 i 参考方向一致，得

$$L\frac{di}{dt} + Ri = 0$$

根据数学解的形成为 $i = Ae^{pt}$ 代入上式，有

$$LpAe^{pt} + RAe^{pt} = 0$$

得
$$p = -R/L$$

第三步，根据换路定则，$i_L(0_+) = i_L(0_-) = I_0$，定积分常数 $A = I_0$

得
$$i = I_0 e^{-\frac{R}{L}t}$$

定义式中，$\tau = L/R$ 为时间常数，τ 与 R 成反比，即

$$i = I_0 e^{-\frac{t}{\tau}}$$

$$u_L = L\frac{di}{dt} = -RI_0 e^{-\frac{t}{\tau}}$$

$$u_R = Ri = RI_0 e^{-\frac{t}{\tau}}$$

i、u_L、u_R 随时间的变化曲线如图 3-5 所示。

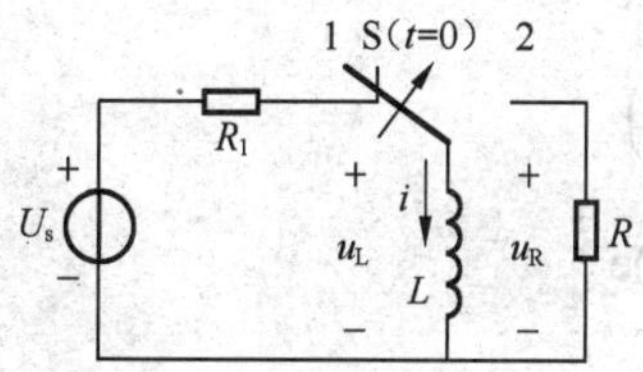

图 3-4　RL 电路零输入响应

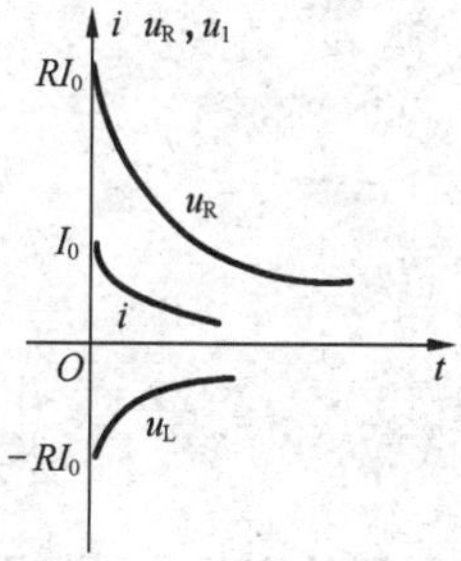

图 3-5　i、u_L、u_R 时间变化曲线

3.3 RC 电路、RL 电路的零状态响应

在一阶电路中，当外加电源不为零，而电容或电感元件初始储存的能量为零，在电路中产生的电压电流（响应）称为电路的零状态响应。下面我们将分析及 RC、RL 电路的零状态响应。

3.3.1 RC 电路的零状态响应

在图 3-6 中，已知开关合上前电容处于零状态，$u_C(0_-) = 0$，求开关合上后，电路的零状态响应。

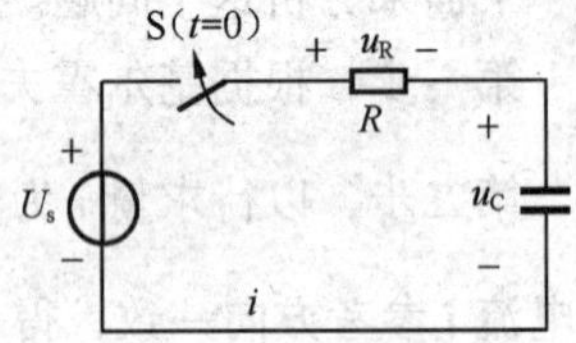

图 3-6 RC 电路零状态响应

第一步，根据基尔霍夫电压定律，开关合上后 $t \geqslant 0_+$时，电压的关系式 $u_R + u_C = U_S$

第二步，以待求量 u_C 为未知量，建立微分方程，因 $i = C\dfrac{du_C}{dt}$，如图 3-6 所示。电容两端电压与电流参考方向一致，得

$$RC\frac{du_C}{dt} + u_C = U_S$$

根据数学得知，方程解由两部分组成，即齐次微分方程的通解 u''_C 和非齐次微分方程的特解 u'_C。

$$RC\frac{du''_C}{dt} + u''_C = 0$$

通解为

$$u''_C = Ae^{-t/RC}$$

$$RC\frac{du'_C}{dt} + u'_C = U_S$$

特解为

$$u'_C = U_S$$

由此可见，特解为电路的稳态解。得到 $u_C(t) = U_S + Ae^{-t/RC}$

第三步，根据换路定则，$u_c(0_+) = u_c(0_-) = 0$

$$0 = U_S + A$$

$$A = -U_S$$

$$u_C = U_S - U_Se^{-t/RC}$$

$$u_C = U_S\left(1 - e^{-t/\tau}\right)$$

$$i = C\frac{du_C}{dt} = (U_S / R)e^{-\frac{t}{\tau}}$$

u_C、i 随时间的变化曲线如图 3-7 所示。

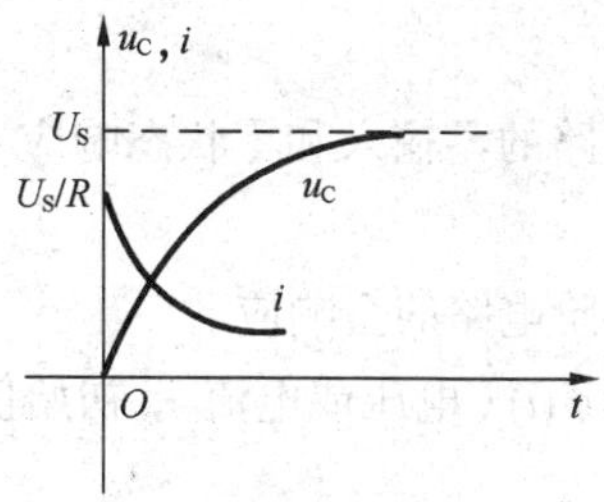

图 3-7　u_C、i 随时间的变化曲线

3.3.2　RL 电路的零状态响应

在图 3-8 中，已知电感线圈在开关合上前，电流的初值为零 $i_L(0_-) = 0$，求开关合上后，电路的零状态响应。

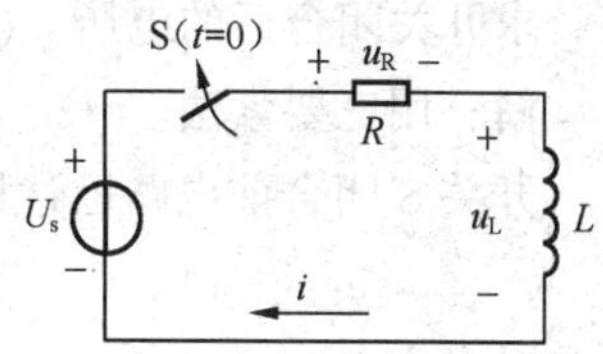

图 3-8　RL 电路的零状态响应

第一步，根据基尔霍夫电压定律，开关合上后 $t \geqslant 0_+$时，电压的关系式

$$u_R + u_L = U_S$$

第二步，以待求量 i 为未知量，建立微分方程，因 $u_L = L\dfrac{di}{dt}$，如图 3-8 所示。电感两端电压与电流参考方向一致，得

$$L\frac{di_L}{dt} + Ri_L = U_S$$

根据数学得知，方程解由两部分组成，即齐次微分方程的通解 i''_L 和非齐次微分方程的特解 i'_L。

$$L\frac{di''_L}{dt} + Ri''_L = 0$$

通解为

$$i''_L = Ae^{-Rt/L}$$

$$L\frac{di'_L}{dt} + Ri'_L = U_S$$

特解为

$$i'_L = U_S/R$$

由此可见，特解为电路的稳态解。得到

$$i_L = U_S/R + Ae^{-Rt/L}$$

第三步，根据换路定则，$i_L(0_-) = i_L(0_-) = 0$

$$0 = U_S/R + A$$

$$A = -U_S/R$$

得到

$$i_L = U_S/R - (U_S/R)e^{-Rt/L}$$

$$i_L = U_S/R\left(1 - e^{-\frac{t}{\tau}}\right)$$

3.4　一阶电路的全响应

假如一阶电路的电容或电感的初始值不为零，同时又有外加电源的作用，这时电路的响应成为一阶电路的全响应。

在前面我们分析 RC 和 RL 电路的零输入和零状态响应，用的是经典法。在讨论时，注重分析问题的思路、方法。

下面我们介绍用三要素法求一阶电路的全响应。

我们定义一阶电路的全响应为 $f(t)$（电压或电流），初始值为 $f(0)$，稳态值（特解）为 $f(\infty)$。

有下面的关系式

$$f(t)=f(\infty)+[f(0_+)-f(\infty)]\,\mathrm{e}^{-\frac{t}{\tau}}\quad t\geqslant 0_+$$

在上式中只要知道 $f(0_+)$、$f(\infty)$、τ 这三个要素可以简便地求解一阶电路在外施电源（激励）作用下的响应。用上式求一阶电路的响应，称为三要素法。

例 电路如图 3-9 所示，$t=0$ 时，开关闭合前，电路已达稳态，求开关闭合后的电压 $u_c(t)$。

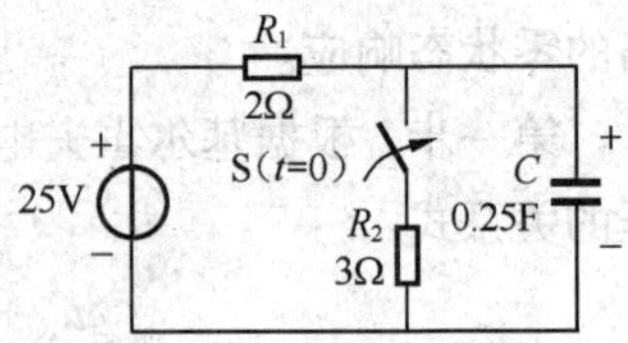

图 3-9 例 3.1 电路图

解：用三要素法。

开关 S 闭合前电路已达稳态，即

$$u_C(0_-)=25\mathrm{V}$$

开关闭合瞬间

$$u_C(0_+)=u_C(0_-)=25\mathrm{V}$$

电路在开关闭合后 $t=\infty$ 时

$$u_C(\infty)=(25/5)\mathrm{V}=15\mathrm{V}$$

用戴维南定理求电路等效电阻

$$R=\frac{2\times3}{2+3}=1.2\Omega$$

$$\tau=RC=1.2\times0.25=0.3\mathrm{s}$$

得到

$$u_C(t)=(15+10\mathrm{e}^{-3.33t})\mathrm{V}$$

本章小结

本章重点掌握和了解以下几个问题。

1. 电压电流在关联参考方向下对电容有 $i_C=C\dfrac{\mathrm{d}u_C}{\mathrm{d}t}$，对电感有 $U_L=L\dfrac{\mathrm{d}i_L}{\mathrm{d}t}$，由于电压和电流是微分关系，所以电容、电感元件称为动态元件，也称为储能元件，因为它们可以储存电能。用一阶微分方程来描述的电路称为一阶电路。

2. 换路定则。在换路的瞬间，对电容 C，i_C 为有限值，则 $u_C(0_+)=u_C(0_-)$，$q(0_+)=q(0_-)$

对电感 L，u_L 为有限值，则 $i_L(0_+)=i_L(0_-)$，$\psi(0_+)=\psi(0_-)$

3. 用三要素法，可以比较简便地求解一阶电路的响应。

关系式 $f(t)=f(\infty)+[f(0_+)-f(\infty)]\,\mathrm{e}^{-t/\tau}$，$t\geqslant 0_+$

习题

3-1　题图 3-1 所示电路中，已知 $R_1 = R_2 = 10\Omega$，$U_s = 2V$，求开关在 $t = 0$ 闭合瞬间的 $i_L(0_+)$，$i(0_+)$，$u_L(0_+)$。

3-2　电路如题图 3-2 所示，开关 S 闭合前，电路处于稳态，开关 S 在 $t = 0$ 时闭合，求 $i_1(0_+)$，$i_2(0_+)$，$i_3(0_+)$，$u_C(0_+)$，$u_L(0_+)$。

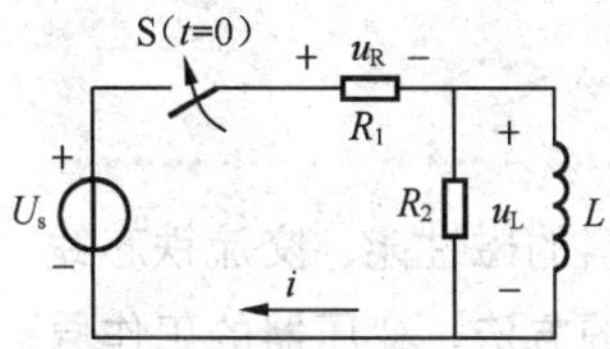

题图 3-1

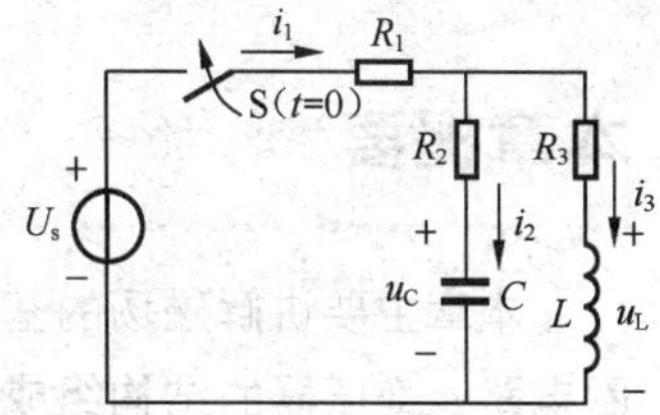

题图 3-2

3-3　题图 3-3 所示电路 $t<0$ 时，已达稳态，$t = 0$ 时开关打开，开关打开瞬间 10Ω电阻两端电压 $u(0_+)$为多少？

3-4　题图 3-4 所示电路中，开关未动作前，电容已充电 $u_C(0_-) = 100V$，$R = 400\Omega$，$C = 0.1\mu F$，在 $t = 0$ 时把开关闭合，求电压 u_C 和电流 i。

3-5　题图 3-5 所示电路中，已知 $U_S = 10V$，$R_1 = 2k\Omega$，$R_2 = R_3 = 4k\Omega$，$L = 200mH$，开关未打开前电路已处于稳定状态，$t = 0$ 时，把开关打开，求电感中的电流。

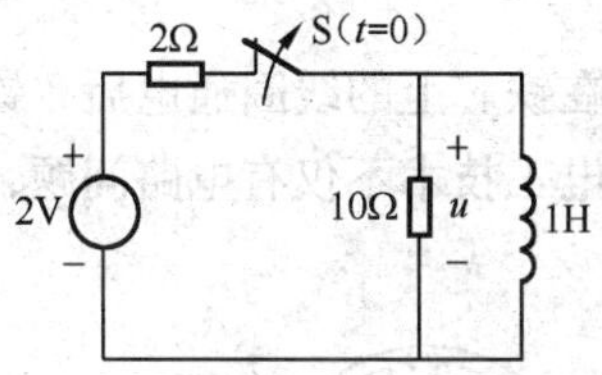

题图 3-3

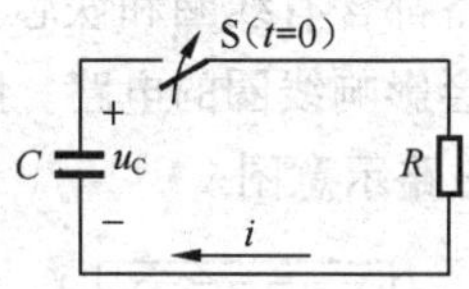

题图 3-4

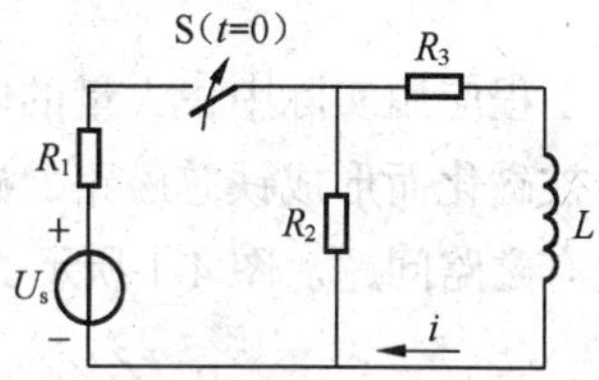

题图 3-5

3-6　题图 3-6 所示电路中，在 $t = 0$ 时，合上开关，求开关合上后，电路的时间常数。

3-7　电路如题图 3-7 所示，$t<0$ 时，开关与“1”端闭合，并已达稳态，$t = 0$ 时，开关由“1”端转向“2”端，求 $t \geqslant 0$ 时的 i_L。

3-8　题图 3-8 所示电路中，$t<0$，已达稳定状态，$t = 0$ 时合上开关，求 $u_C(t)$。

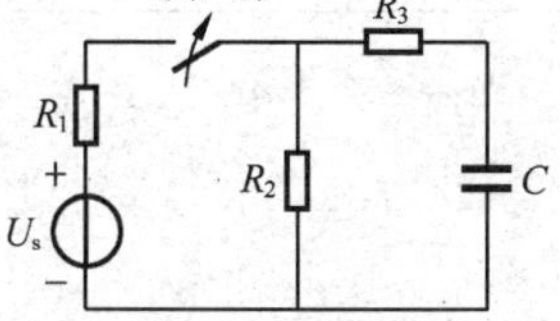

题图 3-6

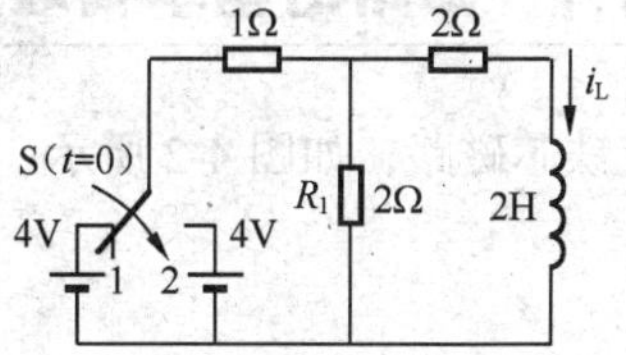

题图 3-7

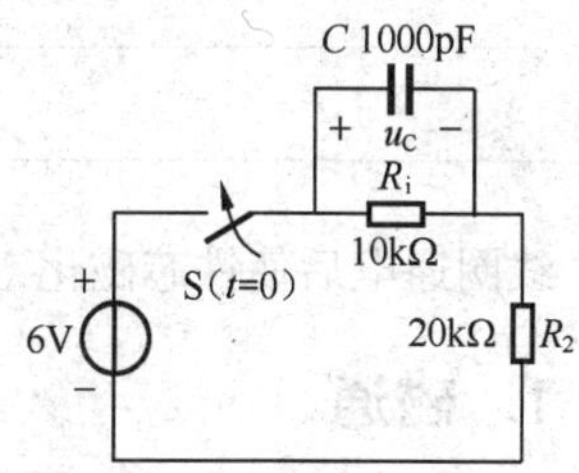

题图 3-8

第4章 磁路与变压器

本章提要

本章主要讲解磁场的基本物理量、磁性材料的磁性能、交流铁芯线圈电路；变压器的结构组成及其绕组极性测定的方法，变压器的工作原理（包括变压、变流和阻抗变换作用）；磁路及其基本定律，电磁铁，特殊变压器等。

4.1 铁芯线圈、磁路

工程应用实际中，大量的电气设备都含有线圈和铁芯。当绕在铁芯上的线圈通电后，铁芯就会被磁化而形成铁芯磁路，磁路又会影响线圈的电路。因此，电工技术不仅有电路问题，同时也有磁路问题。图 4-1 所示为各种磁路示意图。

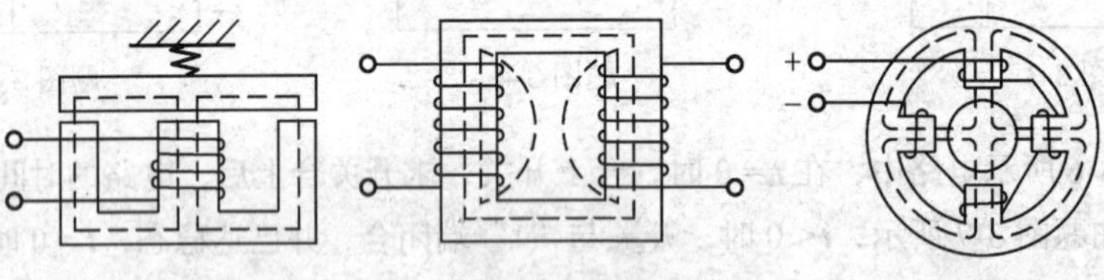

（a）电磁铁的磁路　（b）变压器的磁路　（c）直流电机的磁路

图 4-1　各种磁路

4.1.1　磁路的基本物理量

线圈通电后使铁芯磁化，形成铁芯磁路，如图 4-2 所示。

1. 磁通

通过磁路横截面的磁力线总量称为磁通，用“Φ”来表示。单位是韦伯[Wb]。

均匀磁场中，磁通Φ等于磁感应强度B与垂直于磁场方向的面积S的乘积，即

$$\Phi = BS$$

磁通是标量。其大小反映了与磁场相垂直的某个截面上的磁场强弱情况。磁通的国际单位制中还有较小的单位称为麦克斯韦[Mx]，韦伯和麦克斯韦之间的换算关系为

$$1\text{Wb} = 10^8\text{Mx}$$

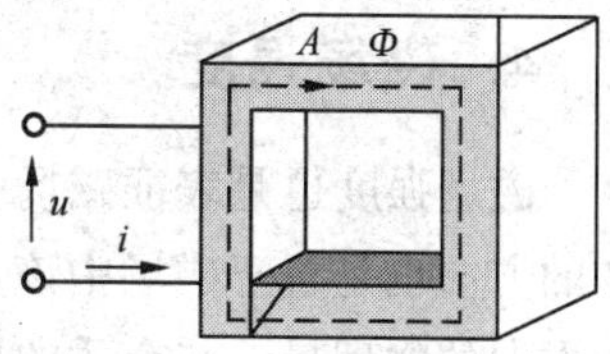

图 4-2　磁路

2. 磁感应强度

磁感应强度是表征磁场中某点强弱和方向的物理量。用大写字母“B”表示。B是矢量，B的方向就是置于磁场中该点小磁针 N 极的指向。匀强磁场中，B的大小可用载流导体在磁场中所受到的电磁力来定义。即

$$B=\frac{F}{Il}$$

上式中，电磁力F的单位是牛顿[N]、电流的单位是安培[A]、导体的有效长度（与磁场方向相垂直方向的长度投影）单位是米[m]时，磁感应强度B的单位是特斯拉[T]。

由$\Phi = BS$可知，匀强磁场中某截面S上B值越大，穿过该截面上的磁力线总量越多。因此，磁感应强度也常称为磁通密度。

3. 磁导率

磁导率是反映自然界物质导磁能力的物理量，用希腊字母“μ”表示。物质的种类很多，且导磁能力也各不相同，为了有效地区别它们各自的导磁能力，我们引入一个参照标准——真空的磁导率μ_0，即

$$\mu_0 = 4\pi \times 10^{-7}\text{H/m}$$

自然界中各种物质的磁导率均与真空的磁导率相比，可得到不同的比值，我们把这个比值称为相对磁导率，用“μ_r”表示，即

$$\mu_r=\frac{\mu}{\mu_0}$$

显然，相对磁导率无量纲，其值越大，表明该类物质的导磁性能越好；反之，导磁性能越差。

根据相对磁导率μ_r值的不同，自然界的物质大致可分为两大类。

（1）非磁性物质：如空气、塑料、铜、铝、橡胶等。这些物质的导磁能力很差，磁导率均与真空的磁导率非常接近，它们的相对磁导率均约等于 1。非磁性物质的磁导率可认为是常量。

（2）铁磁性物质：如铁、镍、钴、钢及其合金等。这些物质的导磁能力非常强，其磁导率一般为真空的几百、几千乃至几万、几十万倍。如铸铁，其相对磁导率μ_r≈200～400；铸钢的相对磁导率μ_r≈ 500～2 200；硅钢的相对磁导率μ_r≈7 000～10 000；坡莫合金的相对磁导率μ_r≈20 000～200 000。显然，铁磁物质的磁导率不是常量，而是一个范围，即随外部条件变化。铁磁性物质的相对磁导率远大于 1。

4. 磁场强度

磁场强度也是表征磁场中某点强弱和方向的物理量，用大写字母“H”表示。H 也是矢量，H 的方向也是置于磁场中该点小磁针 N 极的指向。磁感应强度是描述磁路介质的磁场某点强弱和方向的物理量，与介质的导磁率有关；磁场强度是描述电流的磁场强弱和方向的物理量，与介质的导磁率无关。它们之间的联系为

$$H=\frac{B}{\mu}[\mathrm{A/m}]$$

4.1.2 磁路欧姆定律

交流铁芯线圈磁路通常由硅钢片叠压制成，导磁率很高。当套在铁芯上的线圈通电后，铁芯迅速被磁化，成为一个人为集中的强磁场。电流通过 N 匝线圈所形成的磁动势用 $F_m = NI$ 表示，磁路对磁通所呈现的阻碍作用用磁阻 R_m 表示，磁动势、磁通和磁阻三者之间的关系可表述为

$$\Phi=\frac{F_m}{R_m}=\frac{NI}{R_m}$$

其中，磁阻 $R_m=\dfrac{l}{\mu S}$

磁路欧姆定律中的磁阻 R_m 与磁导率 μ 有关，因此对铁芯磁路来讲是一个变量，定量计算很复杂，没有电路欧姆定律应用得那么广泛，通常只用来定性分析磁路的情况。

4.1.3 铁磁物质的磁性能

铁磁材料之所以具有高导磁性，是因为在其内部具有一种特殊的物质结构——磁畴，如图 4-3 所示。这些磁畴相当于一个个小磁铁。

1. 高导磁性

通常情况下，铁磁材料内部的磁畴排列杂乱无章，其磁性相互抵消，因此对外不显示磁性。有外磁场作用时，磁畴在外界磁场的作用下，均发生归顺性转向，使得铁磁材料内部形成一个很强的附加磁场这就是铁磁物质的磁化，如图 4-4 所示。铁磁材料内部往往有相邻的几百个分子电流圈流向一致，这些分子电流产生的磁场叠加起来，就形成了一个个天然的小磁性区域——磁畴。不同铁磁物质内部磁畴的数量不同。显然，磁畴是由分子电流产生的。

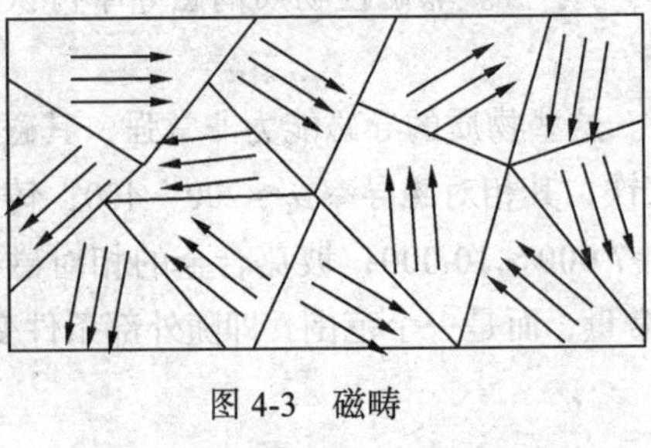

图 4-3 磁畴

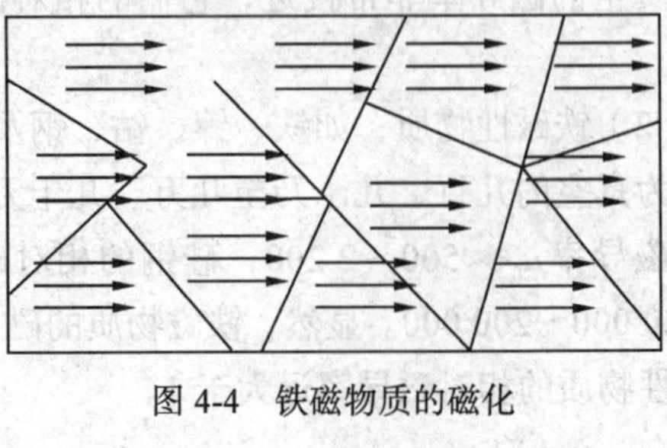

图 4-4 铁磁物质的磁化

2. 铁磁材料的磁饱和性、磁滞性和剩磁性

铁磁材料反复磁化一周所构成的曲线称为磁滞回线。磁滞回线中 B 的变化总是落后于 H 的变化，这说明铁磁材料具有磁滞性。磁滞回线中 H 为零时 B 并不为零的现象说明铁磁材料具有剩磁性。起始磁化曲线的 ab 段反映了铁磁材料的高导磁性；c 点以后说明铁磁材料具有磁饱和性。磁滞回线如图 4-5 所示。

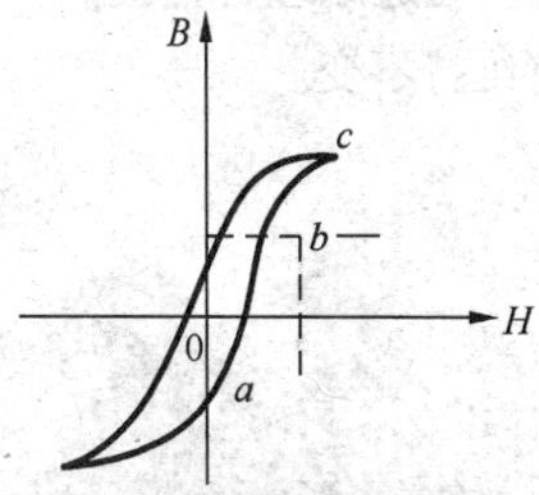

图 4-5　磁滞回线

4.1.4　铁磁材料的分类和用途

铁磁材料根据工程上用途的不同可以分为三大类。软磁材料：软磁材料具有磁导率很高、易磁化、易去磁的显著特点，适用于制作各种电机、电器的铁芯。硬磁材料：硬磁材料的磁导率不太高，但一经磁化能保留很大剩磁且不易去磁，适用于制作各种永久磁体。矩磁材料：矩磁材料磁导率极高，磁化过程中只有正、负两个饱和点，适用于制作各类存储器中记忆元件的磁心。

4.1.5　铁芯损耗

1. 磁滞损耗

铁磁材料反复磁化时，内部磁畴的极性取向随着外磁场的交变来回翻转，在翻转的过程中，由于磁畴间相互摩擦而引起的能量损耗称为磁滞损耗。磁滞损耗使铁芯发热。

2. 涡流损耗

在交变磁场作用下，整块铁芯中产生的旋涡状感应电流称为涡流。根据电流的热效应原理，涡流通过铁芯时将使铁芯发热，显然涡流增加了设备绝缘设计的难度，涡流严重时会造成设备的烧损。为减小涡流损耗，常用硅钢片叠压制成电机电器的铁芯。

4.1.6　主磁通原理

对交流铁芯线圈而言，设工作主磁通为

$$\Phi=\Phi_m \sin\omega t$$

交变磁通穿过线圈时，在线圈中感应电压，其值为

$$\begin{aligned} u_L &= N\frac{\mathrm{d}\Phi_m \sin\omega t}{\mathrm{d}t}=\Phi_m N\omega\cos\omega t \\ &=2\pi f N\Phi_m \sin(\omega t+90^\circ) \\ &=U_m \sin(\omega t+90^\circ) \end{aligned}$$

可得 $U\approx 4.44fN\Phi_m$

主磁通原理告诉我们：只要外加电压有效值及电源频率不变，铁芯中工作主磁通最大值Φ_m也将维持不变。

4.2 变压器的基本结构和工作原理

4.2.1 变压器的基本结构

变压器的主体结构是由铁芯和绕组两大部分构成的。用硅钢片叠压成的变压器铁芯与电源相接的为一次侧绕组，与负载相接的为二次侧绕组。变压器的绕组与绕组之间、绕组与铁芯之间均相互绝缘。如图 4-6 所示为变压器结构原理图。

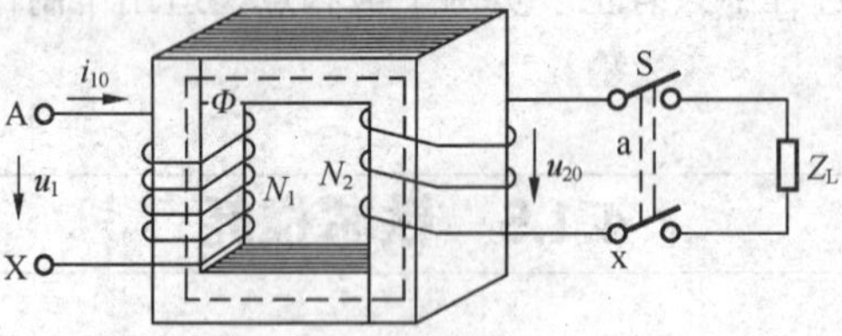

图 4-6　变压器结构原理图

4.2.2 变压器的工作原理

1. 变压器的空载运行与变换电压原理

交变的磁通穿过 N_1 和 N_2 时，分别在两个线圈中感应电压

$$U_{L1}=4.4.4fN_1\Phi_m$$
$$U_{M2}=4.4.4fN_2\Phi_m$$

有　$U_1\approx U_{L1}=4.4.4fN_1\Phi_m$

$U_{20}\approx U_{M2}=4.4.4fN_2\Phi_m$

计算它们的比值　$$\frac{U_1}{U_{20}}\approx\frac{4.44fN_1\Phi_m}{4.44fN_2\Phi_m}=\frac{N_1}{N_2}=k$$

式中，k 称为变压比，简称变比，显然，改变线圈绕组的匝数即可实现电压的变换。且 $k>1$ 时为降压变压器；$k<1$ 时为升压变压器。

2. 变压器的有载运行与变换电流原理

变压器负载运行时，一次侧电流由 i_0 变为 i_1，二次侧产生负载电流 i_2，而电压 u_{20} 相应变为 u_2，如图 4-7 所示。

变压器负载运行时，二次侧电流 i_2 产生二次侧磁动势 I_2N_2，该磁动势对 I_0N_1 起削弱作用。

根据主磁通原理，只要电源电压和频率不变，铁芯中的工作主磁通Φ的数值将维持不变。因此，一次侧电流 i_0 相应增大为 i_1，一次侧磁动势也增大为 I_1N_1，增大的部分恰好与二次侧磁动势相平衡。此时的磁动势方程式为

$$I_0N_1 = I_1N_1 - I_2N_2$$

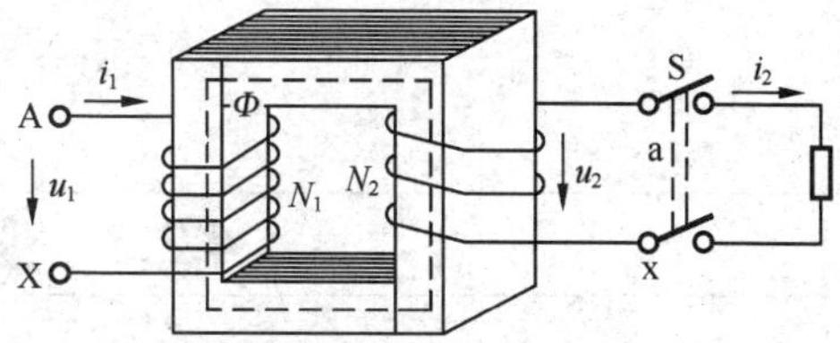

图 4-7　变压器的负载运行

磁动势平衡方程式告诉我们：变压器二次侧电流 i_2 的大小是由负载决定的，但二次侧的能量来源于一次侧，两侧电路并没有直接的电的联系，而是通过磁耦合把能量从一次侧传递到二次侧。

变压器铁芯的导磁率很高，因此满足工作主磁通需要的磁动势 I_0N_1 很小，和 I_1N_1 相比可忽略不计，所以磁动势平衡方程式又可改为

$$I_1N_1 - I_2N_2 \approx 0$$

由上式可得

$$\frac{I_2}{I_1} \approx \frac{N_1}{N_2} \approx \frac{1}{k}$$

变压器在能量传递的过程中损耗很小，因此一次侧和二次侧的容量近似相等，有

$$I_1U_1 \approx I_2U_2$$

能量传递过程中，变压器在变换电压的同时也变换了电流。

3. 变压器的阻抗变换作用

设变压器二次侧所接负载为$|Z_L|$，一次侧等效输入阻抗为$|Z_1|$，则有

$$|Z_L| = \frac{U_2}{I_2}, \quad |Z_1| = \frac{U_1}{I_1}$$

将变压器的变压比公式和变流比公式代入上式得

$$|Z_1| = \frac{U_1}{I_1} = \frac{kU_2}{\frac{I_2}{k}} = k^2\frac{U_2}{I_2} = k^2|Z_L|$$

此式告诉我们：只要改变变压器的匝数比，即可获得合适的二次侧对一次侧的反射阻抗$|Z_1|$。式中 k^2 称为负载阻抗折算到一次侧时的变换系数。

例：设交流信号源电压 $U = 100\text{V}$，内阻 $R_0 = 800\Omega$，负载 $R_L = 8\Omega$。

（1）将负载直接接至信号源，负载获得多大功率？

（2）经变压器阻抗匹配，求负载获得的最大功率是多少？此时变压器变比是多少？

解：负载直接与信号源相接时，负载上获得的功率为

$$P_L = I^2R_L = \left(\frac{100}{800+8}\right)^2 \times 8 \approx 0.123\text{W}$$

阻抗匹配时，负载折算到一次侧绕组的反射阻抗等于 800Ω。因此负载上获得的最大功率为

$$P_{Lmax} = \left(\frac{100}{800+800}\right)^2 \times 800 = 3.125\text{W}$$

变压器的变比为

$$k=\frac{N_1}{N_2}=\sqrt{\frac{|Z_1|}{|Z_L|}}=\sqrt{\frac{800}{8}}=10$$

4.2.3 变压器的外特性

变压器输出电压 u_2 随负载电流 i_2 变化的关系称为它的外特性，即：$u_2=f(i_2)$。

外特性可用图 4-8 所示曲线描述。

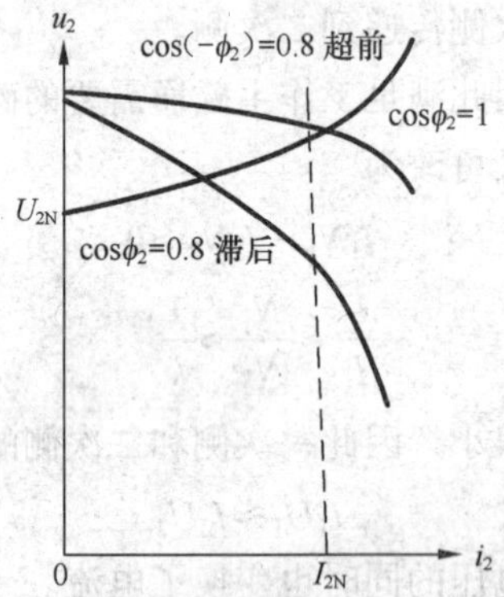

图 4-8 变压器的外特性

（1）负载为纯电阻性质时，$\cos\phi_2=1$，输出电压 u_2 随负载电流 i_2 的增加略有下降。

（2）负载为感性时，u_2 随 i_2 的增加下降的程度加大。

（3）负载为容性时，输出特性曲线呈上翘状态，说明 u_2 随 i_2 的增加反而加大。

由此可知，负载的功率因数对变压器的外特性影响很大。

4.2.4 电压调整率

变压器外特性变化的程度，可以用电压调整率 $\Delta U\%$ 来表示。电压调整率定义为：变压器由空载到额定 I_2N 满载时，二次侧输出电压 u_2 的变化程度。

$$\Delta U\%=\frac{U_{20}-U_{2N}}{U_{20}}\times 100\%$$

电压调整率反映了变压器运行时输出电压的稳定性，是变压器的主要性能指标之一。

4.2.5 变压器的损耗和效率

变压器的损耗有铁耗和铜耗

$$\Delta P=\Delta P_{Cu}+\Delta P_{Fe}$$

变压器工作时由于主磁通不变，因此铁损耗也基本维持不变，通常称铁耗为不变损耗；铜耗 $\Delta P_{Cu}=I_1^{\,2}R_1+I_2^{\,2}R_2$，随负载电流变化，称为可变损耗。

变压器的效率是指变压器的输出功率 P_2 与输入功率 P_1 的比值，通常百分数表示，即

$$\eta = \frac{P_2}{P_1} \times 100\% = \frac{P_2}{P_2 + \Delta P_{Fe} + \Delta P_{cu}} \times 100\%$$

变压器没有旋转部分，因此效率比较高。控制装置中的小型电源变压器的效率通常在 80%以上；电力变压器的效率一般可达 95%以上。变压器在运行中需注意，并非运行在额定负载时效率最高。实践证明，变压器所带负载为满载的 70%左右时效率最高。因此，应根据负载情况采用最好的运行方式。譬如控制变压器运行台数，投入适当容量的变压器等，以使变压器能够处在高效率情况下运行。

4.3 实用中的常见变压器

4.3.1 电力变压器及其用途

显然，电力变压器主要也是由铁芯和绕组两大部分构成，另外加上一些外部辅助和保护设备。电力变压器的用途如下所述。老式电力变压器结构如图 4-9 所示。

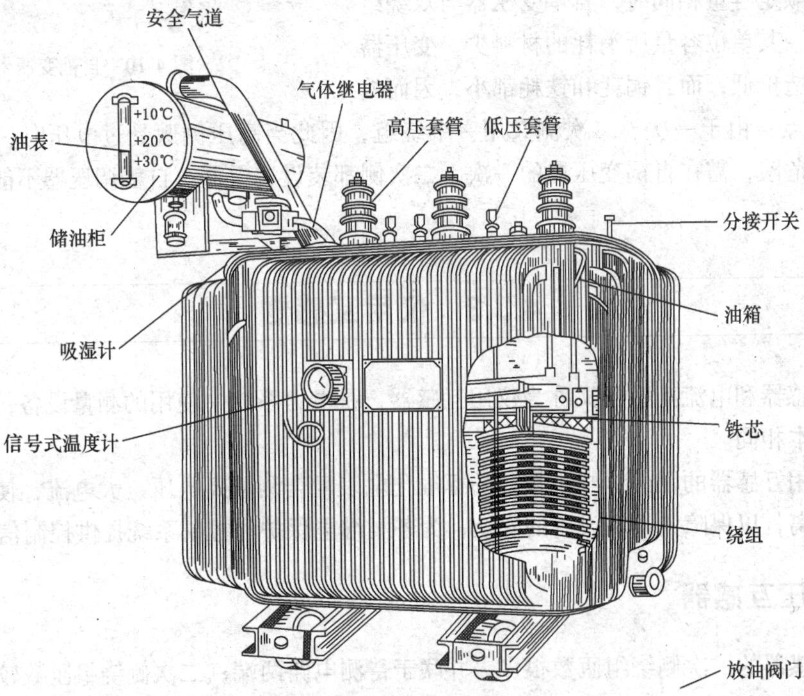

图 4-9 老式电力变压器的结构

（1）发电机出口电压一般不太高，因此无法将电能输送到远处。利用变压器变换电压的作用，将发电机出口电压升高，就可达到向远距离输送电能的目的。

（2）用户不能直接使用传输的高压电，通常必须利用电力变压器将高压变换为低压配电值，以满足各类用户对不同电压的需求。

电力系统中，电力变压器的应用十分广泛，电力变压器对电能的经济传输、合理分配和安全使用也都具有十分重要的意义。

4.3.2 自耦变压器（自耦调压器）

定义：把普通双绕组变压器的高压侧绕组和低压侧绕组相串联，即可构成一台自耦变压器，如图 4-10 所示。

图 4-10 自耦变压器

实际应用中，自耦变压器只用一个绕组，一次侧绕组匝数较多，一次侧绕组的一部分兼作二次侧绕组。两者之间不仅有磁的耦合，而且还有电的直接联系。自耦变压器的工作原理和普通双绕组变压器相同，因此，其变比公式与双绕组变压器一样，即

$$\frac{U_1}{U_2}=\frac{N_1}{N_2}=k \qquad \frac{I_1}{I_2}=\frac{N_2}{N_1}=\frac{1}{k}$$

自耦调压器的特点如下所述。

优点：额定容量相同时，自耦变压器与双绕组变压器相比，其单位容量所消耗的材料少、变压器的体积小、造价低，而且铜耗和铁耗都小，因而效率较高。缺点：由于一次、二次侧共用一个绕组，因此当高压侧遭受过电压时，会波及低压侧，为避免危险，需在自耦变压器的一次、二次侧都装设避雷器。自耦调压器不能当作安全变压器来使用。

4.3.3 仪用互感器

电压互感器和电流互感器又称为仪用互感器，是电力系统中使用的测量设备，其工作原理与变压器基本相同。

使用仪用互感器的目的：与小量程的标准化电表配合测量高电压、大电流；使测量回路与被测回路隔离，以保障人员和设备的安全；为各类继电保护和控制系统提供控制信号。

1．电压互感器

电压互感器的一次侧绕组匝数很多，并联于待测电路两端；二次侧绕组匝数较少，与电压表及电度表、功率表、继电器的电压线圈并联。用于将高电压变换成低电压。电压互感器原理如图 4-11 所示。

电压互感器使用注意事项如下。

（1）电压互感器的二次侧不允许短路。因为一旦发生短路，二次侧将产生一个很大的电流，

导致一次侧电流随之激增，由此将烧坏互感器的绕组。

（2）电压互感器的二次侧应当可靠接地。

（3）电压互感器的二次侧阻抗不得小于规定值，以减小误差。

2. 电流互感器

电流互感器的一次侧绕组线径较粗，匝数少，与待测电路负载串联；二次侧绕组线径细且匝数多，与电流表及电度表、功率表、继电器的电流线圈串联。用于将大电流变换为小电流。电流互感器原理如图 4-12 所示。

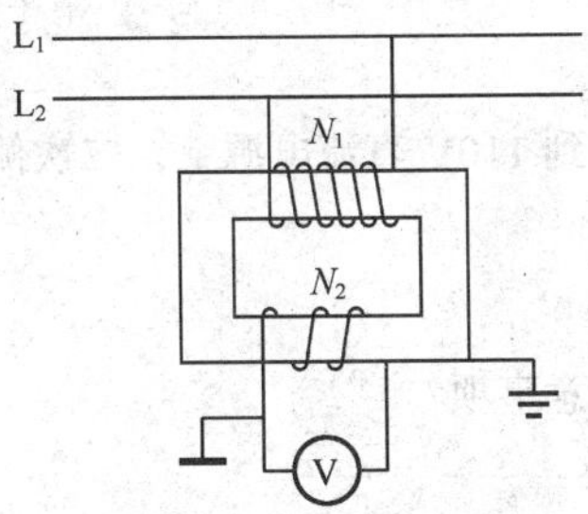

图 4-11　电压互感原理图

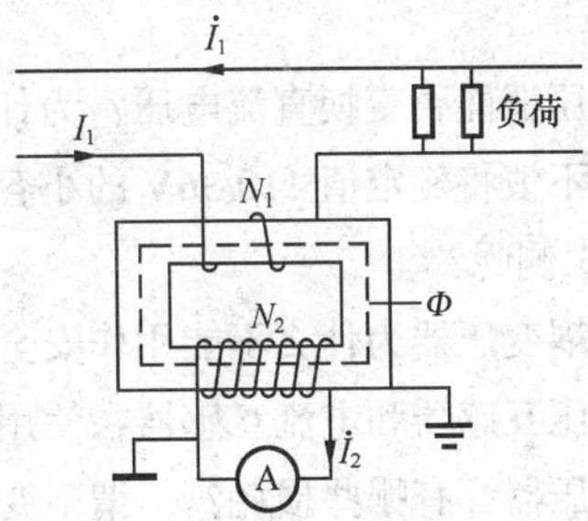

图 4-12　电流互感器原理图

电流互感器使用注意事项如下。

（1）电流互感器的二次侧不允许开路。因其一次侧电流是由被测电路决定的。正常运行时二次侧相当于短路，具有强烈的去磁作用，所以铁芯中工作主磁通所需的励磁电流相应很小。若二次侧开路，一次侧电流全部成为励磁电流而导致铁芯中工作磁通剧增，导致铁芯严重饱和过热而烧损，同时因二次侧绕组匝数很多，又会感应出危险的高电压，危及操作人员和测量设备的安全。

（2）二次侧阻抗不得超过规定值，以免增大误差。

（3）电压互感器的二次侧应当可靠接地。

本章小结

磁路是磁通经过的路径。磁路中的基本物理量包括磁通Φ、磁感应强度 B、磁导率μ和磁场强度 H。

磁路的基本定律包括磁路的欧姆定律和磁路的基尔霍夫定律。它们是根据磁通连续性原理和安培环路定律变换得出的。

交流铁芯线圈外加电压与电动势及磁通的关系，只要电压 U 不变，就要求磁通Φ_m不能变，$U \approx E = 4.44fN\Phi_m$。

变压器可以变换电压、电流和阻抗：$\frac{U_1}{U_2}=\frac{N_1}{N_2}=k$，$\frac{I_1}{I_2}=\frac{N_2}{N_1}=\frac{1}{k}$。

习题

4-1 欲制作一个 220/110V 的小型变压器，能否一次侧绕 2 匝，二次侧绕 1 匝？为什么？

4-2 已知变压器 $U_{1N}=220V$，为使铁芯不致饱和，规定 $\Phi_m \leqslant 0.001Wb$，问变压器一次侧线圈至少应绕多少匝？

4-3 一个交流电磁铁，额定值为工频电 220V，现不慎接在了 220V 的直流电源上，问会不会烧坏？为什么？

4-4 变压器能否变换直流电压？为什么？

4-5 若不慎将额定值 110/36V 的小容量变压器一次侧接到 110V 直流电源上，二次侧会产生什么情况？一次侧呢？

4-6 自耦变压器为什么不能用作安全变压器？

4-7 电压互感器和电流互感器在使用过程中都有哪些注意事项？

4-8 变压器都有哪些损耗？何谓不变损耗？可变损耗？

第5章 异步电动机及其控制

本章提要

本章主要讲述三相异步电动机的结构组成、异步电动机的工作原理、铭牌数据；三相异步电动机机械特性的分析方法；单相异步电动机的结构组成及其工作原理；常用低压电器及其在电路中的作用；三相异步电动机基本控制电路的分析方法；电动机的启动、制动、调速等概念。

5.1 异步电动机的基本知识

5.1.1 三相异步电动机的基本结构

三相异步电动机的基本结构为定子和转子。三相鼠笼式异步电动机结构如图 5-1 所示。

图 5-1 三相鼠笼式异步电动机结构示意图

三相异步电动机具有结构简单、制造成本低廉、使用和维修方便、运行可靠且效率高等优点，被广泛应用于工农业生产中的各种机床、水泵、通风机、锻压和铸造机械、传送带、起重机及家用电器、实验设备中。

异步电动机的定子指其固定不动部分，主要包括有：机座、定子铁芯、定子绕组。其定子、定子铁芯及铁芯硅钢片如图 5-2 所示。

图 5-2　定子、定子铁芯及铁芯硅钢片示意图

异步电动机的定子铁芯是由 0.5mm 厚的硅钢片叠压制成的。定子铁芯内圆冲有分布的槽。定子铁芯构成异步电动机磁路的一部分。定子绕组是由漆包线绕制而成，嵌入到定子铁芯槽中。构成电机电路的一部分。

异步电动机的转子指其旋转部分，主要部件包括：转子铁芯、转子绕组和转轴 3 部分，如图 5-3 所示。转子铁芯也是由 0.5mm 厚的硅钢片叠压制成。在其内圆冲有均匀分布的槽，用来嵌放转子绕组。转子铁芯构成电动机磁路的又一部分。转子绕组大部分是浇铸铝笼形，大功率也有铜条制成的笼形转子导体。转子绕组构成电动机电路的另一部分。转轴用来传递电磁转矩。

图 5-3　异步电动机的转子结构示意图

绕线式异步电动机的转子结构中，转子铁芯与鼠笼式相类似，转子绕组与定子绕组相同，也是采用漆包线绕制成对称三相绕组，嵌放到转子铁芯中。绕线式转子三相绕组必须成星形连接，三个向外的引出端子与固定在转轴上的三个相互绝缘的铜环相接，如图 5-4 所示。

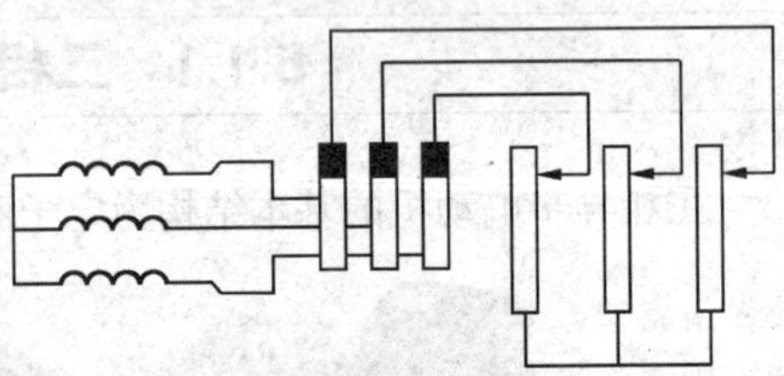

图 5-4　绕线式异步电动机的转子结构示意图

电刷与滑环紧压，并通过输电线与变阻器相连。显然，三相绕线式异步电动机的转子绕组是闭合的。

由于绕线式异步电动机能采用转子绕组串电阻启动和调速，因此启动性能和调速性能均比鼠笼式异步电动机优越。

5.1.2　三相异步电动机的工作原理

1. 旋转磁场的产生

在三相异步电动机的定子铁芯中放有三相对称绕组，在该三相对称绕组中通入三相对称交流电流，就可产生一“旋转磁场”。在电动机的对称三相定子绕组中通入对称三相交流电，如图 5-5 所示，即

$$i_A = I_m \sin\omega t$$
$$i_B = I_m \sin(\omega t - 120°)$$
$$i_C = I_m \sin(\omega t + 120°)$$

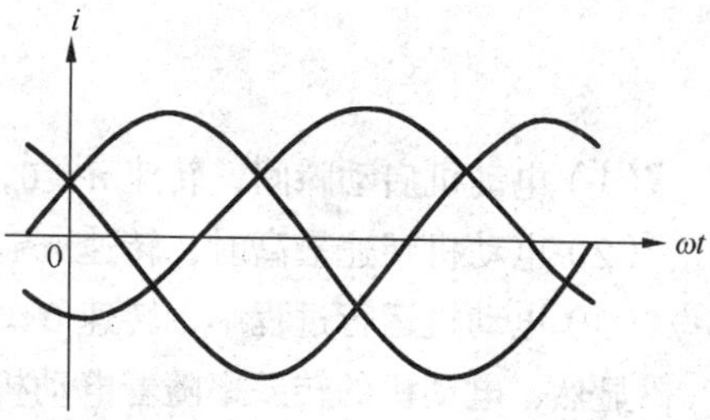

图 5-5 对称三相交流电流的波形图

$\omega t = 0$ 时电流和磁场情况：A、C 两相电流 $t = 0$ 时为正，因此首端流入、尾端流出。B 相电流 $t = 0$ 时为负，尾端流入、首端流出。相邻线圈电流流向一致，在气隙中生成合成磁场，方向为：电流随时间继续变化，经历了 120°的同时，电动机的气隙磁场在空间的位置也顺时针旋转了 120°。电流随时间变化一周，电动机的气隙磁场在空间的位置也顺时针旋转了 360°。如图 5-6 所示为三相电流产生的旋转磁场。可见，工程实际中，三相异步电动机定子和转子之间的气隙旋转磁场代替了模型电动机定子的转动磁极。

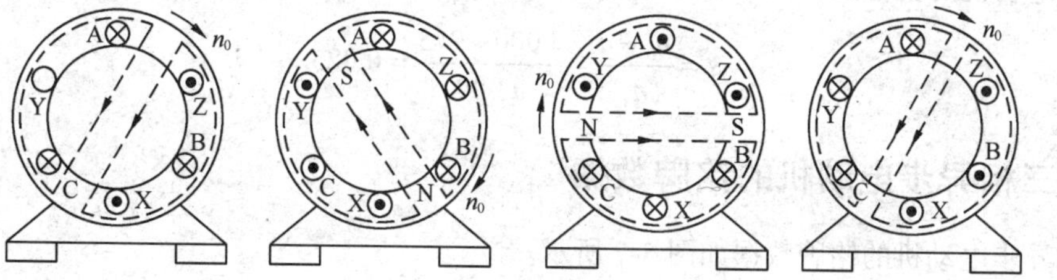

图 5-6 三相电流产生的旋转磁场

只要三相异步电动机的对称三相定子绕组中通入对称三相交流电，就会在定子和转子之间的气隙中产生一个随时间空间位置不断变化的旋转磁场。

三相异步电动机工作原理为：在电动机对称三相定子绕组中通入对称三相交流电流，在定子与转子之间产生气隙旋转磁场；转子导体与磁场相切割产生感应电动势，由于闭合生成感应电流使转子绕组成为载流导体，载流导体受电磁力的作用形成力偶，力偶对电动机转轴形成电磁转矩，从而使固定不动的转子顺着旋转磁场的方向转动起来。

若要改变电动机的旋转方向，只需任调通入定子绕组中两相电流的相序即可。依此类推，可得电动机旋转磁场的转速与极对数之间的关系为

$$n_1 = \frac{60f}{p} \text{ 转/分(r/min)}$$

电动机通常工作在 50Hz 的工频情况下，因此

$$p = 1\text{时，} n_1 = 3\,000\text{r/min}$$
$$p = 2\text{时，} n_1 = 1\,500\text{r/min}$$
$$p = 3\text{时，} n_1 = 1\,000\text{r/min}$$

即：异步电动机旋转磁场的转速与电源频率成正比，与电动机的极对数（出厂时就已经确定）成反比。显然，改变电动机的极对数，可以得到不同的转速。

2. 有关转差率的讨论

电动机的转差速度与磁场转速之比称为转差率，用 s 表示

$$s=\frac{n_0-n}{n_0}$$

（1）电动机启动瞬间，转速 $n=0$，转差率 $s=1$。

（2）电动机转速最高时，转速 $n\approx n_0$，转差率 $s\approx 0$。

（3）电动机运行过程中，转速 $0<n<n_0$，转差率 $0<s<1$。

显然，电动机的转差率随着电动机转速的升高而减小。

例：有一台三相异步电动机，其额定转速为 975r/min。试求工频情况下电动机的磁极对数和电动机的额定转差率。

解：由于电动机的额定转速接近于旋转磁场的转速，所以

$$p\approx\frac{60f}{n}=\frac{60\times 50}{975}\approx 3$$

即该电动机的极对数 $p=3$，同步转速 $n_0=1\,000$r/min。额定转差率为

$$s=\frac{n_0-n}{n_0}=\frac{1\,000-975}{1\,000}=0.025$$

3. 三相异步电动机的铭牌数据

三相异步电动机的铭牌数据如图 5-7 所示。

三相异步电动机		
型号　Y132M-4	功率　7.5kW	频率　50Hz
电压　380V	电流　15.4A	接法　△形
转速　1440r/min	绝缘等级　B	工作方式　连续
标准编号	工作制　S1	B 级绝缘
年　　月	编号	×× 电机厂

图 5-7　三相异步电动机铭牌

Y 表示异步电动机，132（mm）表示机座中心高；M 代表中机座（L 长机座、S 短机座），-4 代表 4 极电动机。

额定功率指的是电动机输出的机械功率。

额定电压、电流均指电动机额定运行情况下的定子线电压、线电流的数值。

额定转速指的是电动机转子的转速 n。

三相异步电动机的定子绕组有两种接法：Y 形和△形。

三相定子绕组由机壳外面的接线盒引出，如图 5-8 所示。

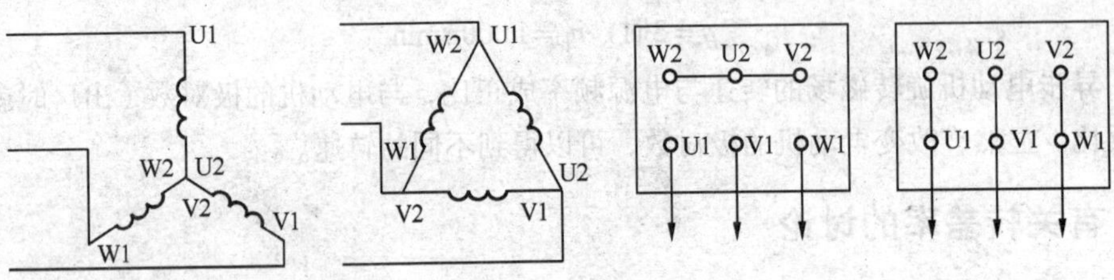

图 5-8　三相异步电动机定子绕组的两种接法

4. 单相异步电动机简介

实验室、家庭及办公场所通常是单相供电，因此实验室的很多仪器、各种电动小型工具、家用洗衣机、电冰箱、电风扇等，都采用单相异步电动机。单相异步机采用鼠笼式转子结构，一般容量多在 0.75kW 以下。

三相异步电动机只所以能够转动，是因为它的定子绕组通入对称三相交流电后产生的旋转磁场。那么，单相异步电动机通入单相交流电后，产生的是一个什么样的磁场呢？

电流正半周，线圈导体中通过的电流始终为正值，如图 5-9（a）所示。相邻导体中电流方向相同，电流的合成磁场方向一致。电流的负半周，线圈导体中通过的电流方向始终为负，如图 5-9（b）所示。合成磁场随时间大小不断变化，但磁场轴线的位置始终不变。显然，单相异步电动机的定子磁场是一个大小和方向随时间不断变化、但磁场轴线位置始终不变的脉动磁场。

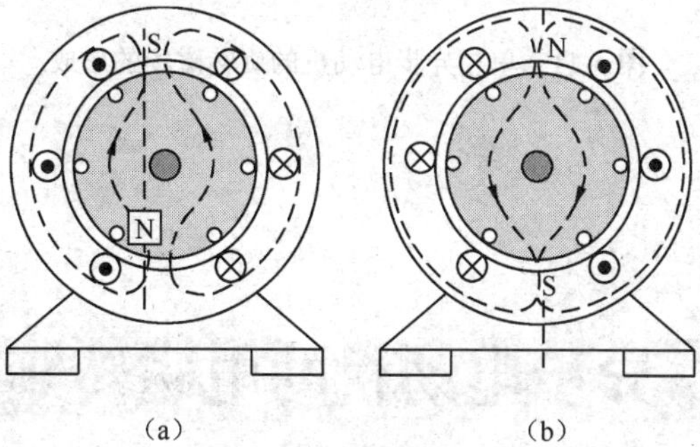

图 5-9 单相异步电动机的脉动磁场

脉动磁场可以分解为两个大小相等、转速相同、转向相反的旋转磁场 B_1 和 B_2，如图 5-10 所示。顺时针方向旋转的磁场 B_1 对转子产生顺时针方向的电磁转矩；逆时针方向旋转的磁场 B_2 对转子产生逆时针方向的电磁转矩。由于在任何时刻这两个电磁转矩都大小相等、方向相反，所以单向异步电动机的转子不会自行启动，也就是说单相异步电动机的启动转矩为零。

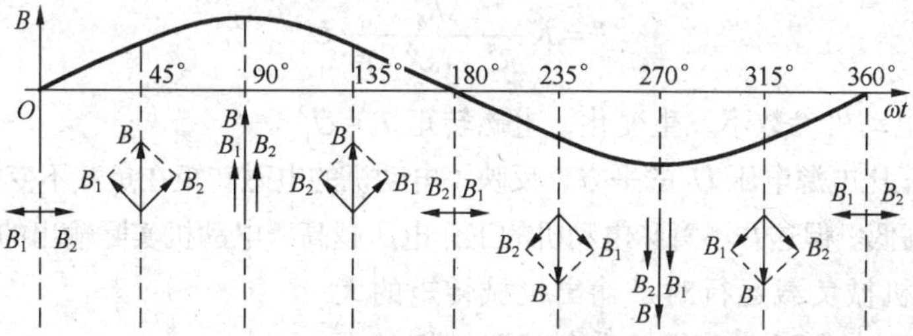

图 5-10 单相异步电动机的脉动磁场分解

电容分相法可让单相异步电动机转动，电容分相式异步电动机的定子有两个绕组：一个是工作绕组；另一个是启动绕组，两个绕组在空间对称嵌放。启动绕阻与电容 C 串联，使启动绕组电流 i_2 和工作绕组电流 i_1 产生 90°的相位差，即加入启动绕组后，和工作绕组并联连接于单相交流电源上。单相电动机定子两绕组的合成磁场也是一个随时间空间位置不断变化的旋转磁场。单相电动机也因此可以自行启动了。单相异步电动机的旋转磁场的形成如图 5-11 所示。

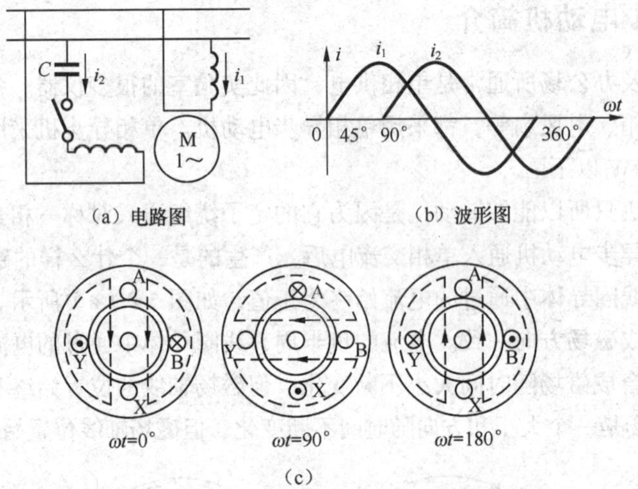

图 5-11　单相异步电动机的旋转磁场的形成

5.2 异步电动机的电磁转矩和机械特性

1. 异步电动机的电磁转矩

异步电动机的电磁转矩等于转子中各载流导体在旋转磁场作用下，受到电磁力所形成的转矩之总和。

电磁转矩的表达形式为

$$T = K\frac{sR_2}{R_2^2+(sX_{20})^2}\cdot U_1^2$$

上式说明，只要电动机参数不发生变化，电磁转矩 $T\propto U_1^2$。

电磁转矩 T 正比电源电压 U_1 的平方，反映了电动机的电磁转矩在负载不变情况下，其大小取决于电源电压的高低。但这并不意味电动机的工作电压越高，电动机实际输出的电磁转矩就越大。

电动机拖动机械负载运行时，输出机械转矩的大小，实际上决定于来自于电动机轴上负载阻转矩的大小。换言之，当电磁转矩 T 等于负载阻转矩 T_L 时，电动机就会在某一速度下稳定运行；若 $T > T_L$，电动机就会加速运行；若 $T < T_L$，电动机则要减速运行直至停转。

根据异步电动机电磁转矩特性公式可得异步机的电磁转矩特性曲线如图 5-12 所示。

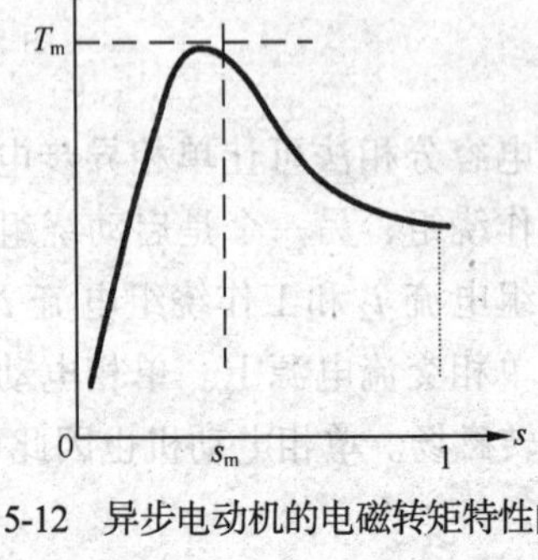

图 5-12　异步电动机的电磁转矩特性曲线

（1）额定转矩 T_N

电动机额定电压下以额定转速 n_N 运行，输出额定

机械功率 P_N 时，电动机转轴上对应输出的机械转矩为额定电磁转矩 T_N。

$$T_N = \frac{P_N}{\frac{2\pi n_N}{60}} = 9\,550\frac{P_N}{n_N}$$

（2）最大转矩 T_M

最大转矩反映了电动机带最大负载的性能，我们把它与额定转矩的比值称为电动机的过载能力，即

$$\lambda_m = \frac{T_M}{T_N}$$

λ_m 通常在 1.6～2.0 之间。如果负载转矩超过了最大转矩，电动机将停转。

（3）启动转矩 T_{st}

启动转矩反映了异步机带负载启动时的性能。启动转矩与额定电磁转矩之比称为电动机的启动能力，即

$$\lambda_{st} = \frac{T_{st}}{T_N}$$

λ_{st} 通常在 1.4～1.8 之间。如果电机的启动转矩 T_{st} 小于电动机轴上的负载阻转矩 T_L 时，电动机将无法启动。如图 5-13 所示。

2. 异步电动机的机械特性

显然，把转矩特性曲线旋转 90°后即可得到机械特性曲线。机械特性曲线可分为稳定运行区 AB 段和非稳定运行区 BC 段两部分。

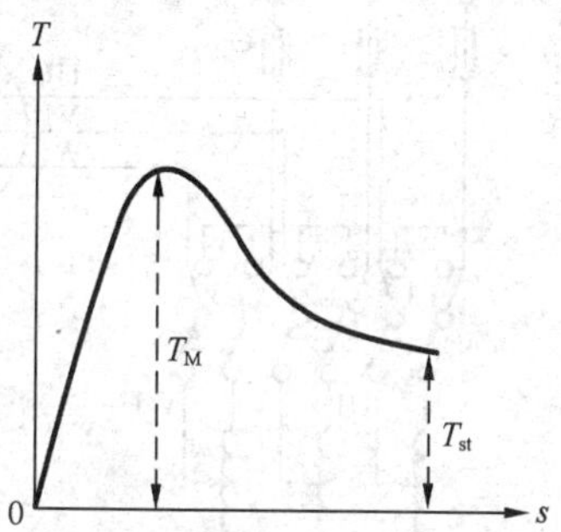

图 5-13　异步电动机的最大转矩与启动转距

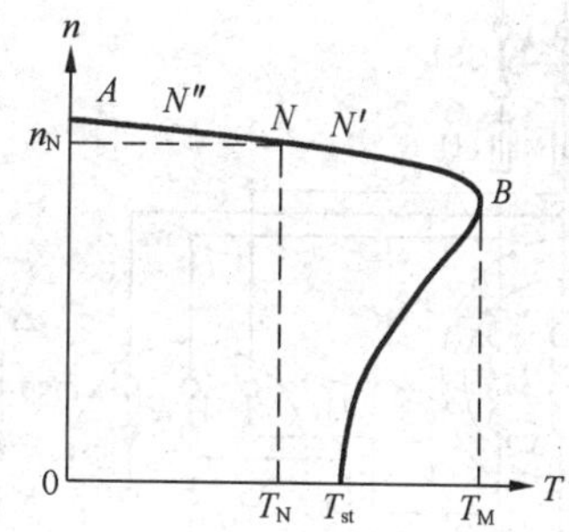

图 5-14　异步电动机的机械特性曲线

5.3 三相异步电动机的控制

1. 三相异步电动机的启动

异步电动机通电后，从静止状态到稳定运行状态的过渡过程称为启动。

当电动机满足条件

$$\frac{I_{st}}{I_N} \leqslant \frac{3}{4} + \frac{\text{电源变压器容量(kV·A)}}{4 \times \text{电动机功率(kW)}}$$

或电动机容量在 10kW 以下，并且小于供电变压器容量的 20%时，电动机可以直接加全压启动，称为全压启动。全压启动也称为直接启动。其优点：操作简单；缺点：启动电流较大，通常是额定电流的 4～7 倍，这么大的启动电流将使线路电压下降，严重时将影响同一电网上的其他负载正常工作。

如果三相异步电动机不满足直接启动条件，就要采取降压启动的措施，以减小启动电流给电网和设备带来的不利因素。

（1）Y－△形降压启动

电动机启动时定子绕组成星形连接，启动后转速升高，当转速基本达到额定值时再切换成三角形连接的启动方法。如图 5-15 所示。

优点：启动电流降为全压启动时的 1/3；缺点：启动转矩也降为全压启动时的 1/3。

适用范围：正常运行时定子绕组为三角形连接，且每相绕组都有两个引出端子的电动机。

（2）自耦降压启动

利用三相自耦变压器将电动机在启动过程中的端电压降低，以达到减小启动电流的目的。如图 5-16 所示。自耦变压器备有 40%、60%、80%等多种抽头，使用时要根据电动机启动转矩的要求具体选择。

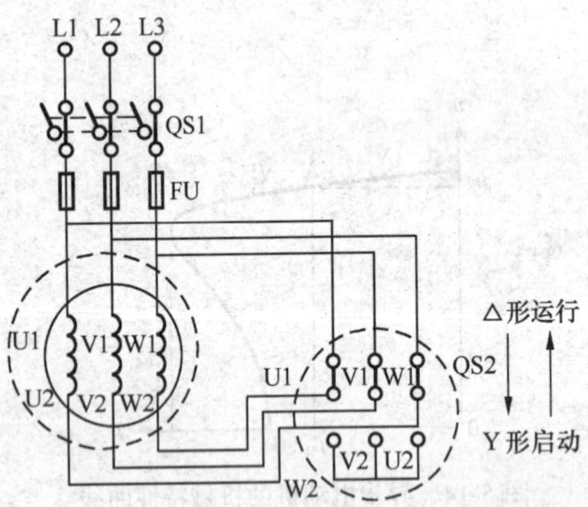

图 5-15　三相异步电动机 Y－△形降压启动

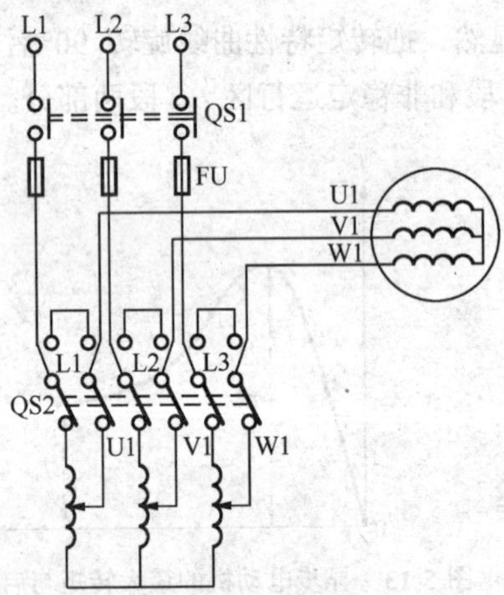

图 5-16　自耦降压启动

优点：具有不同的抽头，可以根据启动转矩的要求，比较方便地得到不同的电压。

缺点：设备体积大、成本高。

适用范围：适用于容量较大的电动机或不能用 Y－△形降压启动的鼠笼式三相异步电动机。

2. 三相异步电动机的调速

用人为的方法使电动机的转速从某一数值改变到另一数值的过程称为调速。

三相异步电动机的转速公式

$$n=(1-s)n_1=(1-s)\frac{60f_1}{p}$$

由式可知，异步电动机的调速通过三种形式可实现：

（1）改变极对数 p，实现有级调速。

（2）改变转差率 s，实现无级调速。

（3）改变电源频率 f_1，实现无级调速。

目前，第三种调速方法发展很快，且调速性能较好。其主要环节是研制变频电源，通常由整流器、逆变器等组成。

3. 三相异步电动机的制动

电动机断电后由于机械惯性总要经过一段时间才能停下来。为了提高生产效率及安全，采用一定的方法让高速运转的电动机迅速停转，就是所谓的制动。

三相异步电动机常用的制动方法有以下几种。

（1）能耗制动

当电动机三相定子绕组与交流电源断开后，把直流电通入两相绕组，产生固定不动的磁场 n_0。电动机由于惯性仍在运转，转子导体切割固定磁场产生感应电流。载流导体在磁场中又会受到与转子惯性方向相反的电磁力作用，由此使电动机迅速停转。如图 5-17 所示。

能耗制动常用于生产机械中的各种机床制动。

（2）反接制动

把与电源相接的三根火线中的任意两根对调，使旋转磁场改变方向，从而产生制动转矩的方法。

在电动机的定子绕组中通入对称三相交流电，电动机顺时针转动。改变通入定子绕组中电流的相序，旋转磁场反向，转子受到与惯性旋转方向相反的电磁力，使电机迅速停转。

反接制动适用于中型车床和铣床的主轴制动。

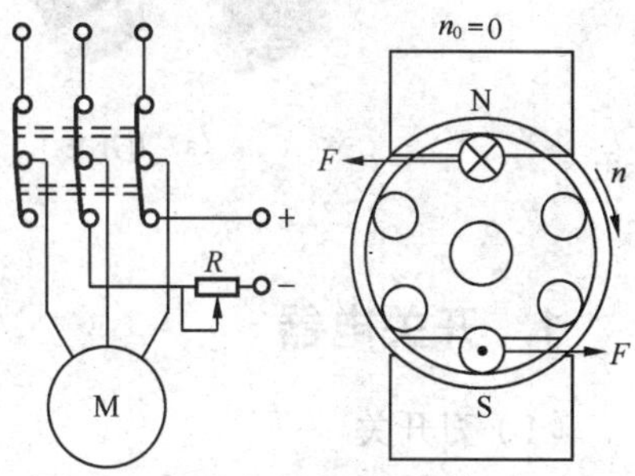

图 5-17 能耗制动

（3）再生发电制动

起重机快速下放重物，使重物拖动转子出现 $n>n_0$ 情况时，电动机处于发电状态，此时在转子导体中感应电流，感应电流的方向与原电流方向相反，因此产生的电磁转矩方向也相反，这种制动称为再生发电制动。

4. 三相异步电动机的选择

异步电动机应用很广，选用时应从技术和经济两个方面考虑。以实用、合理、经济和安全为原则，确保电动机安全可靠地运行。

（1）种类选择

鼠笼式异步电动机一般用于无特殊调速要求的生产机械，如泵类、通风机、压缩机、金属切削机床等；绕线式异步电动机适用于需要有较大的启动转矩，且要求在一定范围内进行调速的起重机、卷扬机、电梯等。

（2）功率选择

原则上要求电动机的额定功率等于或稍大于生产机械的功率。

（3）结构选择

电动机根据使用场合可分为开启式、防护式、封闭式及防爆式等。使用时要根据电动机的工作环境选择，以确保电动机能够安全、可靠地运行。

（4）转速选择

综合考虑电动机和机械传动等诸方面因素，原则上应根据生产机械的要求进行选择。

5.4 常用低压控制电器

低压控制电器的品种繁多，用途极为广泛。通过本节内容的介绍，使大家能够了解一些常用低压控制电器的结构组成及工作原理；熟悉它们的功能及使用场合；在实用中能够初步正确选用常用低压控制电器。常用低压控制电器如图 5-18 所示。

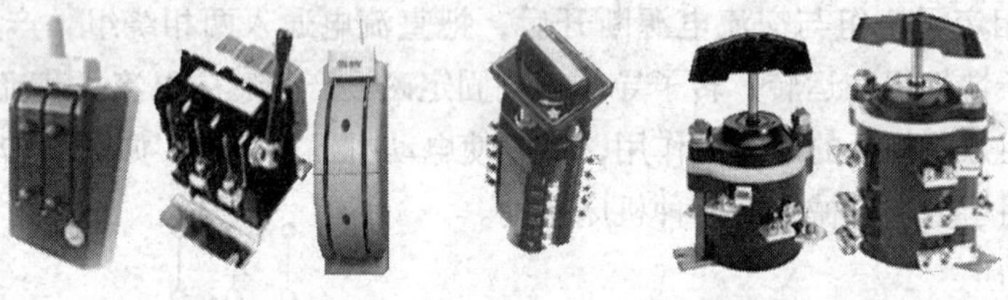

（a）刀开关　　（b）组合开关

图 5-18　常用低压控制电器

1. 开关电器

（1）刀开关

主要作用是隔离电源，也可作为不频繁通、断电路的开关控制。

（2）组合开关

主要用于机床设备的电源引入开关，也可用来通断 5kW 以下电机电路或小电流电路。

（3）低压断路器（自动空气开关）

主要用来控制局部照明线路或对电路的某些部分进行通、断控制。断路器在电路发生过载、短路及失压、欠压时，均能自动分断电路，起保护作用。低压断路器的三对主触点串联，在被保护的三相主电路中，由于搭钩钩住弹簧，使主触点保持闭合状态。当线路正常工作时，电磁脱扣器中线圈所产生的吸力不能将它的衔铁吸合。如果线路发生短路时，电磁脱扣器的线圈吸力增大，将衔铁吸合，并撞击杠杆把搭钩顶上去，在弹簧作用下切断主触点，实现短路保护。当线路电压下降或失压时，欠电压脱扣器的吸力减小或失去吸力，衔铁释放在弹簧拉力下撞击杠杆，把搭钩顶开切断主触点，实现了欠电压保护。热脱扣器利用双金属片受热弯曲作用，在过载时顶开搭钩，实现了过载保护。

2. 低压熔断器

熔断器俗称保险，是最简便有效的短路保护装置。

低压熔断器一般串联在被保护的线路中。线路正常工作时如同一根导线，起通路作用；当线路短路时熔断器的易熔片熔断，使电路断开，从而起到保护线路上其他电器设备的作用。

低压熔断器熔体选用原则如下所述。

（1）一般照明线路：熔体额定电流≥负载工作电流。

（2）单台电动机：熔体额定电流≥1.5～2.5 倍电动机额定电流；但对不经常启动而且启动时间不长的电动机系数可选得小一些，主要以启动时熔体不熔断为准。

（3）多台电动机：熔体额定电流≥1.5～2.5 倍最大电动机的额定电流+其余电动机的额定电流之和。

3. 接触器

接触器是用来频繁接通和断开电路的自动切换电器，它具有手动切换电器所不能实现的遥控功能，同时还具有欠压、失压保护的功能，接触器的主要控制对象是电动机。

4. 热继电器

热继电器是利用电流的热效应原理切断电路以起过载保护的电气设备。

（1）热继电器的结构组成

由串接在电动机主电路中的三个发热元件以及串接在电动机控制电路中的常闭触点组成。

（2）工作原理

热继电器的发热元件绕在双金属片上，当电动机过载时，过大的电流产生热量，使双金属片弯曲推动连锁机构动作，常闭触点打开，导致控制电路断电，电动机主电路随之断电，达到过载保护的目的。

5. 时间继电器

时间继电器是在感受外界信号后，其执行部分需要延迟一定时间才动作的一种继电器，分有通电延时型和断电延时型。

工作原理：线圈通电时，电磁力克服弹簧的反作用拉力而迅速将衔铁向下吸合，衔铁带动杠杆延时使常闭触点分断，常开触点闭合。

时间继电器各部分图形符号和文字符号见表 5-1。

表 5-1　　时间继电器各部分图形符号和文字符号

	通　电	断　电
瞬时动作	常闭触点 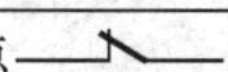	常闭触点 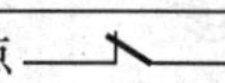
	常开触点 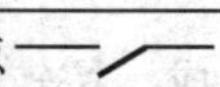	常开触点 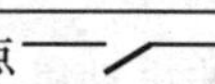
延时动作	常开通电后延时闭合 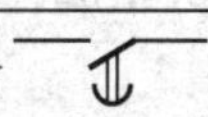	常闭断电后延时闭合 
	常闭通电后延时断开 	常开断电后延时闭合 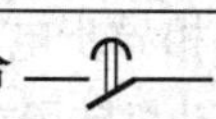

5.5 基本电气控制电路

通过开关、按钮、继电器、接触器等电器触点的接通或断开来实现电动机各种运转形式的控制称为继电-接触器控制。继电-接触器控制方式构成的自动控制系统称为继电-接触器控制系统。

继电-接触器控制方式中，典型的控制环节有点动控制，单向自锁运行控制，正、反转控制，行程控制，时间控制等。电动机在使用过程中由于各种原因可能会出现一些异常情况，如电源电压过低、由于短路或过载而引起的电动机电流过大、电动机定子绕组相间短路或电动机绕组与外壳短路等，如不及时切断电源则可能会对设备或人身带来危险，因此必须采取保护措施。常用的保护环节有短路保护、过载保护、零压保护和欠压保护等。

由开关、熔断器、接触器的主触点，热继电器的热元件组成的部分称为主电路。主电路中的各部分与被控制电动机相串联。由按钮、接触器线圈、热继电器常闭触点组成的部分称为控制电路，接在两相之间，控制电路中的电流较小。

继电-接触器控制系统由于其元器件数量太多使得硬接线相当繁杂，尤其当线路中出现故障或对机器的工作程序有新的调整和功能扩展要求时，线路的检测、改造显得非常不易和麻烦。可编程控制器（PLC）就是为抑制上述缺点而研制出的、比继电-接触器控制系统更可靠、功能更齐全、响应速度更快的一种新型工业控制器。

继电-接触器控制系统包括电磁阀、指示灯等；PLC 控制系统包括电磁阀、指示灯等。显然，两者不同之处是在逻辑控制部分，PLC 通过键盘输入相应程序实现生产过程中的逻辑控制，从而避免了继电-接触器系统中的复杂硬接线，可靠性更高且抗干扰能力强。

传感器是将非电量转换为电量的一种功能装置，也是优良控制系统中的必备元件。传感器一般由敏感元件和转换元件两个基本环节构成。传感器按用途可分有超声波传感器、数显传感器、温度传感器、压力传感器、速度传感器、液位传感器、光敏传感器和电磁传感器等。

作为检测用时，被测的非电量通过传感器可转换成易于变换成电量的另一种非电量，再将这种非电量以电参量的变化加以描述，最后经过系统的检测和分析得出检测结论。

本章小结

三相异步电动机主要由定子和转子两大部分组成，按转子结构的不同，又分为笼型异步电动机和绕线型异步电动机。

三相异步电动机定子绕组加入三相电源后，产生旋转磁场，旋转方向与电流相序一致。

电动机转子在旋转磁场的作用下转动起来，其转向与旋转磁场的转向相同，但存在转速差。

异步电动机常用的调速方法有变极调速、变频调速、变转差率调速；异步电动机常用制动方法有能耗制动、反接制动。

电动机铭牌简要说明了电动机的主要额定数据和使用方法，是电动机的运行依据。

采用继电器、接触器及按钮、开关等有触点的控制电器组成的控制系统称为继电-接触器控制系统；常用的低压控制电器有刀开关、组合开关、按钮、行程开关、接触器、继电器等。

习 题

5-1 三相异步电动机由哪几部分构成？简述其工作原理。

5-2 三相异步电动机有几种启动方法？各有何有缺点？

5-3 三相异步电动机有几种调速方法？各适用于哪种类型的电动机？

5-4 一台三相异步电动机铭牌数据为：2.2kW，220V/380V，Y－△，1 430r/min，$\cos\varphi = 0.81$ 若额定负载时电网输入的电功率为 2.75kW，过载系数$\lambda = 2.2$。

求：（1）两种接法时相电流和线电流的额定值及额定效率。

（2）额定转矩和最大转矩。

5-5 常用低压控制电器有哪些？简述其主要功能。

5-6 简述继电-接触器控制系统与 PLC 控制系统的不同。

第6章 半导体器件

本章提要

本章首先介绍了常用的本征半导体和杂质半导体的导电性及由两种杂质半导体构成 PN 结的导电性，然后从结构、工作原理和伏安特性等方面介绍了用半导体制造的二极管、晶体管等常用元件。

6.1 半导体的基础知识

电子电路是由晶体管等元器件组成的，而晶体管是由半导体制成的。所以我们在学习电子电路之前，一定要了解半导体的一些基本知识。半导体由于具有体积小、重量轻、使用寿命长、输入功率小和功率转换速度高等优点而得到广泛的应用。

从导电性能上看，通常可将物质为三大类。导体。电阻率$\rho > 10^4\Omega \cdot cm$；绝缘体：电阻率$\rho > 10^9\Omega \cdot cm$；半导体：电阻率$\rho$介于前两者之间。目前制造半导体器件的材料用得最多的有：单一元素的半导体——硅（Si）和锗（Ge）；化合物半导体——砷化镓（GaAs）。半导体之所以得到广泛的应用，是因为它具有热敏性、光敏性、可掺杂性等性能。

6.1.1 本征半导体

本征半导体是一种纯净的半导体晶体。常用的半导体材料有：硅和锗。它们都是 4 价元素，原子结构的最外层轨道上有 4 个价电子，当把硅或锗制成晶体时，它们是靠共价键的作用而紧密联系在一起，如图 6-1 所示。硅、锗等具有同金刚石相同的结构。这种结构的一个重要特点是每个原子有 4 个最邻近原子，它们正好是一个正四面体的顶角位置。半导体一般都具有这种晶体结构，所以半导体也称为晶体，这就是晶体管名称的由来。

Si 的原子序数为 14，有 14 个电子绕核旋转；Ge 的原子序数为 32，有 32 个电子绕核旋转；二者最外层轨道上均有 4 个电子。外层电子离核最远，受到的束缚最弱，称为价电子。每一个原子的一个价电子与另一原子的一个价电子组成一个价电子对，这对价电子是每两个相邻原子共有的。这一对共有价电子与两个原子核都有吸引作用，称为共价键。绝对零度下，这种共价键结构非常稳定，电子被牢牢束缚住。但在室温和光照下，价电子受到热激发和光照射，就可获得足够的能量，摆脱共价键的束缚，成为自由电子。这时共价键上留下一个缺位，邻近的价电子随时可跳过来填补缺位，从而使缺位转移到邻键上去。所以，缺位也是可以移动的。这种可以自由移动的缺位被称为空穴。它带正电；同时价电子也按一定的方向依次填补空穴，从而使空穴产生定向移动，形成空穴电流。因此，在晶体中存在两种载流子，即带负电的自由电子和带正电的空穴，它们是成对出现的。因此，半导体是靠电子和空穴的移动来导电的。自由电子和空穴统称为载流子。

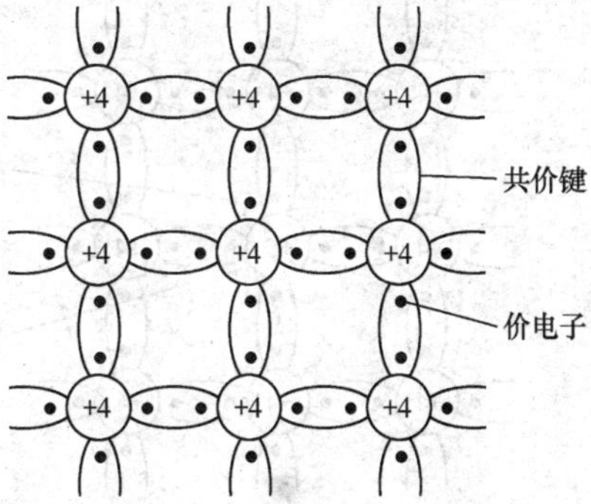

图 6-1　单晶硅的共价键结构

6.1.2　杂质半导体

在本征半导体中两种载流子的浓度很低，因此导电性很差。我们向晶体中有控制地掺入微量的特定杂质来改变它的导电性，这种半导体被称为杂质半导体。如果在其中掺入微量的杂质，这将使掺杂后的半导体(杂质半导体）的导电性能大大增强。根据掺入杂质元素的性质不同，杂质半导体可分为 N 型半导体（电子为多数载流子）和 P 型半导体（空穴为多数载流子)。掺杂产生的载流子浓度基本不受温度的影响。

1. N 型半导体

在本征半导体硅或锗中，掺入微量的 5 价元素如磷，由于掺入的数量极少，所以本征半导体的晶体结构不会改变，只是晶体结构中某些位置上的硅原子被磷原子所代替，当这些磷原子与相邻的 4 个硅原子组成共价键时，磷原子最外层有 5 个价电子，还多余一个自由电子。多余的电子在获得外界能量时，比其他价键上的电子更容易脱离原子核的束缚而成为自由电子。因此在这种半导体中有更多的自由电子，这就显著提高了其导电能力。这种半导体以自由电子导电为主要导电方式，故称它为电子半导体或 N 型半导体。N 型半导体中自由电子是多数载流子，空穴是少数载流子。如图 6-2 所示。

2. P 型半导体

在本征半导体硅或锗中，掺入微量的 3 价元素如硼，半导体中的某些原子被杂质原子代替，但是杂质原子的最外层只有 3 个价电子，它与周围的原子形成共价键后，还多余一个空穴，因此使其中的空穴浓度远大于自由电子的浓度。这种半导体以空穴导电为主要导电方式，故称它为空穴型半导体或 P 型半导体。P 型半导体中，自由电子是少数载流子，空穴是多数载流子，如图 6-3 所示。

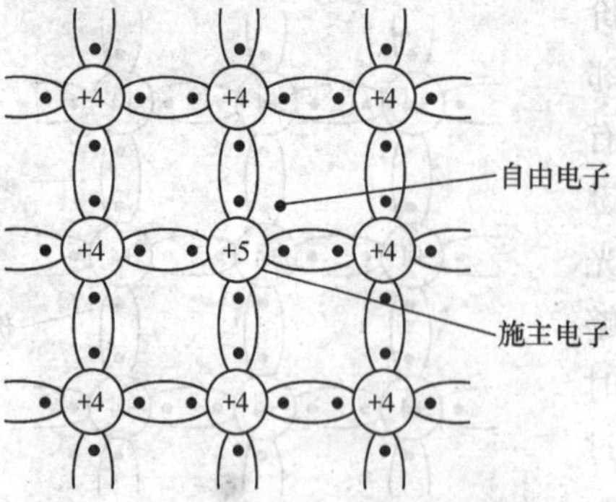

图 6-2 N 型半导体的共价键结构

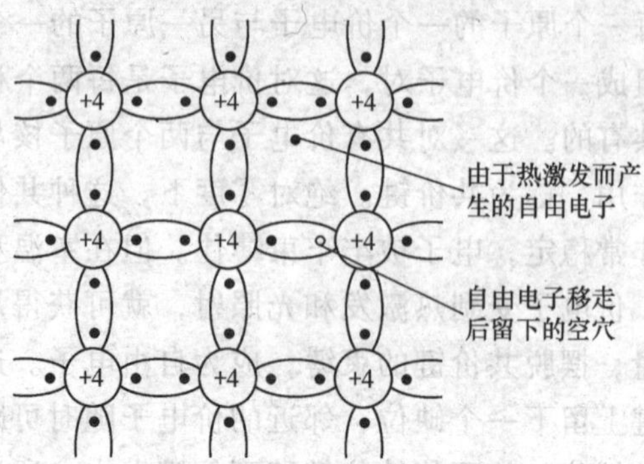

图 6-3 P 型半导体的共价键结构

6.1.3 PN 结

1. PN 结的形成

我们通过现代工艺，在 N 型（P 型）半导体的基片上，采用扩散工艺制造一个 P 型（N 型）区，则在 P 区和 N 区之间的交界面附近，将形成一个很薄的空间电荷区，称为 PN 结。为说明方便起见，将 PN 结附近的区域扩展为如 6-4 所示的示意图。

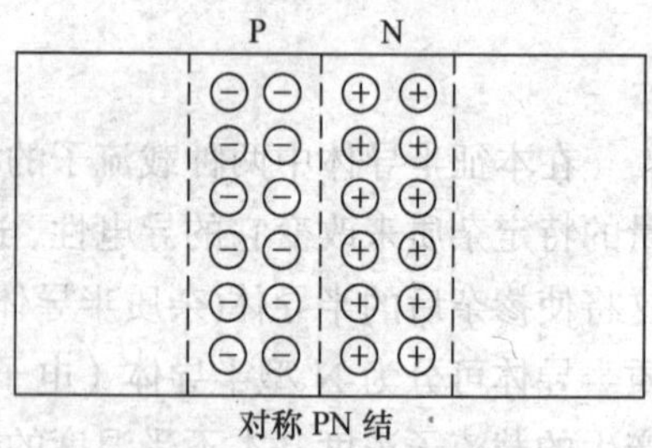

图 6-4 对称的 PN 结构

在形成的 PN 结中，由于两侧的电子和空穴的浓度相差很大，因此它们会产生扩散运动：电子从 N 区向 P 区扩散；空穴从 P 区向 N 区扩散。因为它们都是带电粒子，向另一侧扩散的同时在 N 区留下了带正电的空穴，在 P 区留下了带负电的杂质离子，这样就形成了空间电荷区，也就是形成了电场（自建场）。它们的形成过程如图 6-5（a），（b）所示。

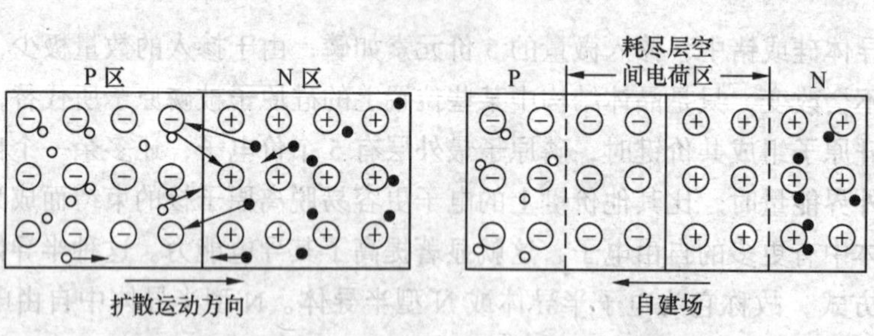

（a）多子扩散示意图　　（b）PN 结的形成

图 6-5 PN 结的形成

内电场是由多子的扩散运动引起的。伴随着它的建立将带来两种影响：一是内电场将阻碍多子进行扩散；而在 P 区和 N 区的少子一旦靠近 PN 结，就将在内电场的作用下漂移到对方。从 N 区漂移到 P 区的空穴补充了原来交界面上 P 区失去的空穴，使 P 区的空间电荷区缩小；从 P 区漂移到 N 区的电子补充了交界面上 N 区失去的电子，使 N 区的空间电荷区缩小。因此漂移运动的结果是使空间电荷区变窄，作用与扩散运动相反。电场的强弱与扩散的程度有关，扩散得越多，电场越强，同时对扩散运动的阻力也越大，当扩散运动与漂移运动达到动态平衡时，PN 结的交界区就形成一个缺少载流子的高阻区，我们又把它称为阻挡层或耗尽层。

2. PN 结的单向导电性

我们在 PN 结两端加不同方向的电压，可以破坏它原来的平衡，从而使它呈现出单向导电性。

（1）PN 结外加正向电压

PN 结外加正向电压的接法是 P 区接电源的正极，N 区接电源的负极。这时外加电压形成电场的方向与自建场的方向相反，从而使阻挡层变窄，扩散作用大于漂移作用，多数载流子向对方区域扩散形成正向电流（方向是从 P 区指向 N 区）。在一定范围内，外电场愈强，正向电流愈大，这时 PN 结呈现的电阻很低。正向电流包括空穴电流和电子电流两部分。空穴和电子虽然带有不同极性的电荷，但由于它们的运动方向相反，所以电流方向一致。外电源不断地向半导体提供电荷，使电流得以维持，如图 6-6（a）所示。

（2）PN 结外加反向电压

它的接法与正向相反，如图 6-6（b）所示。即 P 区接电源的负极，N 区接电源的正极。此时的外加电压形成电场的方向与自建场的方向相同，从而使耗尽层变宽，漂移作用大于扩散作用，少数载流子在电场的作用下，形成漂移电流，它的方向与正向电压的方向相反，所以又称为反向电流。因反向电流是少数载流子形成，故反向电流很小，即使反向电压再增加，少数载流子也不会增加，此时，PN 结处于截止状态，呈现的电阻为反向电阻，而且阻值很高。

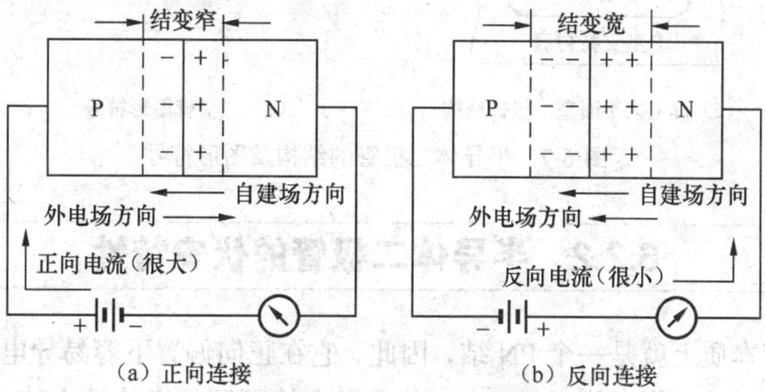

图 6-6　PN 结的单向导电性

由以上我们可以看出：PN 结在正向电压作用下，电阻很低，正向电流较大（处于导通状态）；在反向电压的作用下，电阻很高，反向电流很小（处于截止状态），因此 PN 结具有单向导电性。

6.2 半导体二极管

6.2.1　半导体二极管的类型和结构

在 PN 结的外面装上管壳，再引出两个电极，就做成了一个二极管。二极管的类型很多，从制造材料上分有硅二极管和锗二极管；按管子的结构来分有点接触型二极管和面接触型二极管。点接触型二极管（一般为锗管）如图 6-7（a）所示，它的特点是 PN 结的面积非常小，因此不能承受较大反向电压和大的电流，但是高频性能好，故适用于高频和小功率的工作，也用作数字电路中的开关元件。面接触型二极管（一般为硅管）如图 6-7（b）所示。它的 PN 结面积大，故可通过较大的电流，但工作频率较低，一般用作整流，而不宜用于高频电路中。

如图 6-7（c）所示是硅工艺平面型二极管的结构图，是集成电路中常见的一种形式。二极管的表示符号如图 6-7（d）所示。

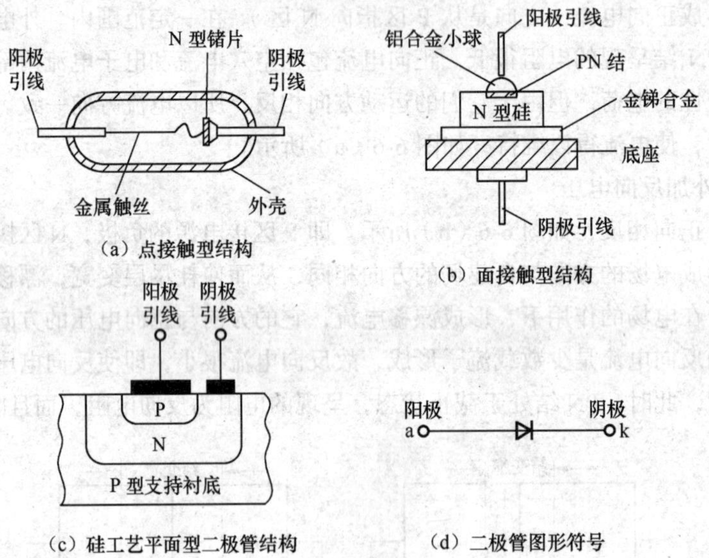

图 6-7　半导体二极管的结构及图形符号

6.2.2　半导体二极管的伏安特性

半导体二极管本质上就是一个 PN 结，因此，它在正向偏置下容易导电（导通状态），在反向偏置时基本上不导电（截止状态），这一单向导电性可用伏安特性表达，如图 6-8 所示。所以，伏安特性就是管子两电极间所加的电压与其流过的电流之间的关系曲线。电压的单位为伏（V），电流的单位为安（A）（或毫安、微安等）。

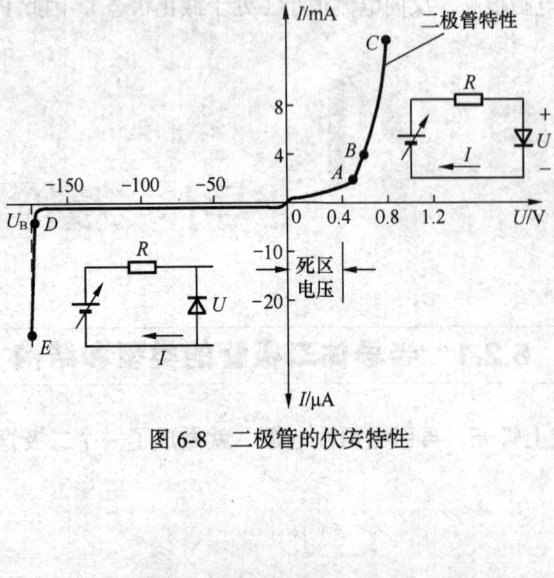

图 6-8　二极管的伏安特性

1. 正向特性

当外加正向电压很低时，由于外电场还不能克服PN结内电场对多数载流子（除少量能量较大者除外）扩散运动的阻力，故正向电压低于某一数值时，正向电流很小，几乎为零。只有当正向电压高于某一值时，内电场被大大削弱，二极管才有明显的正向电流，这个电压被称为导通电压，我们又称它为门限电压或死区电压，其大小与材料及环境温度有关。通常，硅管的死区电压约为0.5V，锗管约为0.1V。在室温下，导通时的正向压降，硅管的为0.6～0.8V，锗管的为0.1～0.3V。

2. 反向特性

在二极管上加一定反向电压时，由于少数载流子的漂移运动，形成的反向电流很小，而且变化不大。反向电流有两个特点：一是它随温度的上升增长很快；一是在反向电压不超过某一范围时，反向电流的大小基本恒定，而与反向电压的高低无关。而当外加反向电压大于某一数值时，反向电流急剧变大，二极管失去单向导电性而产生击穿。二极管被击穿后，一般不能恢复原来的性能，便失效了。

运用二极管主要是利用它的单向导电性。对于理想二极管，导通时，可用短线来代替；截止时，可认为断路。当输入信号电压在一定范围内变化时，输出电压也随着输入电压相应地变化；当输入电压高于某一个数值时，输出电压保持不变，这就是限幅电路。把开始不变的电压称为限幅电平。它分为上限幅和下限幅。

例：试分析如图6-9（a）所示的限幅电路，输入电压的波形为图6-9（b），画出它的限幅电路的波形。

（1）$E=0$时限幅电平为0V。$u_i>0$时二极管导通，$u_o=0$；$u_i<0$时，二极管截止，$u_o=u_i$。它的波形图如图6-9（c）所示。

（2）当$0<E<U_M$时，限幅电平为E。$u_i<E$时，二极管截止，$u_o=u_i$；$u_i>E$时，二极管导通，$u_o=E$。它的波形图如图6-9（d）所示。

（3）当$-U_M<E<0$时，限幅电平为负数。它的波形图如图6-9（d）所示。

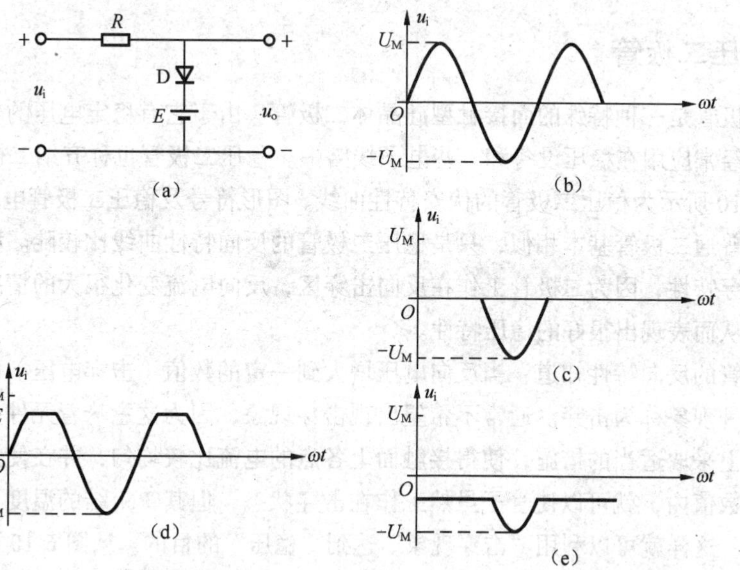

图6-9　二极管的特性

6.2.3 半导体二极管的主要参数

二极管的特性除用伏安特性曲线表示外，还可以用一些数据来说明，这些数据就是二极管的参数。在工程上必须根据二极管的参数合理地使用和选择二极管，只有这样才能充分发挥每个管子的作用。

1. 最大整流电流 I_{OM}

它是二极管长时间使用时，允许通过二极管的最大正向平均电流。点接触型二极管的最大整流电流在几十毫安以下。面接触型二极管的最大整流电流较大，如 2CP10 型硅二极管的最大整流电流为 100mA。当电流超过允许值时，将由于 PN 结过热而使管子损坏。

2. 最大反向工作电压 U_{RM}

它是指二极管在工作中能承受的最大反向电压，也是使二极管不致反向击穿的电压极限值。在一般情况下，最大反向工作电压应小于反向击穿电压，是反向击穿电压的 1/2 或 2/3。选用晶体二极管时，还要以最大反向工作电压为准，并留有适当余地，以保证二极管不致损坏。例如：2AP21 型二极管的反向击穿电压为 15V，最大反向工作电压小于 10V；2AP26 型二极管的反向击穿电压为 150V，最大反向工作电压小于 100V。

3. 最大反向电流 I_{RM}

它是指二极管上加工作峰值电压时的反向电流值。I_{RM} 越小，二极管的单向导电性越好。硅管的反向电流较小，在几微安以下。锗管的反向电流较大，为硅管的几十到几百倍。

6.2.4 特殊二极管

1. 稳压二极管

稳压二极管是一种特殊的面接触型硅晶体二极管。由于它有稳定电压的作用，故称为稳压二极管。它经常应用在稳压设备和一些电子线路中。稳压二极管也称齐纳二极管。

如图 6-10 所示为稳压二极管的伏安特性曲线、图形符号及稳压二极管电路。稳压二极管的特性曲线与普通二极管基本相似，只是稳压二极管的反向特性曲线比较陡。稳压二极管是利用二极管的击穿特性，因为二极管工作在反向击穿区，反向电流变化很大的情况下，反向电压变化则很小，从而表现出很好的稳压特性。

从二极管的反向特性知道，当反向电压增大到一定的数值（击穿电压）以后，反向电流突然上升，这种现象称为击穿。通常不希望出现击穿现象，因为这意味着元件要损坏。如果我们从制造工艺上采取适当的措施，使得接触面上各点的电流比较均匀，并在使用时把反向电流限制在一定的数值内，就可以使管子虽然工作在击穿状态，但其 PN 结的温度不超过允许的数值而不致损坏。这样就可以利用“击穿现象”达到“稳压”的目的。从图 6-10 可以看出，管子工作在击穿区（反向电压大于 U_Z），电流在很大范围内变化时，管子两端的电压基本上不变，这一特性就能起到稳定电压的作用。

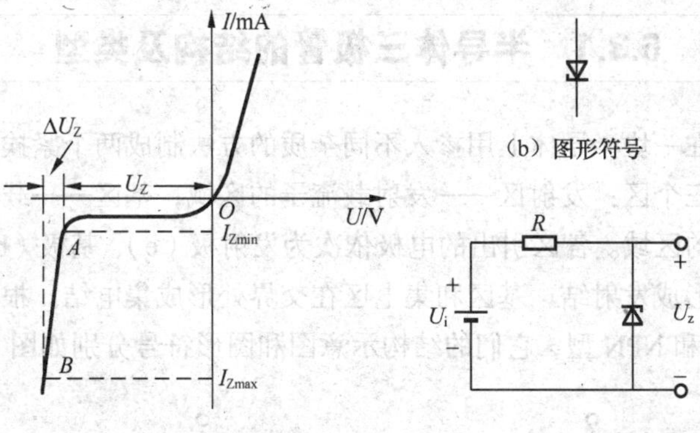

（a）伏安特性曲线　（b）图形符号　（c）稳压二极管电路

图 6-10　稳压二极管的伏安特性曲线、图形符号及稳压二极管电路

稳压二极管的正常工作范围，是在伏安特性曲线上的反向电流开始突然上升的 *A* 点和 *B* 点。这一段的电流，对于常用的小功率稳压管来讲，一般为几毫安至几十毫安。

由于硅管的热稳定性比锗管好，因此一般都用硅管作为稳压二极管，例如 2CW 型和 2DW 型都是硅稳压二极管。

2. 半导体发光二极管（LED）

LED 由砷化镓、磷化镓等化合物所制成。这种管子通以电流时将发出光。有红、绿、黄、橙色的发光二极管。适用于各种电子仪器、仪表、家用电器的光电传输系统显示电源、状态指示、计算机电路监控、状态信息显示以及小电流稳压等。其图形符号及光电传输系统如图 6-11 所示。

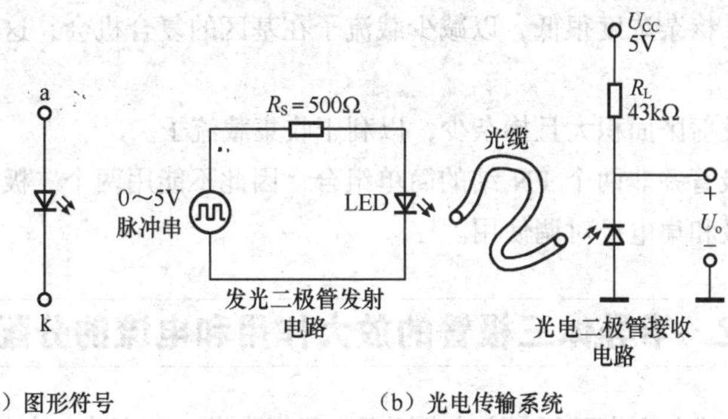

（a）图形符号　（b）光电传输系统

图 6-11　发光二极管

6.3 半导体三极管

半导体三极管（简称晶体管）是最重要的一种半导体器件。它的放大作用和开关作用促使

电子技术飞跃发展。晶体管的特性是通过特性曲线和工作参数来分析研究的。

6.3.1 半导体三极管的结构及类型

三极管的构成是在一块半导体上用掺入不同杂质的方法制成两个紧挨着的 PN 结，并引出三个电极。三极管有三个区：发射区——发射载流子的区域；基区——载流子传输的区域；集电区——收集载流子的区域。各区引出的电极依次为发射极（e）、基极（b）和集电极（c）。发射区和基区在交界区形成发射结；基区和集电区在交界处形成集电结。根据各区的类型不同，三极管可分为 PNP 型和 NPN 型，它们的结构示意图和图形符号分别如图 6-12（1）、(2）所示。

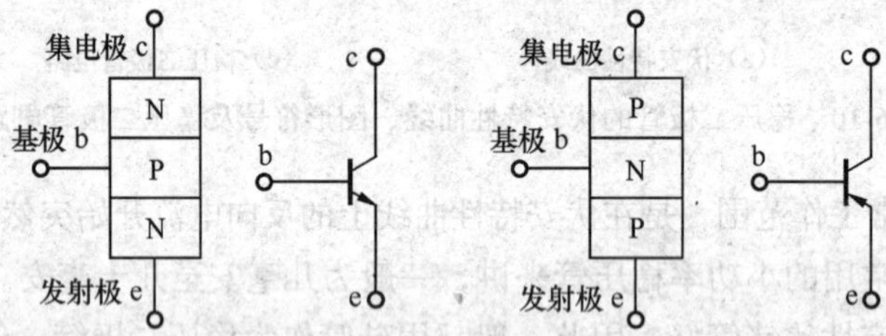

（a）NPN 型　　（b）PNP 型

图 6-12　三极管的组成与符号

目前 NPN 型管多数为硅管，PNP 型多数为锗管。因 NPN 型三极管应用最为广泛，故本书以 NPN 型三极管为例来分析三极管及其放大电路的工作原理。

为使三极管具有电流放大作用，在制造过程中必须满足实现放大的内部结构条件，即：

（1）发射区掺杂浓度远大于基区的掺杂浓度，以便于有足够的载流子供“发射”。

（2）基区很薄，掺杂浓度很低，以减少载流子在基区的复合机会，这就是三极管具有放大作用的关键所在。

（3）集电区比发射区面积大且掺杂少，以利于收集载流子。

由此可见，三极管并非两个 PN 结的简单组合，因此不能用两个二极管来代替，在放大电路中也不可将发射极和集电极对调使用。

6.3.2 半导体三极管的放大作用和电流的分配关系

为了了解三极管的电流分配和电流放大原理，我们先做一个实验，实验电路如图 6-13 所示，基极电源电压 U_{BB}、基极电阻 R_b、基极 b 和发射极 e 组成输入回路；集电极电源 U_{CC}、集电极电阻 R_c、集电极 c 和发射极 e 组成输出回路；发射极是公共电极。这种电路称为共发射极电路。电路中 $U_{BB}<U_{CC}$，电源极性如图 6-13 所示。这样就保证了发射结加的是正向电压（正向偏置)，集电结加的是反向电压（反向偏置），这是晶体管实现电流放大作用的外部条件。调整电阻 R_b，则基极电流 I_B、集电极电流 I_C 和发射极电流 I_E 都会发生变化。基极电流较小的变化可以引起集电极电流较大变化。也就是说，基极电流对集电极电流具有小量控制大量的作用，这就是晶体管的电流放大作用（实质是控制作用）。

下面用晶体管内部载流子的运动规律来解释上述结论，以便更好地理解晶体管的放大原理。

1. 发射区向基区扩散电子

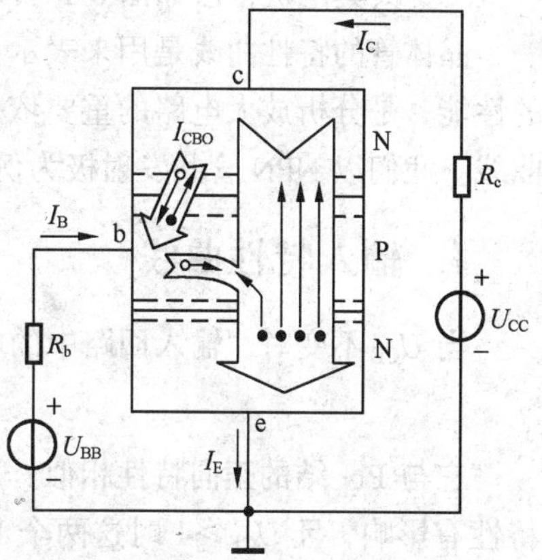

图 6-13 NPN 型三极管中载流子的运动

由于发射结处于正向偏置，多数载流子的扩散运动加强，发射区的自由电子（多数载流子）很容易扩散到基区，而电源又不断向发射区补充电子，形成发射极电流 I_E。基区的多数载流子（空穴）也要向发射区扩散，但由于基区的空穴浓度比发射区的自由电子的浓度小得多，因此空穴电流很小，可以忽略不计。

2. 电子在基区扩散和复合

从发射区扩散到基区的自由电子起初都聚集在发射结附近，靠近集电结的自由电子很少，形成了浓度上的差别，因而自由电子将向集电结方向不断扩散。在扩散过程中，自由电子不断与空穴（P 型基区中的多数载流子）相遇而复合。由于基区接电源 U_{BB} 的正极，基区中受激发的价电子不断被电源拉走，这相当于不断补充基区中被复合掉的空穴，形成电流 I_{BE}，它基本上等于基极电流 I_B。

在中途被复合掉的电子越多，扩散到集电结的电子就越少，这不利于晶体管的放大作用，因此，基区很薄并且掺杂浓度低，这样才可以大大减少电子与基区空穴复合的机会，使绝大部分自由电子都扩散到集电结边缘。

3. 集电区收集从发射区扩散过来的电子

由于集电结反向偏置，集电结内电场增强，它对多数载流子的扩散运动起阻挡作用，阻挡集电区（N 型）的自由电子向基区扩散，但可将从发射区扩散到基区并到达集电结边缘的自由电子拉入集电区，从而形成电流 I_{CE}，它基本上等于集电极电流 I_C。

除此以外，由于集电结反向偏置，在内电场的作用下，集电区的少数载流子（空穴）和基区的少数载流子（电子）将发生漂移运动，形成电流 I_{CBO}。这个电流数值很小，它构成集电极电流 I_C 和基极电流 I_B 的一小部分，但受温度影响很大，并与外加电压的大小关系不大。

如上所述，从发射区扩散到基区的电子只有很小一部分在基区复合，绝大部分到达集电区。这就是构成发射极电流 I_E 的两部分中的 I_{BE}，I_{BE} 部分是很小的，而 I_{CE} 部分所占的百分比很大。

表征晶体管的电流放大能力的参数，称为电流放大系数 $\beta=\dfrac{I_C}{I_B}$。

6.3.3 半导体三极管的特性曲线

三极管有三个电极，而在连成电路时，必须由两个电极接输入回路，两个电极接输出回路，这样势必有一个电极作为输入和输出回路的公共端。根据公共端的不同，有三种基本连接方式。

（1）共基极接法如图 6-14（a）所示。

（2）共发射极接法如图 6-14（b）所示。

（3）共集电极接法如图 6-14（c）所示。

晶体管的特性曲线是用来表示该晶体管各极电压和电流之间相互关系的，它反映出晶体管的性能，是分析放大电路的重要依据。最常用的是共发射极接法时的输入特性曲线和输出特性曲线。我们以 NPN 管共发射极为例来分析三极管的特性曲线。

1. 输入特性曲线

当 U_{CE} 不变时，输入回路中的电流 I_B 与电压 U_{BE} 之间的关系被称为输入特性，即

$$I_B=f(U_{BE})\big|_{U_{CE}=常数}$$

它与 PN 结的正向特性相似，三极管的两个 PN 结相互影响，因此，输出电压 U_{CE} 对输入特性有影响，且 $U_{CE}>1$ 时这两个 PN 结的输入特性基本重合。我们用 $U_{CE}=0$ 和 $U_{CE}\geqslant1$ 两条曲线表示，如图 6-15 所示。

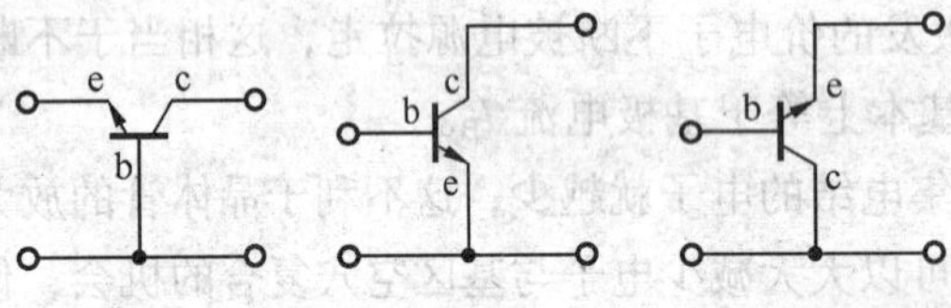

（a）共基极　（b）共发射极　（c）共集电极

图 6-14　三极管的连接方式

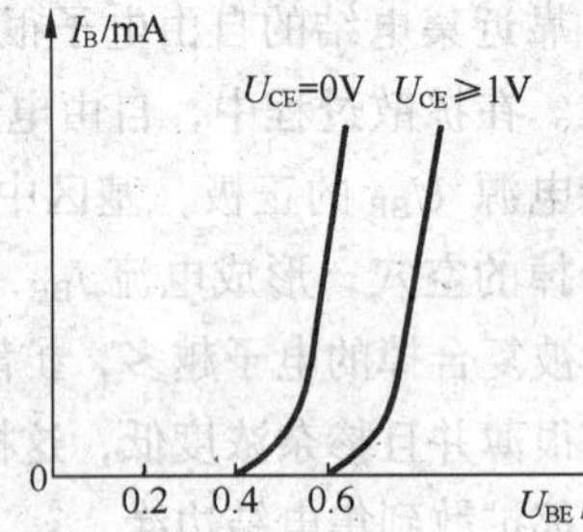

图 6-15　输入特性

$U_{CE}=0$V 时，b、e 间加正向电压，这时发射结和集电结均为正偏，相当于两个二极管正向并联的特性。$U_{CE}\geqslant1$V 时，集电结的电位比基极的高，为反偏，发射区注入基区的电子绝大部分扩散到集电极，只有一小部分与基区的空穴复合，形成 I_B。当 U_{CE} 超过 1V 以后再增加，I_C 增加很少，因此 I_B 的变化量也很小，这时可忽略 U_{CE} 对 I_B 的影响，可认为 $U_{CE}\geqslant1$V 时，输入特性曲线都重合在一起。当 U_{CE} 在 0～1V 之间时，输入特性曲线随 U_{CE} 的增加右移。所以，通常只画出 $U_{CE}>1$V 的一条输入特性曲线。由图 6-15 可知，和二极管的伏安特性一样，晶体管输入特性也有一段死区。只有在发射结外加电压大于死区电压时，晶体管才会出现 I_B。硅管的死区电压约为 0.5V，锗管的死区电压约为 0.1V。在正常情况下，NPN 型硅管的发射结电压 $U_{BE}=0.6$～0.7V，PNP 型锗管的 $U_{BE}=0.2$～0.3V。

2. 输出特性曲线

当基极电流 I_B 为常数时，输出电路（集电极电路）中集电极电流 I_C 与电压 U_{CE} 之间的关系称为输出特性，即

$$I_C=f(U_{CE})\big|_{I_B=常数}$$

在不同的 I_B 下，可得到不同的曲线，所以晶体管的输出特性曲线是一簇曲线。当 I_B 一定时，从发射区扩散到基区的电子数大致是一定的。在 U_{CE} 超过一定数值（约 1V）以后，这些电子的绝大部分被拉入集电区而形成 I_C，以致当 U_{CE} 继续增高时，I_C 也不再有明显的增加，具有恒流特性。当 I_B 增大时，相应的 I_C 也增大，曲线上移。而且 I_C 比 I_B 增加多得多，这就是晶体管的电流放大作用。

以 $I_B=40\mu A$ 的特征曲线作为例子进行讨论。

U_{CE}很小时，当 U_{CE}略有增加，I_C增加很快，曲线起始部分很陡。这是由于 U_{CE}很小时，集电结反向电压低，对到达基区的电子吸引力不够。此时，I_C受 U_{CE}影响很大，U_{CE}稍有增加，I_C增加很大。

当 U_{CE}超过某数值后，曲线变得比较平坦，近似于水平直线。这表示当 I_B一定时，I_C的值基本上不随 U_{CE}而变化。这是由于 U_{CE}较大，集电结的电场足够强，能使发射区扩散到基区的绝大部分电子到达集电区，故 U_{CE}再增大，I_C增加就不多了。

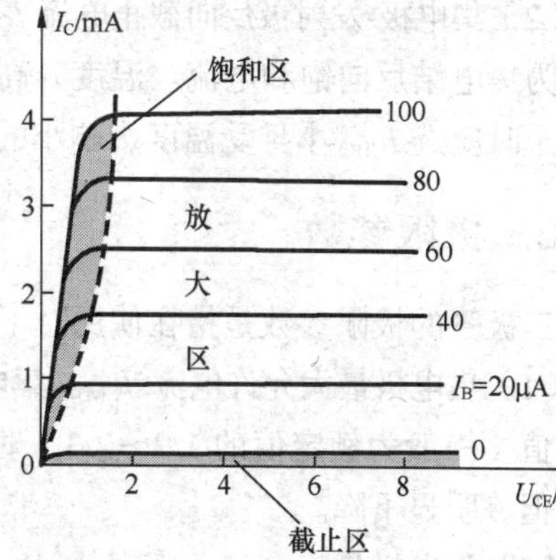

图 6-16　NPN 管共发射极输出特性曲线

通常把晶体管的输出特性曲线分为三个区，如图 6-16 所示的特性曲线。

（1）放大区

此时 $I_C = \beta I_B$，I_C基本不随 U_{CE}变化而变化，特性曲线近于水平部分。在放大区也称线性区，因为 I_C和 I_B成正比关系。此时晶体管工作于放大状态，此时发射结处于正偏，集电结处于反偏。即对 NPN 型晶体管而言，应使 $U_{BE}>0$，$U_{BC}<0$。

（2）截止区

$I_B = 0$ 的曲线以下的区域称为截止区。此时的集电极电流近似为零，输出特性曲线是一条几乎与横轴重合的直线。管子的集电极电压等于电源电压，两个结均反偏。即 $I_B\approx0$，$I_C\approx0$，三极管呈截止状态。

（3）饱和区

当 $U_{CE}<U_{BE}$时，I_C与 I_B不成比例，它随 U_{CE}的增加而迅速上升，这一区域称为饱和区，$U_{CE} = U_{BE}$称为临界饱和。饱和区的工作特点是发射结和集电结均正向偏置，这时，三极管失去放大能力。

6.3.4　半导体三极管主要参数

三极管的参数表征管子性能和安全运用范围的物理量，是正确使用和合理选择三极管的依据。三极管的参数很多，这里只介绍主要的几个。

1. 电流放大系数

电流放大系数的大小反映了三极管放大能力的强弱。

（1）直流电流放大系数：当晶体管接成共发射极电路时，在静态（无输入信号）时集电极电流 I_C（输出电流）与基极电流 I_B的比值称为共发射极静态（直流）放大系数。

（2）交流电流放大系数：当晶体管接成共发射极电路时，在动态（有输入信号）时，基极电流的变化量为ΔI_B，它引起集电极电流的变化量为ΔI_C。ΔI_C 与ΔI_B 的比值称为共发射极动态（交流）放大系数。

2. 极间反向电流

（1）集电极-基极反向截止电流 I_{CEO}。I_{CEO}是指基极开路时，集电极-发射极间的反向电流，也称集电结穿透电流。它反映了三极管的稳定性，其值越小，受温度影响也越小，三极管的工作就越稳定。

（2）集电极-发射极反向截止电流 I_{CBO}。I_{CBO} 是指发射极开路时，集电极-基极间的反向电流，也称为集电结反向饱和电流。温度升高时，I_{CBO} 急剧增大，温度每升高 10℃，I_{CBO} 增大一倍。选管子时应选 I_{CBO} 小且受温度影响小的三极管。

3. 极限参数

三极管的极限参数是指在使用时不得超过的极限值，以此保证三极管的安全工作。

（1）集电极最大允许电流 I_{CM}。集电极电流 I_C 过大时，β 将明显下降，I_{CM} 为 β 下降到规定允许值（一般为额定值的 1/2～2/3）时的集电极电流。使用中若 $I_C > I_{CM}$，三极管不一定会损坏，但 β 明显下降。

（2）集电极最大允许功率损耗 P_{CM}。管子工作时，U_{CE} 的大部分降在集电结上，因此集电极功率损耗 $P_C = U_{CE}I_C$，近似为集电结功耗，它将使集电结温度升高而使三极管发热致使管子损坏。工作时的 P_C 必须小于 P_{CM}。

（3）反向击穿电压 $U_{(BR)CEO}$，$U_{(BR)CBO}$，$U_{(BR)EBO}$。$U_{(BR)CEO}$ 为基极开路时集电结不致击穿，施加在集电极-发射极之间允许的最高反向电压。$U_{(BR)CBO}$ 为发射极开路时集电结不致击穿，施加在集电极-基极之间允许的最高反向电压。$U_{(BR)EBO}$ 为集电极开路时发射结不致击穿，施加在发射极-基极之间允许的最高反向电压。

6.4 场效应管

这一节我们来学习另一种放大器件——场效应管。它是一种较新型的半导体器件，其外形与普通晶体管相似，但两者的控制特性却截然不同。场效应管（缩写为 FET）是利用输入电压产生的电场效应来控制输出电流的，所以又称为电压控制型器件。它工作时只有一种载流子（多数载流子）参与导电，故也称为单极型半导体三极管。因它具有很高的输入电阻，能满足高内阻信号源对放大电路的要求，所以是较理想的前置输入级器件。它还具有热稳定性好、功耗低、噪声低、制造工艺简单、便于集成等优点，因而得到了广泛的应用。

根据结构的不同，场效应管可以分为结型场效应管（JFET）和绝缘栅型场效应管（IGFET）（或称 MOS 型场效应管）两大类。根据场效应管制造工艺和材料的不同，又可分为 N 型沟道场效应管和 P 型沟道场效应管。

6.4.1 结型场效应管

1. 结构和符号

结型场效应管（JFET）结构示意图及图形符号如图 6-17 所示。其基本结构是：在一块 N

型半导体材料的两侧分别制作了两个浓度很高的P型区，形成了两个PN结；将两侧的P型区连在一起，引出一个电极称为栅极G；在N型半导体材料的两端各引出一个电极，分别为源极S和漏极D。在6-17（a）中两个PN结中间的N型区是漏极和源极之间的电流沟道，称为导电沟道。由于N型区中多数载流子是电子，故称为N沟道场效应管，若中间半导体是P型材料，两侧分别是高浓度的N区，那么就构成了P沟道结型场效应管，如图6-18所示。由于场效应管的沟道上下对称，所以漏极和源极可以对调使用。

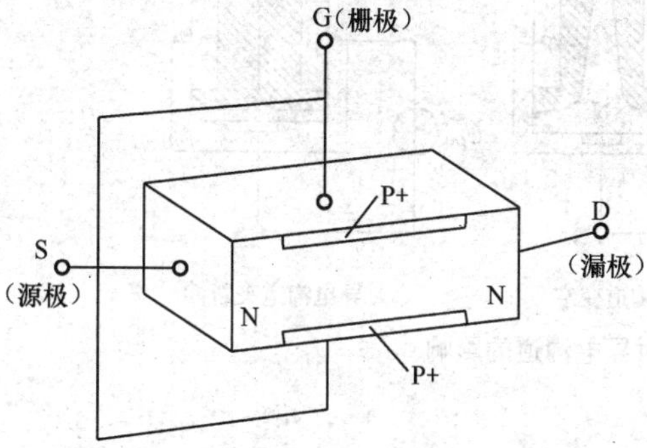

（a）N沟道结构示意图

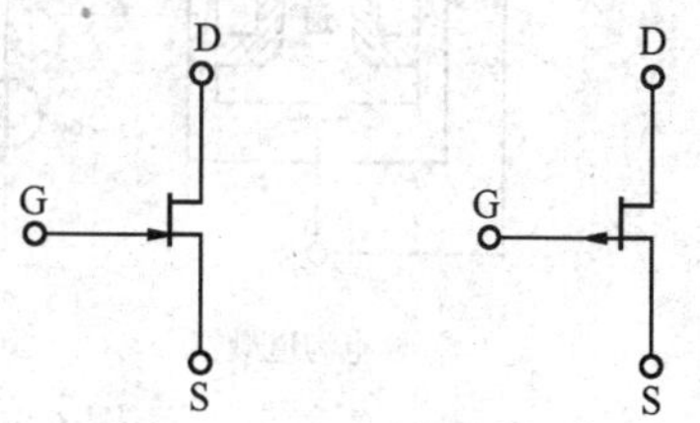

（b）N沟道图形符号　（c）P沟道图形符号

图6-17　结型场效应管结构及图形符号

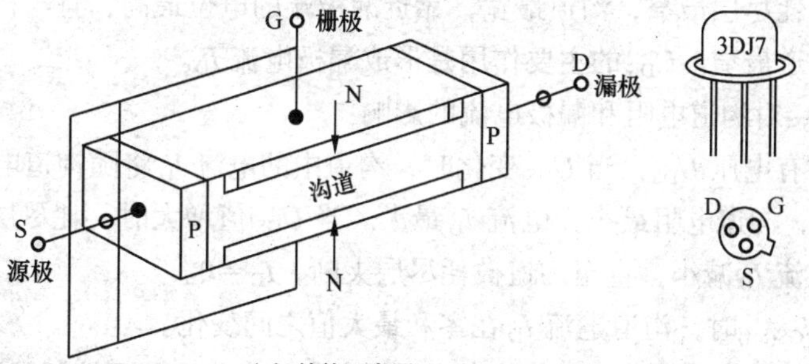

（a）结构示意图　（b）外形图

图6-18　P沟道结型场效应管

2. 工作原理

现以N沟道结型场效应管为例讨论外加电场是如何来控制场效应管的电流的。

如图6-19所示，场效应管工作时它的两个PN结始终要加反向电压。对于N沟道，各极间的外加电压变为$U_{GS}\leqslant 0$，漏源之间加正向电压，即$U_{DS}>0$。

当G、S两极间电压U_{GS}改变时，沟道两侧耗尽层的宽度也随着改变，由于沟道宽度的变化，导致沟道电阻值的改变，从而实现了利用电压U_{GS}控制电流I_D的目的。

（1）U_{GS}对导电沟道的影响

当$U_{GS}=0$时，场效应管两侧的PN结均处于零偏置，形成两个耗尽层，如图6-20（a）所示。此时耗尽层最薄，导电沟道最宽，沟道电阻最小。

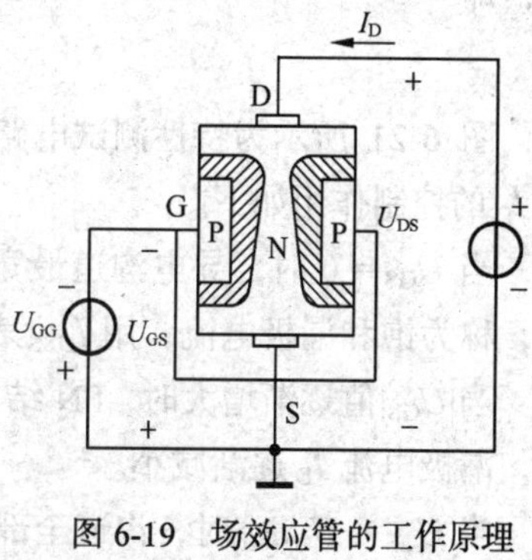

图6-19　场效应管的工作原理

当$|U_{GS}|$值增大时，栅源之间反偏电压增大，PN结的耗尽层增宽，如图6-20（b）所示。导致导电沟道变窄，沟道电阻增大。

当$|U_{GS}|$值增大到使两侧耗尽层相遇时，导电沟道全部夹断，如图6-20（c）所示。沟道电阻趋于无穷大。对应的栅源电压U_{GS}称为场效应管的夹断电压，用$U_{GS(off)}$来表示。

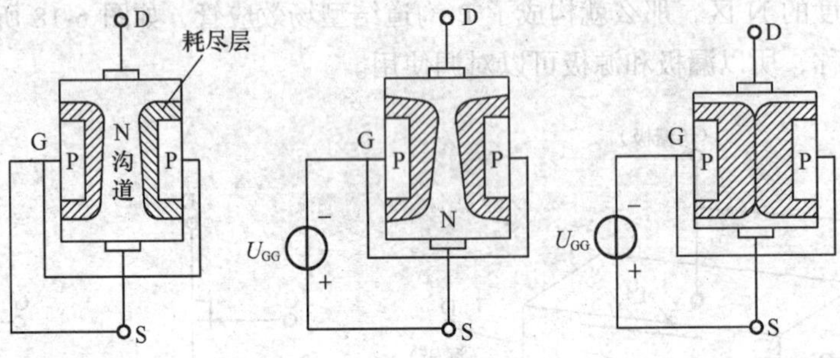

（a）导电沟道最宽　（b）导电沟道变窄　（c）导电沟道夹断

图6-20　U_{GS}对导电沟道的影响

（2）U_{DS}对导电沟道的影响

设栅源电压$U_{GS}=0$，当$U_{DS}=0$时，$I_D=0$，沟道均匀。当U_{DS}增加时，漏极电流I_D从零开始增加，I_D流过导电沟道时，沿着沟道产生电压降，使沟道各点电位不再相等，沟道不再均匀。靠近源极端的耗尽层最窄，沟道最宽；靠近漏极端的电位最高，且与栅极电位差最大，因而耗尽层最宽，沟道最窄。U_{DS}的主要作用是形成漏极电流I_D。

（3）U_{DS}和U_{GS}对沟道电阻和漏极电流的影响

设在漏源间加有电压U_{DS}，当U_{GS}变化时，沟道中的电流I_D将随沟道电阻的变化而变化。

当$U_{GS}=0$时，沟道电阻最小，电流I_D最大。当$|U_{GS}|$值增大时，耗尽层变宽，沟道变窄，沟道电阻变大，电流I_D减小，直至沟道被耗尽层夹断，$I_D=0$。

当$0<U_{GS}<U_{GS(off)}$时，沟道电流I_D在零和最大值之间变化。

改变栅源电压U_{GS}的大小，能引起管内耗尽层宽度的变化，从而控制了漏极电流I_D的大小。

场效应管和普通三极管一样，可以看作是受控的电流源，但它是一种电压控制的电流源。

3. 结型场效应管的特性曲线

（1）转移特性曲线

转移特性曲线是指在一定漏源电压U_{DS}作用下，栅极电压U_{GS}对漏极电流I_D的控制关系曲线，即

$$I_D=f(U_{GS})|_{U_{DS}=\text{常数}}$$

图6-21所示为特性测试电路。图6-22所示为转移特性曲线。从转移特性曲线可知，U_{GS}对I_D的控制作用如下。

当$U_{GS}=0$时，导电沟道最宽、沟道电阻最小。所以当U_{DS}为某一定值时，漏极电流I_D最大，称为饱和漏极电流，用I_{DSS}表示。

当$|U_{GS}|$值逐渐增大时，PN结上的反向电压也逐渐增大，耗尽层不断加宽，沟道电阻逐渐增大，漏极电流I_D逐渐减小。

当$U_{GS}=U_{GS(off)}$时，沟道全部夹断，$I_D=0$。

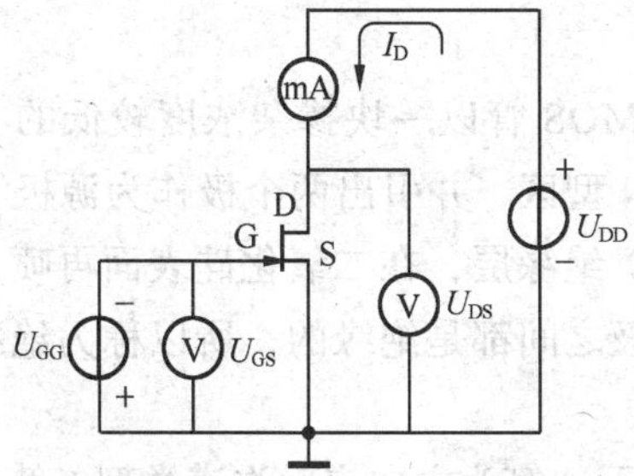

图 6-21　场效应管特性测试电路

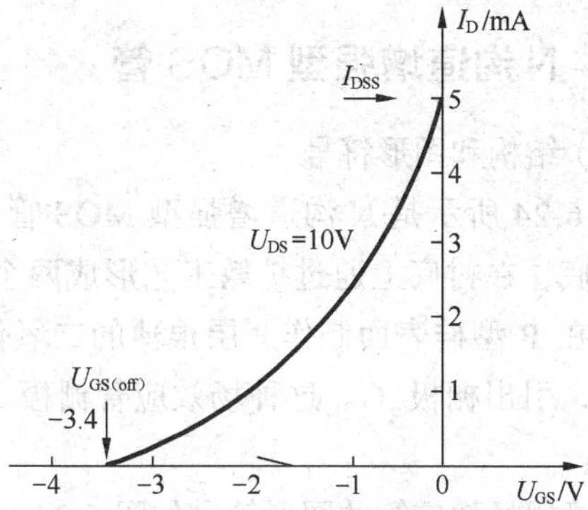

图 6-22　转移特性曲线

（2）输出特性曲线（或漏极特性曲线）

输出特性曲线是指在一定栅极电压 U_{GS} 作用下，I_D 与 U_{DS} 之间的关系曲线，即

$$I_D=f(U_{DS})|_{U_{GS}=\text{常数}}$$

图 6-23 所示为结型场效应管的输出特性曲线，可分成以下几个工作区。

① 可变电阻区。当 U_{GS} 不变，U_{DS} 由零逐渐增加且较小时，I_D 随 U_{DS} 的增加而线性上升，场效应管导电沟道畅通。漏源之间可视为一个线性电阻 R_{DS}，这个电阻在 U_{DS} 较小时，主要由 U_{GS} 决定，所以此时沟道电阻值近似不变。而对于不同的栅源电压 U_{GS}，则有不同的电阻值 R_{DS}，故称为可变电阻区。

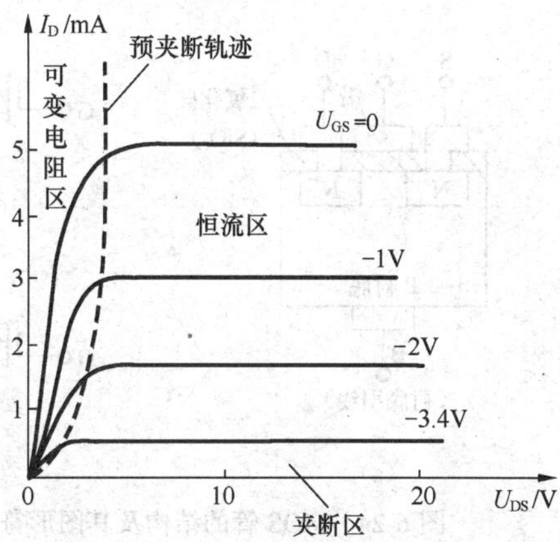

图 6-23　结型场效应管的输出特性曲线

② 恒流区（或线性放大区）。图 6-23 中间部分是恒流区，在此区域 I_D 不随 U_{DS} 的增加而增加，而是随着 U_{GS} 的增大而增大，输出特性曲线近似平行于 U_{DS} 轴，I_D 受 U_{GS} 的控制，表现出场效应管电压控制电流的放大作用，场效应管组成的放大电路就工作在这个区域。

③ 夹断区。当 $U_{GS}<U_{GS(off)}$ 时，场效应管的导电沟道被耗尽层全部夹断，由于耗尽层电阻极大，因而漏极电流 I_D 几乎为零。此区域类似于半导体三极管输出特性曲线的截止区，在数字电路中常用作开断的开关。

④ 击穿区。当 U_{DS} 增加到一定值时，漏极电流 I_D 急剧上升，靠近漏极的 PN 结被击穿，管子不能正常工作，甚至很快被烧坏。

6.4.2　绝缘栅型场效应管

在结型场效应管中，栅源间的输入电阻一般为 10^6～$10^9\Omega$。由于 PN 结反偏时，总有一定的反向电流存在，并且受温度的影响，因此限制了结型场效应管输入电阻的进一步提高。而绝缘栅型场效应管的栅极与漏极、源极及沟道是绝缘的，输入电阻可高达 $10^9\Omega$以上。由于这种场效应管是由金属（Metal），氧化物（Oxide）和半导体（Semiconductor）组成的，故称 MOS 管。MOS 管可分为 N 沟道和 P 沟道两种。按照工作方式不同可以分为增强型和耗尽型两类。

1. N沟道增强型MOS管

（1）结构和图形符号

图6-24所示是N沟道增强型MOS管的示意图。MOS管以一块掺杂浓度较低的P型硅片做衬底，在衬底上通过扩散工艺形成两个高掺杂的N型区，并引出两个极作为源极S和漏极D；在P型硅表面制作一层很薄的二氧化硅（SiO_2）绝缘层，在二氧化硅表面再喷上一层金属铝，引出栅极 G。这种场效应管栅极、源极、漏极之间都是绝缘的，所以称为绝缘栅场效应管。

绝缘栅场效应管的图形符号如图6-24（b）、（c）所示，箭头方向表示沟道类型，箭头指向管内表示为N沟道MOS管（见图6-24（b）），否则为P沟道MOS管（见图6-24（c））。

（2）工作原理

图6-25（a）所示是N沟道增强型MOS管的工作原理示意图，图6-25（b）是相应的电路图。工作时栅源之间加正向电源电压 U_{GS}，漏源之间加正向电源电压 U_{DS}，并且源极与衬底连接，衬底是电路中最低的电位点。

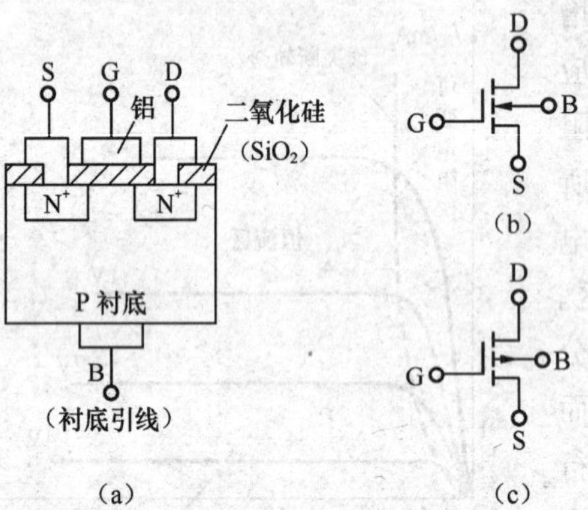

图6-24 MOS管的结构及其图形符号

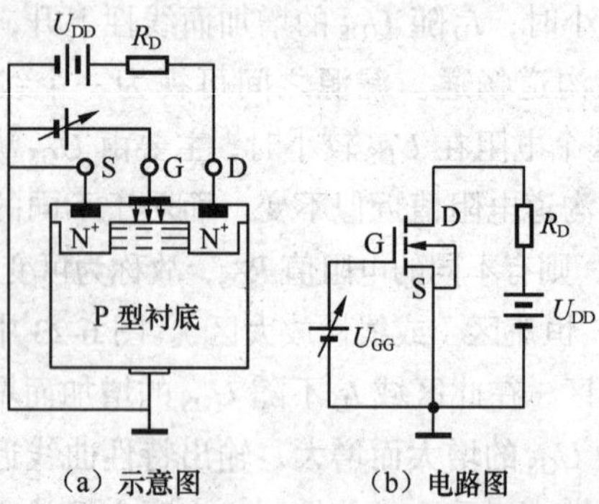

图6-25 N沟道增强型MOS管工作原理

当 $U_{GS}=0$ 时，漏极与源极之间没有原始的导电沟道，漏极电流 $I_D=0$。这是因为当 $U_{GS}=0$ 时，漏极和衬底以及源极之间形成了两个反向串联的PN结，当 U_{DS} 加正向电压时，漏极与衬底之间PN结反向偏置的缘故。

当 $U_{GS}>0$ 时，栅极与衬底之间产生了一个垂直于半导体表面、由栅极G指向衬底的电场。这个电场的作用是排斥P型衬底中的空穴而吸引电子到表面层，当 U_{GS} 增大到一定程度时，绝缘体和P型衬底的交界面附近积累了较多的电子，形成了N型薄层，称为N型反型层。反型层使漏极与源极之间成为一条由电子构成的导电沟道，当加上漏源电压 U_{GS} 之后，就会有电流 I_D 流过沟道。通常将刚刚出现漏极电流 I_D 时所对应的栅源电压称为开启电压，用 $U_{GS(th)}$ 表示。

当 $U_{GS}>U_{GS(th)}$ 时，U_{GS} 增大、电场增强、沟道变宽、沟道电阻减小、I_D 增大；反之，U_{GS} 减小，沟道变窄，沟道电阻增大，I_D 减小。所以改变 U_{GS} 的大小，就可以控制沟道电阻的大小，从而达到控制电流 I_D 的大小，随着 U_{GS} 的增强，导电性能也跟着增强，故称之为增强型。

必须强调，这种管子当 $U_{GS}<U_{GS(th)}$ 时，反型层（导电沟道）消失，$I_D=0$。只有当 $U_{GS}\geq U_{GS(th)}$ 时，才能形成导电沟道，并有电流 I_D。

（3）特性曲线

① 转移特性为

$$I_D = f(U_{GS})\big|_{U_{DS}=\text{常数}}$$

由图 6-26 所示的转移特性曲线可见，当 $U_{GS} < U_{GS(th)}$时，导电沟道没有形成，$I_D = 0$。当 $U_{GS} \geqslant U_{GS(th)}$时，开始形成导电沟道，并随着 U_{GS} 的增大，导电沟道变宽，沟道电阻变小，电流 I_D 增大。

② 输出特性为

$$I_D = f(U_{DS})\big|_{U_{GS}=\text{常数}}$$

图 6-27 所示为输出特性曲线，与结型场效应管类似，也分为可变电阻区、恒流区（放大区）、夹断区和击穿区，其含义与结型场效应管输出特性曲线的几个区相同。

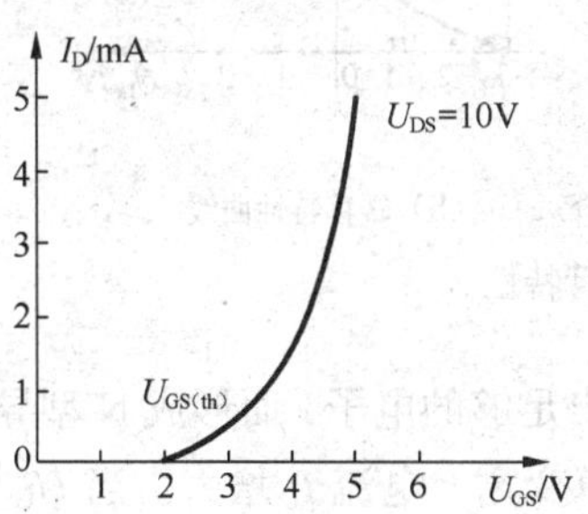

图 6-26 转移特性曲线

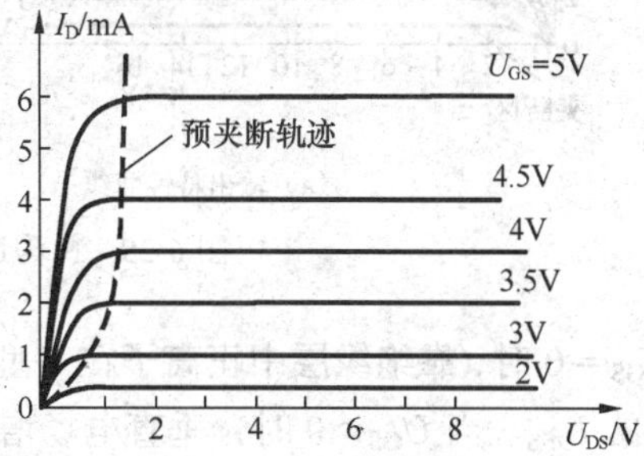

图 6-27 输出特性曲线

2. N 沟道耗尽型 MOS 管

（1）结构、符号和工作原理

N 沟道耗尽型 MOS 管的结构如图 6-28（a）所示，图形符号如图 6-28（b）所示。N 沟道耗尽型 MOS 管在制造时，在二氧化硅绝缘层中掺入了大量的正离子，这些正离子的存在，使得 $U_{GS} = 0$ 时，就有垂直电场进入半导体，并吸引自由电子到半导体的表层而形成 N 型导电沟道。

如果在栅源之间加负电压，U_{GS} 所产生的外电场就会削弱正离子所产生的电场，使得沟道变窄，电流 I_D 减小；反之，电流 I_D 增加。故这种管子的栅源电压 U_{GS} 可以是正的，也可以是负的。改变 U_{GS}，就可以改变沟道的宽窄，从而控制漏极电流 I_D。

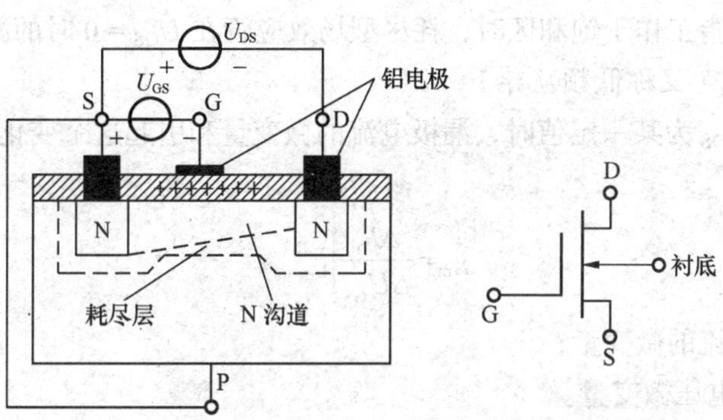

（a）结构　　（b）图形符号

图 6-28 N 沟道耗尽型 MOS 管的结构和符号

（2）特性曲线

① 输出特性曲线。N 沟道耗尽型 MOS 管的输出特性曲线如图 6-29（a）所示，曲线分为可变电阻区、恒流区（放大区）、夹断区和击穿区。

② 转移特性曲线。N 沟道耗尽型 MOS 管的转移特性曲线如图 6-29（b）所示。从图中可以看出，这种 MOS 管可正可负，且栅源电压 U_{GS} 为零时，灵活性较大。

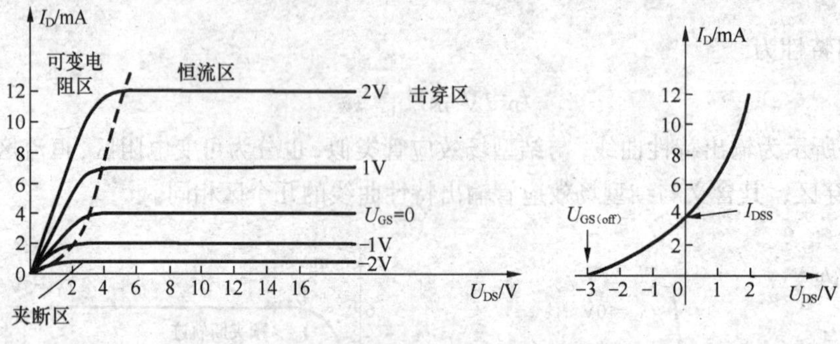

（a）输出特性曲线　　（b）转移特性曲线

图 6-29　N 沟道耗尽型 MOS 管特性

当 $U_{GS}=0$ 时，靠绝缘层中正离子在 P 型衬底中感应出足够的电子，而形成 N 型导电沟道，获得一定的 I_{DSS}。当 $U_{GS}>0$ 时，垂直电场增强，导电沟道变宽，电流 I_D 增大。当 $U_{GS}<0$ 时，垂直电场减弱，导电沟道变窄，电流 I_D 减小。当 $U_{GS}=U_{GS(th)}$时，导电沟道全夹断，$I_D=0$。

6.4.3　场效应管的主要参数及注意事项

1. 主要参数

（1）开启电压 $U_{GS(th)}$和夹断电压 $U_{GS(off)}$

U_{DS} 等于某一定值，使漏极电流 I_D 等于某一微小电流时，栅源之间所加的电压 U_{GS}，对于增强型场效应管，称为开启电压 $U_{GS(th)}$；对于耗尽型场效应管和结型场效应管，称为夹断电压 $U_{GS(off)}$。

（2）饱和漏极电流 I_{DSS}

饱和漏极电流是指工作于饱和区时，耗尽型场效应管在 $U_{GS}=0$ 时的漏极电流。

（3）低频跨导 g_m（又称低频互导）

低频跨导是指 U_{DS} 为某一定值时，漏极电流的微变量和引起这个变化的栅源电压微变量之比，即

$$g_m=\left.\frac{\Delta I_D}{\Delta U_{GS}}\right|_{U_{DS}=常数}$$

式中，ΔI_D 为漏极电流的微变量；

ΔU_{GS} 为栅源电压微变量。

g_m反映了 U_{GS}对 I_D 的控制能力，是表征场效应管放大能力的重要参数，单位为西门子（S）。g_m一般为几 mS。g_m 也就是转移特性曲线上工作点处切线的斜率。

（4）直流输入电阻 R_{GS}

直流输入电阻是指漏源间短路时，栅源间的直流电阻值，一般大于 $10^8\Omega$。

（5）漏源击穿电压 $U_{(BR)DS}$

漏源击穿电压是指漏源间能承受的最大电压，当 U_{DS} 值超过 $U_{(BR)DS}$ 时，栅漏间发生击穿，I_D 开始急剧增加。

（6）栅源击穿电压 $U_{(BR)GS}$

栅源击穿电压是指栅源间所能承受的最大反向电压，U_{GS} 值超过此值时，栅源间发生击穿，I_D 由零开始急剧增加。

（7）最大耗散功率 P_{DM}

最大耗散功率 $P_{DM} = U_{DS}I_D$，与半导体三极管的 P_{CM} 类似，受管子最高工作温度的限制。

2. 注意事项

（1）在使用场效应管时，要注意漏源电压 U_{DS}、漏源电流 I_D、栅源电压 U_{GS} 及耗散功率等值不能超过最大允许值。

（2）场效应管从结构上看漏源两极是对称的，可以互相调用，但有些产品制作时已将衬底和源极在内部连在一起，这时漏源两极不能对换用。

（3）结型场效应管的栅源电压 U_{GS} 不能加正向电压，因为它工作在反偏状态。通常各极在开路状态下保存。

（4）绝缘栅型场效应管的栅源两极绝不允许悬空，因为栅源两极如果有感应电荷，就很难泄放，电荷积累会使电压升高，而使栅极绝缘层击穿，造成管子损坏。因此要在栅源间绝对保持直流通路，保存时务必用金属导线将三个电极短接起来。在焊接时，烙铁外壳必须接电源地端，并在烙铁断开电源后再焊接栅极，以避免交流感应将栅极击穿，并按 S、D、G 极的顺序焊好之后，再去掉各极的金属短接线。

（5）注意各极电压的极性不能接错。

本章小结

1. 半导体导电能力取决于其内部空穴和自由电子两种载流子的多少。本征半导体有热敏性、光敏性和掺杂性。杂质半导体分为 N 型和 P 型两种。N 型半导体中电子是多子，空穴是少子；P 型半导体空穴是多子，电子是少子。

2. PN 结具有单向导电性。

3. 二极管是由一个 PN 结为核心组成的，它的基本特性是单向导电性。伏安特性曲线形象地反映了二极管的单向导电性和反向击穿特性。

4. 半导体三极管是由两个 PN 结组成的，其伏安特性曲线为输入特性曲线和输出特性曲线。它有三个工作状态，即放大、截止和饱和。

5. 场效应管是利用电场的强弱来改变导电沟道的宽窄，从而实现对漏极电流的控制的。根据电场对导电沟道控制方法的不同，分为结型和绝缘型两大类。

习题

6-1 N 型半导体中的自由电子多于空穴，而 P 型半导体中的空穴多于自由电子，是否 N 型半导体带负电，而 P 型半导体带正电？

6-2 硅二极管和锗二极管的伏安特性有何区别？

6-3 用万用表测量二极管的正向电阻时，常发现不同的欧姆挡测出的电阻值不相同，用“R × 100”挡测出的阻值小，“R × 1k”挡测出的阻值大，这是什么道理？

6-4 晶体管的发射极和集电极是否可以调换使用，为什么？

6-5 晶体管任意断了一个管脚，剩下两个电极能当二极管使用吗？

6-6 在如题图 6-6 所示的电路中，二极管是导通的还是截止的？

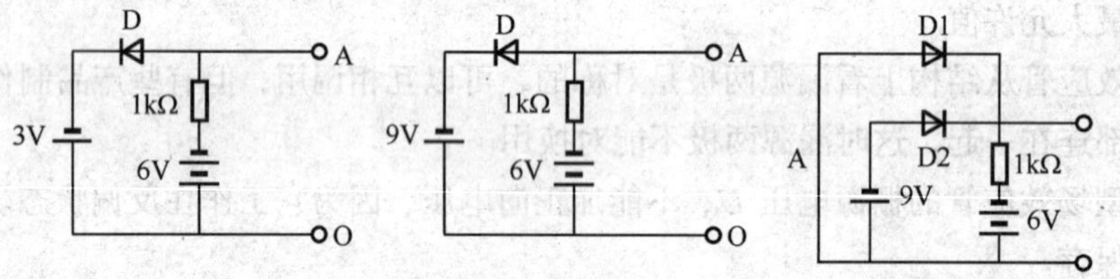

题图 6-6

6-7 在如题图 6-7 所示电路中，已知 $E = 5V$，输入电压 $U_i = 10\sin\omega t$，试画出输出电压 U_O 波形。

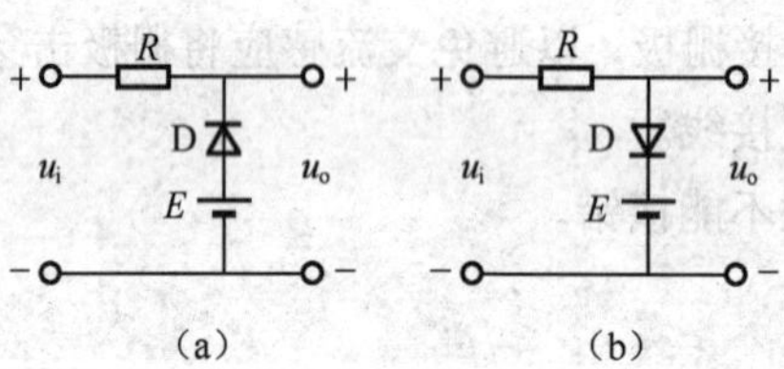

题图 6-7

6-8 有两个稳压管 D_{Z1} 和 D_{Z2}，其稳定电压分别为 5.5V 和 8.5V，正向压降都是 0.5V，如果要得到 0.5V、3V、6V、9V 和 14V 几种稳压值，这两个稳压管（还有限流电阻）应如何连接？分别画出电路图。

6-9 在电路中测得晶体管各电极对电位参考点的直流电压如下，试确定它们各为哪个电极，晶体管是 NPN 还是 PNP 型？

A 管：$U_x = 12V$，$U_y = 11.7V$，$U_z = 6V$；

B 管：$U_x = -5.2V$，$U_y = -1V$，$U_z = -5.5V$。

6-10 测得放大电路中，4 个 NPN 管各极电压如下，试判断每个管子的工作状态。

（1）$U_B = -2V$；$U_C = 4V$；$U_E = 2.6V$；

（2）$U_B = 6V$；$U_C = 5.5V$；$U_E = 5.1V$；

（3）$U_B = -1V$；$U_C = 7V$；$U_E = -0.3V$；

（4）$U_B = 2V$；$U_C = 2.3V$；$U_E = 6V$。

第7章 基本放大电路

本章提要

本章首先介绍了基本放大电路的组成及工作原理，然后介绍了放大器的图解分析法、静态工作点的稳定方法、用微变等效电路分析小信号放大器的方法和射极输出器的分析方法、场效应管的分析方法，最后介绍了多级放大电路及功率放大器的分析方法和放大电路中反馈的概念和对电路的影响。

晶体管的主要用途之一是利用其放大作用组成放大电路。在我们的生活中，经常会把一些微弱的信号放大到便于测量和利用的程度。放大电路在广播、通信和自动控制中都有广泛的应用。例如，收音机、电视机从天线收到的电信号是很微弱的，必须经过放大电路加以放大才能推动扬声器和显像管工作。在自动控制机床上，要将反映加工要求的控制信号加以放大。在自动测量上，通常将温度、压力等待测量的变化通过传感器变换为微弱的电信号，经过放大以后进行处理。放大电路是我们这门课程的重点。

7.1 基本放大电路的组成及工作原理

7.1.1 放大电路的组成

放大电路可由正弦波信号源 U_S，晶体管 V，输出负载 R_L 及电源偏置电路（U_{BB}、R_b、U_{CC}、R_c）组成，如图 7-1 所示。由于电路的输入端口和输出端口有四个头，而三极管只有三个电极，必然有一个电极共用，因而就有共发屌极（简称共射极）、共基极、共集电极三种组态的放大电路。图 7-1 所示为最基本的共射极放大电路。

下面分析基本放大电路中各元件的作用。

（1）图 7-1 中晶体管采用 NPN 型硅管，具有电流放大作用，使 $I_C=\beta I_B$。

（2）基极电阻 R_b 又称偏流电阻，它和电源 U_{BB} 一起给基极提供一个合适的基极直流 I_B，使晶体管能工作在特性曲线的线性部分。

（3）R_c 为集电极负载电阻。当晶体管的集电极电流受基极电流控制而发生变化时，流过负载电阻的电流会在集电极电阻 R_c 上产生电压变化，从而引起 U_{CE} 的变化，这个变化的电压就是输出电压 U_o，假设 $R_c=0$，则 $U_{CE}=U_{CC}$，当 I_C 变化时，U_{CE} 无法变化，因而就没有交流电压传送给负载 R_L。

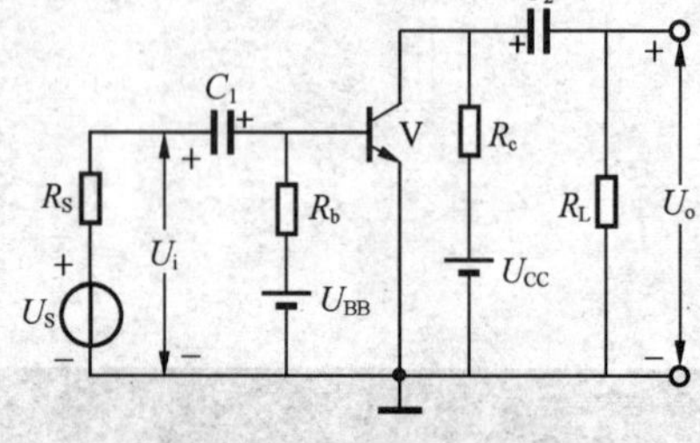

图 7-1　基本放大电路

（4）耦合电容 C_1、C_2 起到一个“隔直通交”的作用，它把信号源与放大电路之间，放大电路与负载之间的直流隔开。在图 7-1 所示电路中，C_1 左边、C_2 右边只有交流而无直流，中间部分为交、直流共存。耦合电容一般多采用电解电容器。在使用时，应注意它的极性与加在它两端的工作电压极性相一致，正极接高电位，负极接低电位。

7.1.2　放大电路的两种工作状态

1. 静态工作情况分析

在图 7-2 所示电路中，当 $U_i=0$ 时，放大电路中没有交流成分，称为静态工作状态，这时耦合电容 C_1、C_2 视为开路，直流通路如图 7-3（a）所示。其中基极电流 I_B，集电极电流 I_C 及集电极、发射极间电压 U_{CE} 只有直流成分，无交流输出，用 I_{BQ}、I_{CQ}、U_{CEQ} 表示。它们在三极管特性曲线上所确定的点称为静态工作点，用 Q 表示，如图 7-3（b）所示。

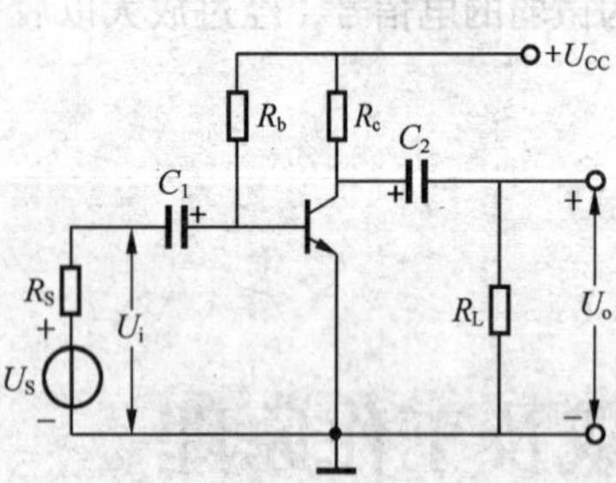

图 7-2　放大电路的习惯画法

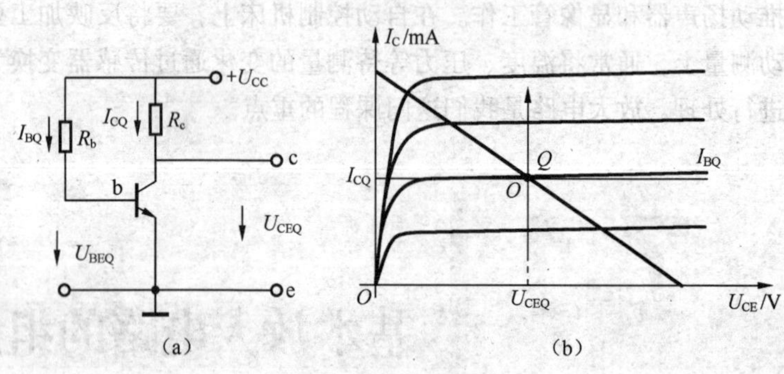

图 7-3　静态工作情况

2. 动态工作情况分析

输入端加上正弦交流信号电压 U_i 时，放大电路的工作状态为动态。这时电路中既有直流成分，亦有交流成分，各极的电流和电压都是在静态值的基础上再叠加交流分量。如图 7-4 所示。

在分析电路时，一般用交流通路来研究交流量及放大电路的动态性能。所谓交流通路，就是交流电流流通的途径，在画法上遵循两条原则：

（1）将原理图中的耦合电容 C_1、C_2 视为短路。

（2）电源 U_{CC} 的内阻很小，对交流信号视为短路。交流通路如图 7-5 所示。

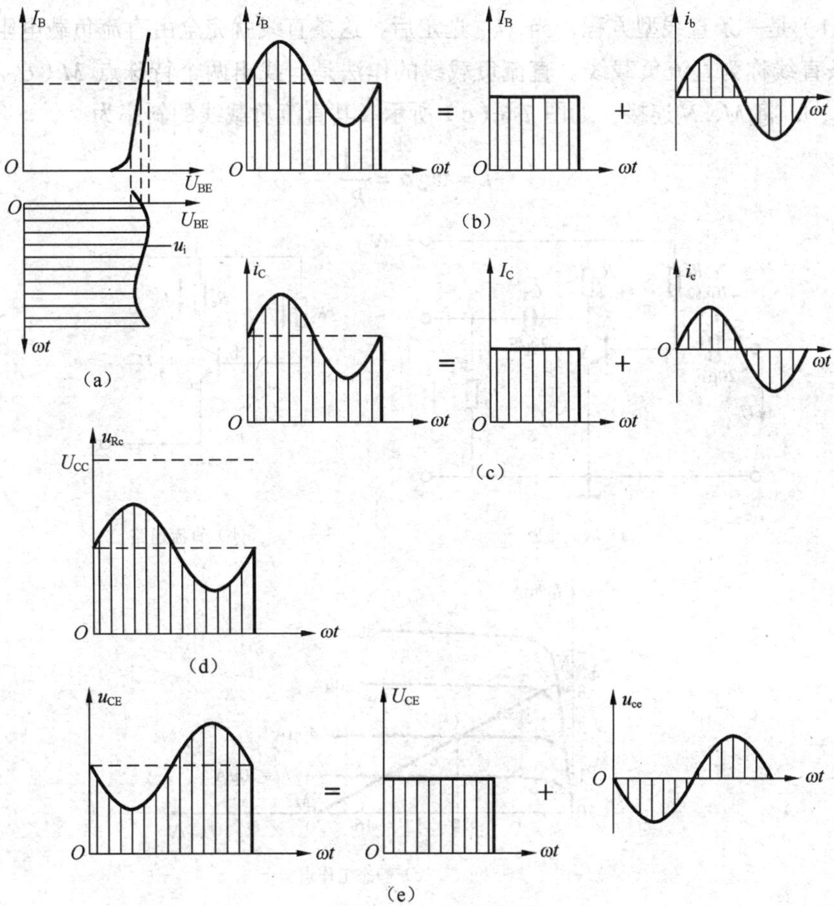

图 7-4 放大电路的各极间波形

3. 图解分析法

对一个放大电路的分析，不外乎两个方面：第一，确定静态工作点，求解 I_{BQ}、I_{CQ}、U_{CEQ} 值；第二，计算放大电路在有信号输入时的放大倍数以及输入阻抗、输出阻抗等。常用的分析方法有两种：图解法和微变等效电路法。图解法适用分析大信号输入情况。而微变等效电路法适合微小信号的输入情况。

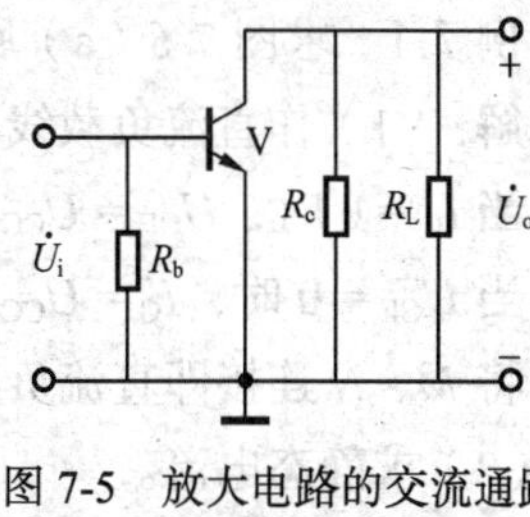

图 7-5 放大电路的交流通路

图解法就是在晶体管特性曲线上，用作图的方法来分析放大电路的工作情况，它能直观地反映放大器的工作原理。

（1）用图解法确定静态工作点

在分析静态值时，只需研究直流通路，图 7-6（a）所示放大电路的直流通路如图 7-6（b）所示。用图解法分析电路的步骤如下所述。

① 作直流负载线。

因为
$$U_{CE}=U_{CC}-I_CR_c$$

所以
$$I_C=\frac{U_{CC}-U_{CE}}{R_c}=\frac{U_{CC}}{R_c}-\frac{U_{CE}}{R_c} \quad (7\text{-}1)$$

由于式（7-1）是一条直线型方程，当 U_{CC} 选定后，这条直线就完全由直流负载电阻 R_c 确定，所以把这条直线称为直流负载线。直流负载线的作法是：找出两个特殊点 M（U_{CC}，0）和 N（0，U_{CC}/R_c,），将 M、N 连接，如图 7-6（c）所示。其直流负载线的斜率为

$$k=\tan\alpha=\frac{-1}{R_c} \tag{7-2}$$

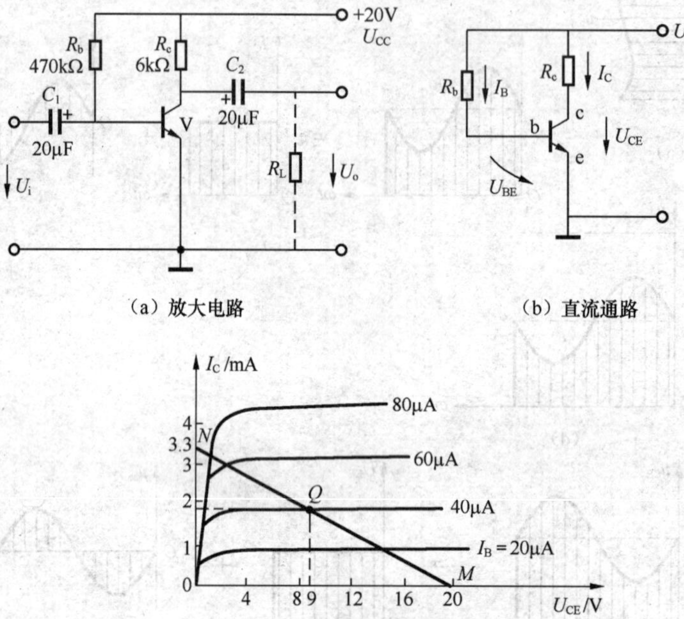

（a）放大电路　　（b）直流通路

（c）静态工作点

图 7-6　放大电路图解法

② 确定静态工作点。

利用 $I_{BQ}=(U_{CC}-U_{BEQ})/R_b$，求得 I_{BQ} 的近似值（对于 U_{BEQ}，硅管一般取 0.7V，锗管取 0.3V）。在输出特性曲线上，确定 $I_B=I_{BQ}$ 的一条曲线。该曲线与直线 MN 的交点 Q 就是静态工作点。Q 点所对应的静态值 I_{CQ}、I_{BQ} 和 U_{CEQ} 也就求出来了。

例 7.1　求图 7-6（a）所示电路的静态工作点。

解：（1）作直流负载线。

当 $I_C=0$ 时，$U_{CE}=U_{CC}=20V$，即 M（20，0）；

当 $U_{CE}=0$ 时，$I_C=U_{CC}/R_c=20V/6kΩ=3.3mA$，即 N（0，3.3）；

将 M、N 连接即直流负载线。

（2）求静态电流。

$$I_{BQ}=\frac{U_{CC}-U_{BEQ}}{R_b}=\frac{(20-0.7)V}{470k\Omega}\approx 0.04mA=40\mu A$$

如图 7-6（c）所示，$I_{BQ}=40\mu A$ 的输出特性曲线与直流负载线 MN 交于 Q（9，1.8），即静态值为 $I_{BQ}=40\mu A$，$I_{CQ}=1.8mA$，$U_{CEQ}=9V$。

（2）动态图解分析法

① 空载分析。

放大电路的输入端有输入信号，输出端开路，这种电路称为空载放大电路，虽然电压和电

流增加了交流成分，但输出回路仍与静态的直流通路完全一样。

因为 $$u_{CE}=U_{CC}-i_C R_c \tag{7-3}$$

所以，可用直流负载线来分析空载时的电压放大倍数。设图 7-7（a）中输入信号电压

$$u_i=0.02\sin\omega t$$

则

$$u_{BE}=U_{BEQ}+u_i$$

由图 7-7（a）所示基极电流 $i_B=I_{BQ}+i_i=40+20\sin\omega t$。

根据 i_B 的变化情况，在图 7-7（b）中进行分析，可知工作点是在以 Q 为中心的 Q_1、Q_2 两点之间变化，u_i 的正半周在 QQ_1 段，负半周在 QQ_2 段。因此我们画出 i_C 和 u_{CE} 的变化曲线如图 7-7（b）所示，它们的表达式为

$$i_C=1.8+0.7\sin\omega t$$

$$u_{CE}=9-4.3\sin\omega t$$

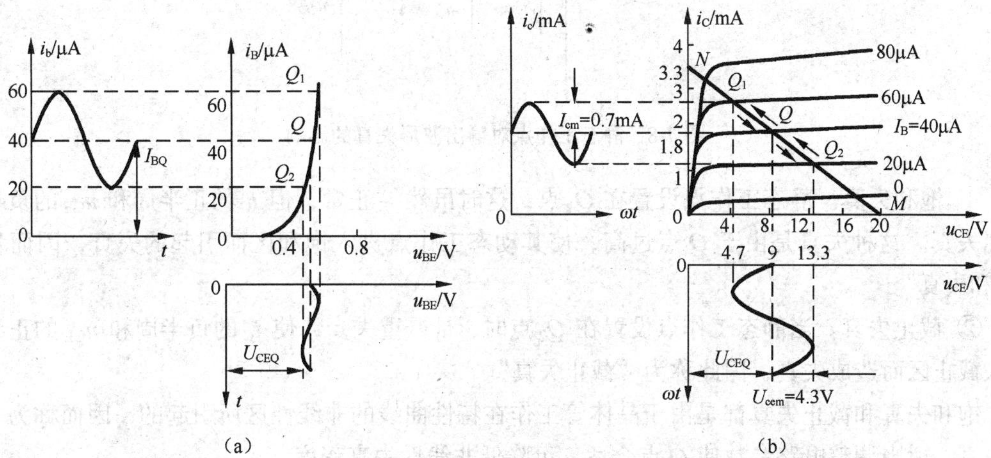

图 7-7　空载图解分析法

输出电压为 $$u_o=-4.3\sin\omega t=4.3\sin(\omega t+\pi)$$

所以电压放大倍数为

$$\dot{A}=\frac{\dot{U}_o}{\dot{U}_i}=\frac{U_{om}}{U_{im}}=\frac{-4.3}{0.02}=-215$$

② 带负载的动态分析。

在图 7-6（a）所示电路中接上负载 R_L。从输入端看 R_b 与发射极并联，从集电极看 R_c 和 R_L 并联。此时的交流负载为 $R_L'=R_c//R_L$，显然 $R_L'<R_c$。且在交流信号过零点时，其值在 Q 点，所以交流负载线是一条通过 Q 点的直线，其斜率为

$$k'=\tan\alpha'=\frac{-1}{R_L'} \tag{7-4}$$

（3）静态工作点对输出波形失真的影响

对一个放大电路而言，要求输出波形的失真尽可能地小。但是，如果静态值设置不当，即静态工作点位置不合适，将出现严重的非线性失真。在图 7-8 中，设正常情况下静态工作点位于 Q 点，可以得到失真很小的 i_C 和 u_{CE} 波形。当调节 R_b，使静态工作点设置在 Q_1 点或 Q_2 点时，输出波形将产生严重失真。

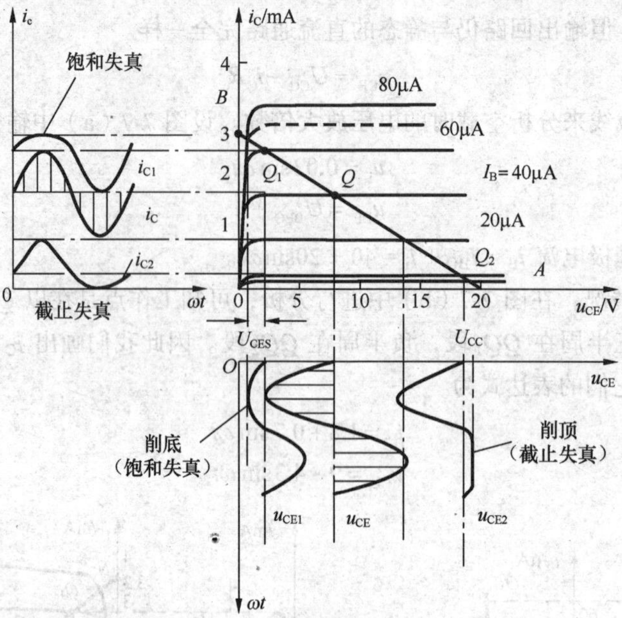

图 7-8　静态工作点对输出波形失真的影响

① 饱和失真。静态工作点设置在 Q_1 点，这时虽然 i_B 正常，但 i_C 的正半周和 u_{CE} 的负半周出现失真。这种失真是由于 Q 点过高，使其动态工作点进入饱和区而引起的失真，因而称为“饱和失真”。

② 截止失真。当静态工作点设置在 Q_2 点时，i_B 严重失真，使 i_C 的负半周和 u_{CE} 的正半周进入截止区而造成失真，因此称为“截止失真”。

饱和失真和截止失真都是由于晶体管工作在特性曲线的非线性区所引起的，因而称为非线性失真。适当调整电路参数使 Q 点合适，可降低非线性失真程度。

4．微变等效电路法

三极管各极电压和电流的变化关系，在较大范围内是非线性的。如果三极管工作在小信号情况下，信号只是在静态工作点附近小范围变化，三极管特性可看成是近似线性的，可用一个线性电路来代替，这个线性电路就称为三极管的微变等效电路。

（1）晶体管微变等效

① 输入端等效。

图 7-9（a）所示是三极管的输入特性曲线，是非线性的。如果输入信号很小，在静态工作点 Q 附近的工作段可近似地认为是直线。在图 7-10 中，当 U_{CE} 为常数时，从 b、e 看进去三极管就是一个线性电阻

$$r_{be} = \frac{\Delta U_{BE}}{\Delta I_B}$$

低频小功率晶体管的输入电阻计算

$$r_{be} = 300 + \frac{(\beta+1)\times 26(\text{mV})}{I_E(\text{mA})} \tag{7-5}$$

式中，I_E 为射极静态电流。

② 输出端等效。

图 7-9（b）是三极管的输出特性曲线，若动态是在小范围内，特性曲线不但互相平行、间隔均匀，且与 U_{CE} 轴线平行。当 U_{CE} 为常数时，从输出端 c、e 极看，三极管就成了一个受控电流源，如图 7-10 所示，则

$$\Delta I_C = \beta \Delta I_B$$

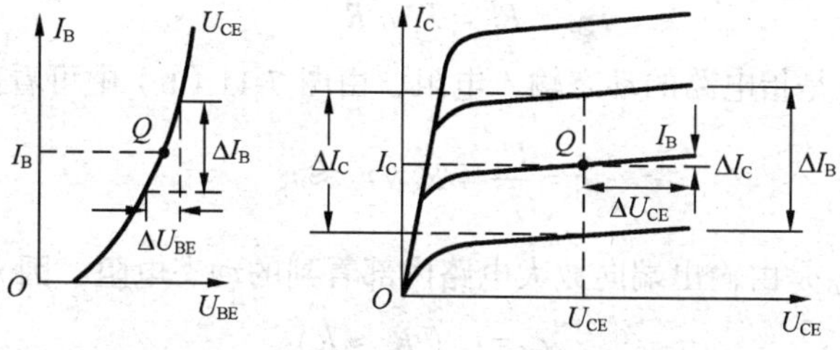

（a）输入特性曲线　（b）输出特性曲线

图 7-9　三极管特性曲线

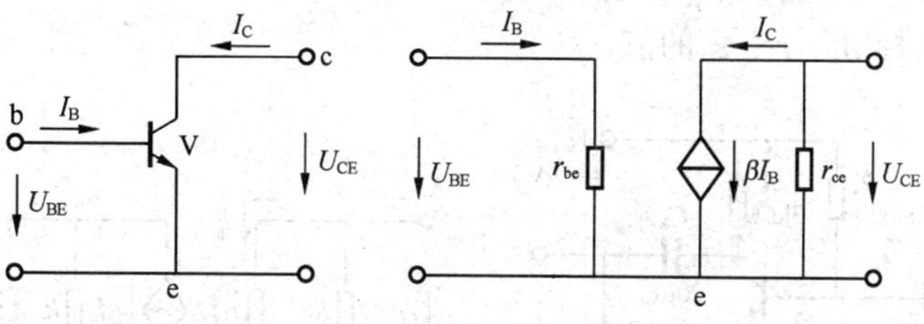

（a）晶体管　（b）晶体管的微变等效

图 7-10　晶体管及微变等效

由上述方法得到的晶体管微变等效电路如图 7-10 所示。

（2）放大电路的微变等效电路

通过放大电路的交流通路和三极管的微变等效，可得出放大电路的微变等效电路，如图 7-11 所示。

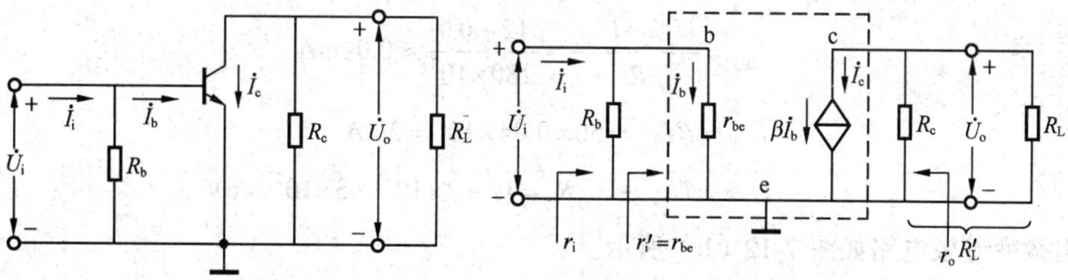

（a）交流通路　（b）微变等效电路

图 7-11　基本放大电路的交流通路及微变等效电路

（3）用微变等效电路求动态指标

静态值仍由直流通路确定，而动态指标可用微变等效电路求得。

① 电压放大倍数。

设在图 7-12（b）中输入为正弦信号，因为

$$\dot{U}_i = \dot{I}_b r_{be}$$

$$\dot{U}_o = -\dot{I}_C R'_L = -\beta \dot{I}_b R'_L$$

故
$$\dot{A}_u = \frac{\dot{U}_o}{\dot{U}_i} = -\beta R'_L / r_{be}$$

当负载开路时
$$\dot{A}_u = \frac{-\beta R_c}{r_{be}}$$

式中
$$R'_L = R_L // R_c$$

② 输入电阻 r_i。r_i 是指电路的动态输入电阻，由图 7-11（b）中可看出

$$r_i = \frac{\dot{U}_i}{\dot{I}_i} = R_b // r_{be} \approx r_{be}$$

③ 输出电阻 r_o。r_o 是由输出端向放大电路内部看到的动态电阻，因 r_{ce} 远大于 R_c，所以

$$r_o = r_{ce} // R_c \approx R_c$$

例 7.2 在图 7-12（a）所示电路中，$\beta = 50$，$U_{BE} = 0.7\,\text{V}$，试求：

（1）静态工作点参数 I_{BQ}、I_{CQ}、U_{CEQ}、U_o 值；

（2）计算动态指标 A_u、r_i、r_o 的值。

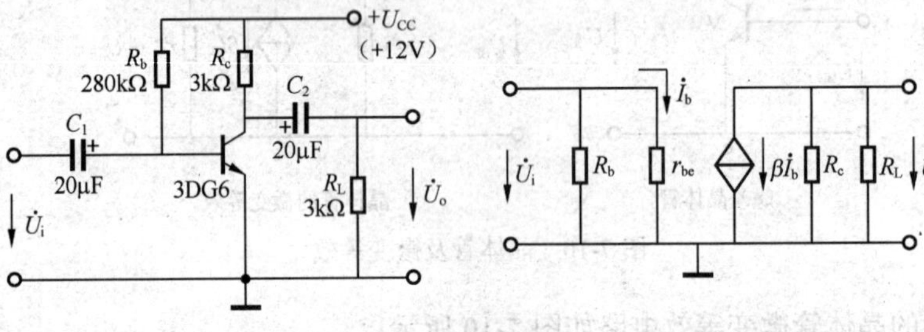

图 7-12 用微变等效电路求动态指标

解：（1）求静态工作点参数

$$I_{BQ} = \frac{U_{CC} - U_{BE}}{R_b} = \frac{12 - 0.7}{280 \times 10^3} \approx 0.04\text{mA}$$

$$I_{CQ} = \beta I_{BQ} = 50 \times 0.04 \times 10^3 = 2\text{mA}$$

$$U_{CE} = U_{CC} - I_{CQ} R_c = 12 - 2 \times 10^{-3} \times 3 \times 10^3 = 6\text{V}$$

画出微变等效电路如图 7-12（b）所示。

$$r_{be} = 300 + \frac{(\beta + 1)26(\text{mV})}{\dot{I}_E} = 300 + \frac{51 \times 26(\text{mV})}{2(\text{mA})}$$
$$= 963\Omega \approx 0.96\text{k}\Omega$$

（2）计算动态指标

$$\dot{A}_u = \frac{-\beta R'_L}{r_{be}} = \frac{-50 \times (3 // 3)\text{k}\Omega}{0.96\text{k}\Omega} = -78.1$$
$$r_i = R_b // r_{be} \approx r_{be} = 0.96\text{k}\Omega$$
$$r_o \approx R_c = 3\text{k}\Omega$$

7.1.3 分压式偏置电路

在放大器中偏置电路是必不可少的组成部分，在设置偏置电路中应考虑以下两个方面：

（1）偏置电路能给放大器提供合适的静态工作点。

（2）温度及其他因素改变时，能使静态工作点稳定。

1. 固定偏置电路

图 7-13 所示电路为固定偏置电路，设置的静态工作点参数为

$$I_{BQ}=\frac{U_{CC}-U_{EE}}{R_b}\approx\frac{U_{CC}}{R_b}$$

$$I_{CQ}=\beta I_{BQ}+(1+\beta)I_{CBO}$$

$$U_{CEQ}=U_{CC}-I_{CQ}R_c$$

当 U_{CC} 和 R_b 一定时，U_{BQ} 基本固定不变，故称固定偏置电路。但是在这种电路中，由于晶体管参数β、I_{CBO} 等随温度而变，而 I_{CQ} 又与这些参数有关，因此当温度发生变化时，导致 I_{CQ} 的变化，使静态工作点不稳定，如图 7-14 所示。

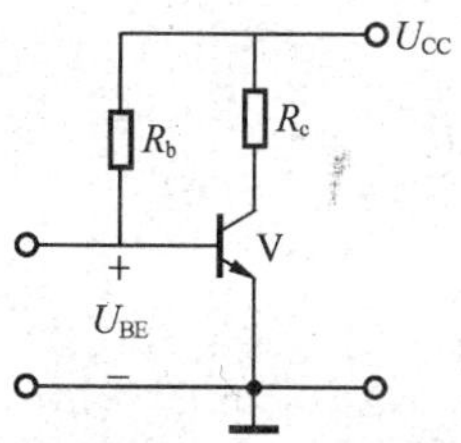

图 7-13 固定偏置电路

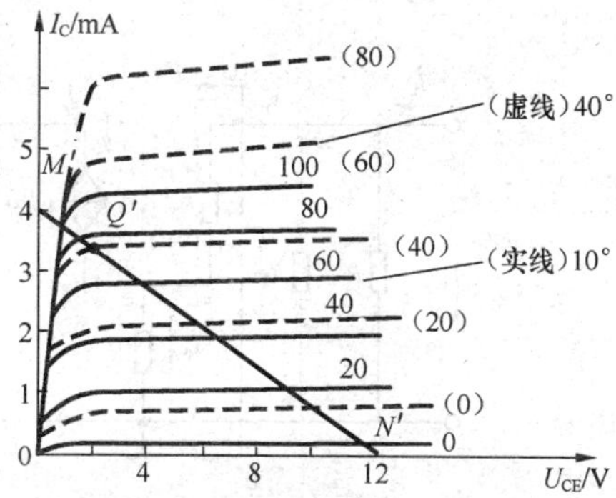

图 7-14 温度对静态工作点的影响

2. 分压式偏置电路

前面分析的固定偏置电路在温度升高时，晶体管特性曲线膨胀上移，Q 点升高，使静态工作点不稳定。为了稳定静态工作点，我们采用了分压偏置电路，如图 7-15 所示。

为了使静态工作点稳定，必须使 U_B 基本不变，温度 $T\uparrow\rightarrow I_{CQ}\uparrow$（$I_{EQ}\uparrow$）$\rightarrow U_E\uparrow\rightarrow U_{BE}\downarrow\rightarrow I_{BQ}\downarrow\rightarrow I_{CQ}\downarrow$，反之亦然。由上述分析可知，分压式偏置电路稳定静态工作点的实质是固定 U_B 不变，通过 $I_{CQ}(I_{EQ})$ 变化，引起 U_E 的改变，使 U_{BE} 改变，从而抑制 $I_{CQ}(I_{EQ})$改变。所以在实现上述稳定过程时必须满足以下两个条件：

只有 $I_1\gg I_{BQ}$ 才能使 $U_{BQ}=U_{CC}\times R_{b2}/(R_{b1}+R_{b2})$基本不变。

一般取

$$I_1=(5\sim10)I_{BQ} \quad （硅管）$$

$$I_1=(10\sim20)I_{BQ} \quad （锗管）$$

当 U_B 太大时必然导致 U_E 太大，使 U_{CE} 减小，从而减小了放大电路的动态工作范围。因

此，U_B不能选取太大。一般取

$$U_B=(3\sim5)\text{V} \qquad (\text{硅管})$$

$$U_B=(1\sim3)\text{V} \qquad (\text{锗管})$$

3. 静态分析

作静态分析时，先画出直流通路如图 7-15（a）所示。根据 $U_{BQ}=U_{CC}\times R_{b2}/(R_{b1}+R_{b2})$，可得

$$I_{CQ}\approx I_{EQ}=(U_B-U_{BEQ})/R_e\approx\frac{R_{b2}}{R_{b1}+R_{b2}}\cdot\frac{U_{CC}}{R_e}$$

$$I_{BQ}=I_{CQ}/\beta$$

$$U_{CEQ}=U_{CC}-I_{CQ}R_c-I_{EQ}\approx U_{CC}-I_{CQ}(R_c+R_e)$$

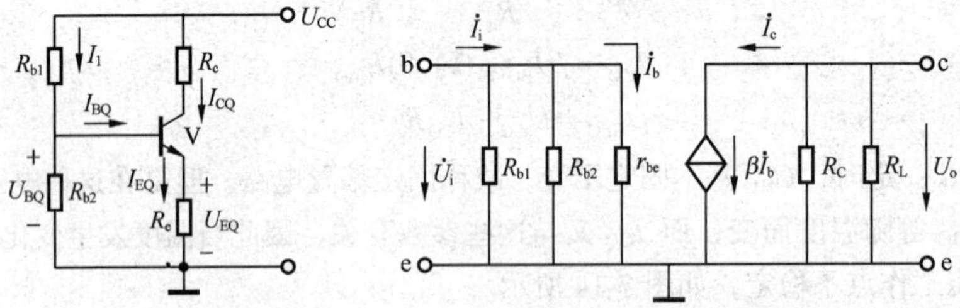

（a）直流通路　（b）微变等效电路

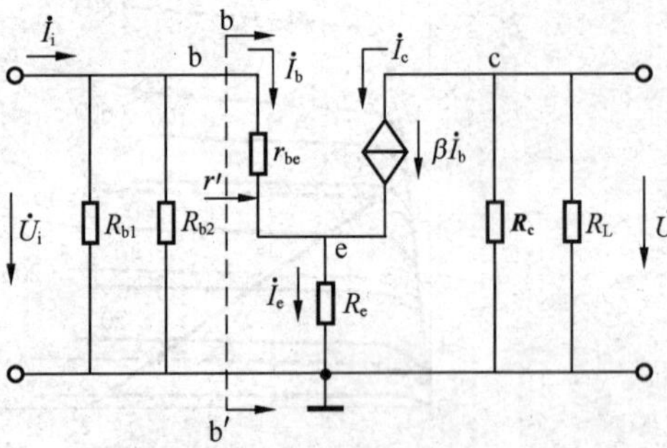

（c）微变等效电路（C_e 开路）

图 7-15　分压式偏置电路的分析电路

例 7.3　在图 7-15（a）中，若已知 $\beta=50$，$U_{BEQ}=0.7\text{V}$，$R_{b1}=50\text{k}\Omega$，$R_{b2}=20\text{k}\Omega$，$R_c=5\text{k}\Omega$，$R_e=2.7\text{k}\Omega$，$U_{CC}=12\text{V}$，求静态工作点参数。

解：

$$U_{BQ}=\frac{R_{b2}\times U_{CC}}{R_{b1}+R_{b2}}=\frac{20\times12}{20+50}=3.4\text{V}$$

$$I_{CQ}\approx I_{EQ}=\frac{U_{BQ}-U_{BEQ}}{R_e}=\frac{3.4-0.7}{2.1\times10^3}=1\text{mA}$$

$$I_{BQ}=\frac{I_{CQ}}{\beta}=0.02\text{mA}=20\mu\text{A}$$

$$U_{CEQ}=U_{CC}-I_{CQ}\left(R_c+R_e\right)=12-1\times\left(5+2.7\right)=4.3\text{V}$$

4. 动态分析

当发射极电阻 R_e 有直流 I_{EQ} 通过时，产生压降 U_{EQ} 会自动稳定静态工作点，但交流分量 $\dot{I}_e$

通过时，也会产生交流压降，使 u_{be} 减小，这样会降低电压放大倍数，为此在 Re 两端可并联一个电容 C_e。

（1）带 C_e 情况

动态时，C_e 短路掉 R_e，其微变等效电路如图 7-15（b）所示，这时与固定偏流电路放大倍数相同。

$$\dot{A}_u = \frac{\dot{U}_o}{\dot{U}_i} = \frac{-\beta \dot{I}_b R_L'}{\dot{I}_b r_{be}} = \frac{-\beta R_L'}{r_{be}}$$

$$r_i = \frac{\dot{U}_i}{\dot{I}_i} = R_{b1} // R_{b2} // r_{be}$$

$$r_o = r_{be} // R_c \approx R_c$$

例 7.4 在例 7.3 题中，若 $R_L = 5\text{k}\Omega$，求 $\dot{A}_u$，r_i，r_o。

解：

$$r_{be} = 300 + (1+\beta)26 / I_{EQ} = 300 + (1+50)26/1 = 1.326\text{k}\Omega$$

$$R_L' = R_c // R_L = 5\times5/5+5 = 2.5\text{k}\Omega$$

$$r_i = R_{b1} // R_{b2} // r_{be} = 20//10//1.326 = 1.1\text{k}\Omega$$

$$r_o = R_c = 5\text{k}\Omega$$

（2）C_e 开路情况

C_e 开路时的微变等效电路如图 7-15（c）所示。

① 电压放大倍数

$$\dot{A}_u = \frac{\dot{U}_o}{\dot{U}_i} = \frac{-\beta I_b \dot{R}_L'}{I_b r_{be} + I_e \dot{R}_e} = \frac{-\beta R_L'}{r_{be} + (1+\beta) R_e}$$

② 输入电阻。从 bb′看进去，似乎 r_{be} 与 R_e 相串，其实不是，因为 r_{be} 与 R_e 通过的不是同一个电流。可以等效地认为发射极接有 $(1+\beta)R_e$ 电阻，而通过电流为 $\dot{I}_b$，$\dot{U}_e = (1+\beta)R_e \times \dot{I}_b$ 的值不变，这样可看成

$$r_i' = r_{be} + (1+\beta)R_e$$

所以

$$r_i = R_{b1} // R_{b2} // r_i' = R_{b1} // R_{b2} // \left[r_{be} + (1+\beta)R_e\right]$$

③ 输出电阻。由于受控恒流源的开路作用，因而

$$r_o = R_c$$

7.1.4 射极输出器

共集电极放大电路如图 7-16（a）所示，它是从基极输入信号，从发射极输出信号。从它的交流通路图 7-16（c）可看出，输入、输出共用集电极，所以称为共集电极电路。

共集电极电路分析如下。

1. 静态分析

由图 7-16（b）的直流通路可得出

$$U_{CC} = I_{BQ} R_b + U_{BEQ} + I_{EQ} R_e$$

即得

$$I_{CQ} \approx I_{EQ} = \frac{U_{CC} - U_{BEQ}}{R_e + \dfrac{R_b}{1+\beta}}$$

$$I_{BQ} = \frac{I_{CQ}}{\beta}$$

$$U_{CEQ} \approx U_{CC} - I_{EQ} R_e$$

2. 动态分析

（1）电压放大倍数可由图 7-16（b）所示的微变等效电路得出。因为

$$\dot{U}_o = \dot{I}_e R_L' = (1+\beta)\dot{I}_b R_L'$$

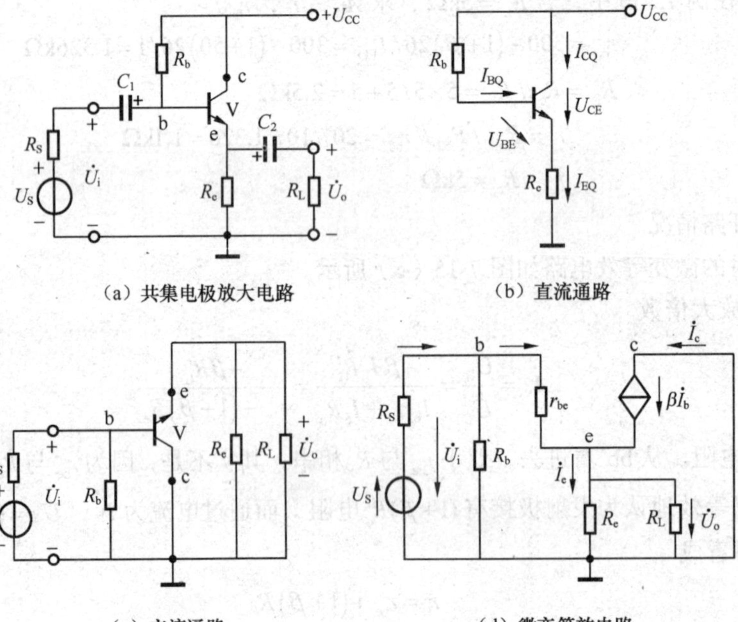

图 7-16　共集电极放大电路

式中

$$R_L' = R_e // R_L$$

$$\dot{U}_i = \dot{I}_b r_{be} + \dot{I}_e R_L' = \dot{I}_b r_{be} + (1+\beta)\dot{I}_b R_L'$$

所以

$$\dot{A}_u = \frac{\dot{U}_o}{\dot{U}_i} = \frac{(1+\beta)\dot{I}_b R_L'}{\dot{I}_b r_{be} + (1+\beta)\dot{I}_b R_L'} = \frac{(1+\beta)R_L'}{r_{be} + (1+\beta)R_L'} \leqslant 1$$

由于式中的$(1+\beta)R_L' \gg r_{be}$，因而A_u略小于 1，又由于输出、输入同相位，输出跟随输入，且从发射极输出，故又称射极输出器或射极跟随器，简称射随器。

（2）输入电阻r_i可由微变等效电路得出，由$r_i = R_b//[r_{be} + (1+\beta)R_L']$可见，共集电极电路的输入电阻很高，可达几十千欧到几百千欧。

（3）输出电阻r_o用外接电源法来求得。将信号源短路，保留其内阻，在输出端去掉R_L，加一交流电压u_b，产生电流I_o，则

$$\dot{I}_o=\dot{I}_b+\beta\dot{I}_b++\dot{I}_e$$
$$=\frac{\dot{U}_o}{r_{be}+R_S//R_b}+\frac{\beta\dot{U}_o}{r_{be}+R_S//R_b}+\frac{\dot{U}_o}{R_e}$$

式中

$$\dot{I}_b=\frac{\dot{U}_o}{r_{be}+R_S//R_b}$$

所以

$$r_o=\frac{\dot{U}_o}{\dot{I}_o}=\frac{R_e\left[r_{be}+(R_S//R_b)\right]}{(1+\beta)R_e+\left[r_{be}+(R_S//R_b)\right]}$$

通常

$$(1+\beta)R_e>>\left[r_{be}+(R_S//R_b)\right]$$

故

$$r_o\approx\frac{r_{be}+R_S//R_b}{\beta}$$

由上式可见，射极输出器的输出电阻很小，若把它等效成一个电压源，则具有恒压输出特性。

3. 射极输出器的特点及应用

虽然射极输出器的电压放大倍数略小于 1，但输出电流 $\dot{I}_e$是基极电流的（$1+\beta$）倍。它不但具有电流放大和功率放大的作用，而且具有输入电阻高、输出电阻低的特点。

由于射极输出器输入电阻高，向信号源汲取的电流小，对信号源影响也小，因而一般用它作输入级。又由于它的输出电阻小，负载能力强，当放大器接入的负载变化时，可保持输出电压稳定，适用于多级。

同时它还可作为中间隔离级。在多级共射极放大电路耦合中，往往存在着前级输出电阻大，后级输入电阻小而造成的耦合中的信号损失，使得放大倍数下降。利用射极输出器输入电阻大、输出电阻小的特点，可与输入电阻小的共射极电路配合，将其接入两级共射极放大电路之间，在隔离前后级的同时，起到阻抗匹配的作用。

7.2 场效应管放大电路

由于场效应管具有输入电阻高的特点，它适用于作为多级放大电路的输入级，尤其对高内阻的信号源，采用场效应管能有效地放大。场效应管与晶体管比较，源极、漏极、栅极相当于发射极、集电极、基极，即 S→e，D→c，G→b。场效应管有共源极放大电路和源极输出器两种电路。下面就这两种电路进行静态和动态分析。

7.2.1 静态分析

场效应管是电压控制器件，它没有偏流，关键是建立适当的栅源偏压 U_{GS}。

1. 自偏压电路分析

结型场效应管常用的自偏压电路如图 7-17 所示。在漏极电源作用下

$$U_{GS}=U_G-U_S=0-I_DR_S=-I_DR_S$$
$$U_{DS}=U_{DD}-I_D(R_D+R_S)$$

这种电路不宜用增强型 MOS 管，因为静态时该电路不能使管子开启（即 $I_D=0$）。

2．分压式自偏压电路

分压式偏置电路如图 7-18 所示，其中 R_{G1} 和 R_{G2} 为分压电阻

$$U_{GS}=U_G-I_DR_S=\frac{U_{DD}R_{G2}}{R_{G1}+R_{G2}}-I_DR_S$$

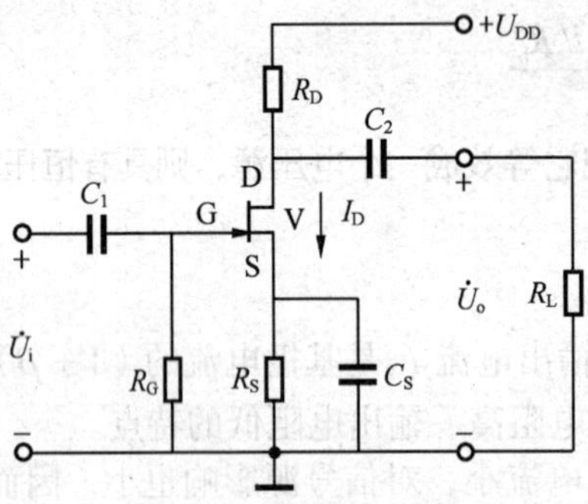

图 7-17　自偏压电路图

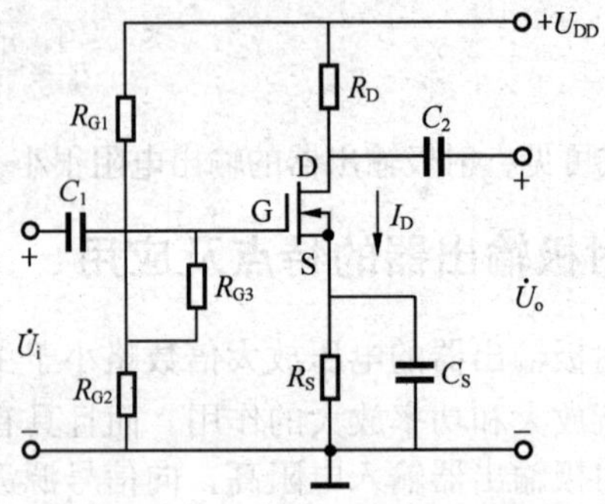

图 7-18　分压式偏置电路

式中，U_G 为栅极电位，对 N 沟道耗尽型管，$U_{GS}<0$，所以，$I_{DRS}>U_G$；对 N 沟道增强型管，$U_{GS}>0$，所以 $I_{DRS}<U_G$。

7.2.2　动态分析

1．场效应管等效电路

场效应管与晶体管等效电路对照图如图 7-19 所示，由于场效应管输入电阻 r_{gs} 很大，故输入端可看成开路。

2．动态分析

场效应管放大电路的动态分析可采用图解法和微变等效电路分析法，其分析方法和步骤与晶体管放大电路相同，下面以图 7-18 电路为例，用微变等效电路来进行分析。

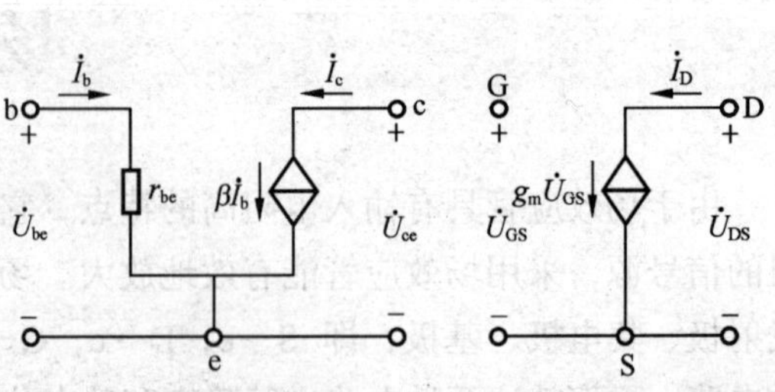

（a）晶体管等效电路　（b）场效应管等效电路

图 7-19　场效应管与晶体管等效电路对照图

（1）接有电容 C_S 的情况

图 7-18 电路的微变等效电路如图 7-20（a）所示。

由图可知

$$\dot{U}_o=-g_m\dot{U}_{GS}R_L'$$
$$R_L'=R_D//R_L$$
$$\dot{U}_i=\dot{U}_{GS}$$

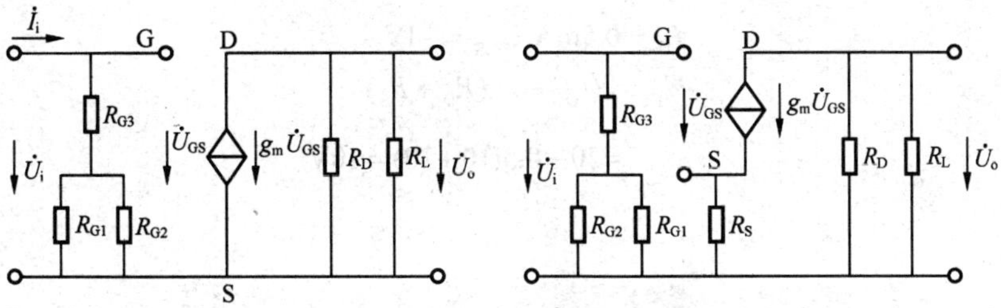

（a）接有 C_s 时的等效电路　　（b）C_s 开路时的等效电路

图 7-20　（图 7-18）的场效应管等效电路

电压放大倍数

$$\dot{A}_u = \frac{\dot{U}_o}{\dot{U}_i} = g_m R_L'$$

输入电阻

$$r_i = \frac{\dot{U}_o}{\dot{I}_i} = R_{G3} + (R_{G1} + R_{G2}) \approx R_{G3}$$

输出电阻，当 $U_i = 0$ 时

$$\dot{U}_{GS} = 0$$

则恒流源

$$g_m \dot{U}_{GS} = 0$$

所以

$$r_o = R_D$$

（2）电容 C_S 开路的情况

其等效电路如图 7-20（b）所示。由图可知

$$\dot{U}_o = -g_m \dot{U}_{GS} R_L'$$

$$\dot{U}_i = \dot{U}_{GS} + g_m \dot{U}_{GS} R_S = \dot{U}_{GS}(1 + g_m R_S)$$

电压放大倍数

$$\dot{A}_u = \frac{\dot{U}_o}{\dot{U}_i} = -\frac{g_m R_L'}{1 + g_m R_S}$$

输入电阻与输出电阻

$$r_i = \frac{\dot{U}_i}{\dot{I}_i} = R_{G3} + (R_{G1} // R_{G2}) \approx R_{G3}$$

$$r_o = R_D$$

例 7.5　在图 7-18 所示电路中，已知 $U_{DD} = 20V$，$R_D = 10k\Omega$，$R_S = 10k\Omega$，$R_{G1} = 200k\Omega$，$R_{G2} = 51k\Omega$，$R_{G3} = 1M\Omega$，$R_L = 10k\Omega$，其场效应管参数为：$I_{DSS} = 0.9mA$，$U_{GS(off)} = -4V$，$g_m = 1.5mA/V$。试求该电路的静态参数和动态指标 I_D，U_{DS}，U_{GS}。

解：（1）求静态参数，由电路图可知，方程组联立求解

$$U_G = \frac{U_{DD} R_{G2}}{R_{G1} + R_{G2}} = \frac{20 \times 51}{200 + 51} \approx 4V$$

$$U_{GS} = U_G - I_D R_S = 4 - 10 I_D$$

$$I_D = 0.9\left(1 + \frac{U_{GS}}{4}\right)^2 \quad (I_D = I_{DSS}(1 - U_{GS}/U_{GS(off)})^2)$$

（2）求动态指标

$$I_D = 0.5\text{mA}, U_{GS} = -1\text{V}$$
$$U_{DS} = U_{DD} - I_D(R_D + R_S)$$
$$= 20 - 0.5(10 + 10) = 10\text{V}$$

7.3 多级放大电路

在实际的电子设备中，为了得到足够大的放大倍数或者使输入电阻和输出电阻达到指标要求，一个放大电路往往由多级组成。多级放大电路由输入级、中间级及输出级组成，如图 7-21 所示。于是，可以分别考虑输入级如何与信号源配合，输出级如何满足负载的要求，中间级如何保证放大倍数足够大。各级放大电路可以针对自己的任务来满足技术指标的要求，本节只讨论由输入级到输出级组成的多级小信号放大电路。

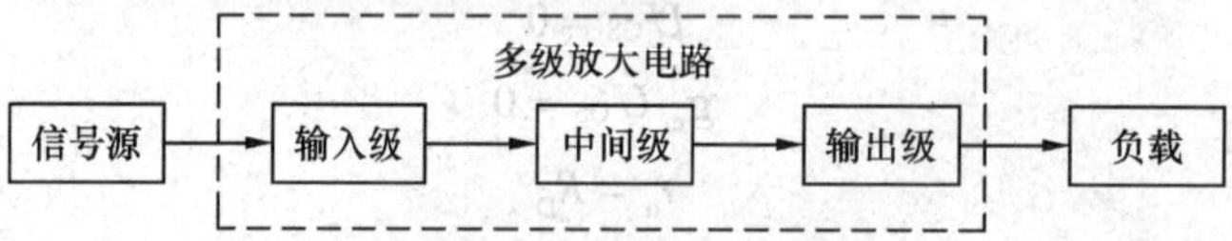

图 7-21　多级放大电路框图

7.3.1　级间耦合方式

多级放大电路是将各单级放大电路连接起来，这种级间连接方式称为耦合。要求前级的输出信号通过耦合不失真地传输到后级的输入端。常见的耦合方式有阻容耦合、变压器耦合及直接耦合三种形式。下面分别介绍三种耦合方式。

1. 阻容耦合

阻容耦合是利用电容器作为耦合元件将前级和后级连接起来。这个电容器称为耦合电容，如图 7-22 所示。第一级的输出信号通过电容器 C_2 和第二级的输入端相连接。

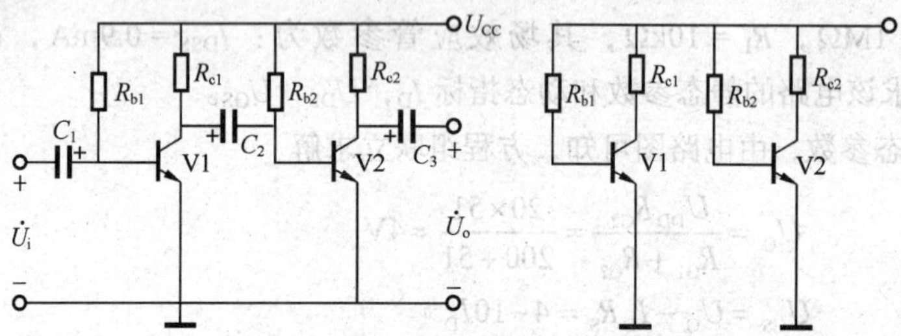

（a）电路　　（b）直流通路

图 7-22　阻容耦合两级放大电路

阻容耦合的优点是：前级和后级直流通路彼此隔开，每一级的静态工件点相互独立，互不影响，便于分析和设计电路。因此，阻容耦合在多级交流放大电路中得到了广泛应用。

阻容耦合的缺点是：信号在通过耦合电容加到下一级时会大幅衰减，对直流信号（或变化缓慢的信号）很难传输。在集成电路里制造大电容很困难，不利于集成化。所以，阻容耦合只适用于分立元件组成的电路。

2. 变压器耦合

变压器耦合是利用变压器将前级的输出端与后级的输入端连接起来，这种耦合方式称为变压器耦合，如图 7-23 所示。将 V1 的输出信号经过变压器 T1 送到 V2 的基极和发射极之间。V2 的输出信号经 T2 耦合到负载 R_L 上。R_{b11}、R_{b12} 和 R_{b21}、R_{b22} 分别为 V1 管和 V2 管的偏置电阻，C_{b2} 是 R_{b21} 和 R_{b22} 的旁路电容，用于防止信号被偏置电阻所衰减。

变压器耦合的优点是：由于变压器不能传输直流信号，且有隔直作用，因此各级静态工作点相互独立，互不影响。变压器在传输信号的同时还能够进行阻抗、电压、电流变换。变压器耦合的缺点是：体积大、笨重等，不能实现集成化应用。

3. 直接耦合

直接耦合是将前级放大电路和后级放大电路直接相连的耦合方式如图 7-24 所示。

直接耦合的优点是：所用元件少，体积小，低频特性好，便于集成化。

直接耦合的缺点是：由于失去隔离作用，使前级和后级的直流通路相通，静态电位相互牵制，使得各级静态工作点相互影响。另外还存在着零点漂移现象。现讨论如下所述。

（1）静态工作点相互牵制。如图 7-24 所示，不论 V1 管集电极电位在耦合前有多高，接入第二级后，被 V2 管的基极钳制在 0.7V 左右，致使 V2 管处于临界饱和状态，导致整个电路无法正常工作。

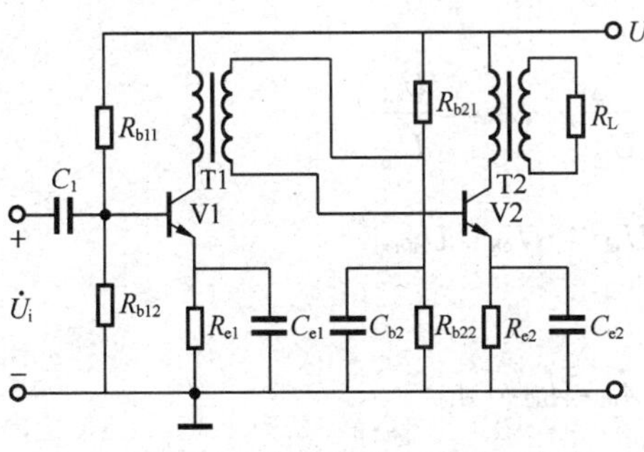

图 7-23 变压器耦合两级放大电路

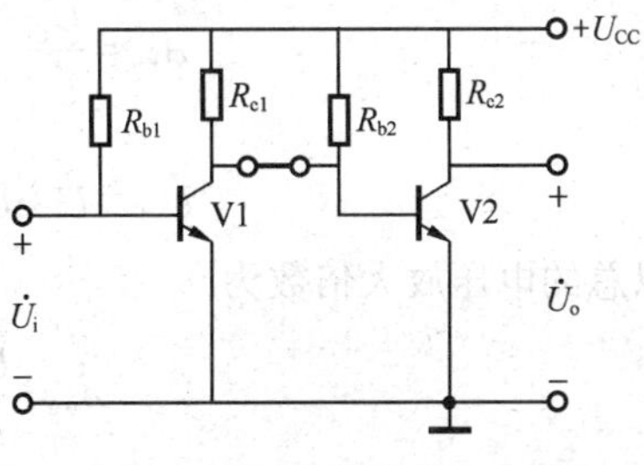

图 7-24 直接耦合放大电路

（2）零点漂移现象。由于温度变化等原因，使放大电路在输入信号为零时输出信号不为零的现象称为零点漂移。产生零点漂移的主要原因是由于温度变化而引起的。因而，零点漂移的大小主要由温度所决定。

要使用直接耦合的多级放大电路，必须解决静态工作点相互影响和零点漂移问题，解决方法我们将在差动式放大电路中讨论。

7.3.2 耦合对信号传输的影响

1. 信号源和输入级之间的关系

信号源接放大电路的输入级，输入级的输入电阻就是它的负载，因此可归结为信号源与负载的关系，如图 7-25 所示。放大电路的输入电压和输入电流计算

$$\dot{U}_{\rm i}=\dot{U}_{\rm S}\frac{R_{\rm i}}{R_{\rm S}+R_{\rm i}} \tag{7-6}$$

$$\dot{I}_{\rm i}=\dot{I}_{\rm S}\frac{R_{\rm S}}{R_{\rm S}+R_{\rm i}} \tag{7-7}$$

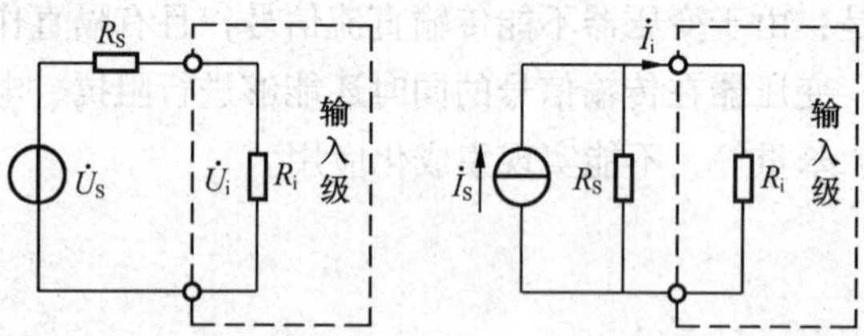

（a）信号源内阻降低输入电压　（b）信号源内阻降低输入电流

图 7-25　信号源内阻、放大电路输入电阻对输入信号的影响

2. 各级间关系

中间级级间的相互关系归结为：前级的输出信号为后级的信号源，其输出电阻为信号源内阻，后级的输入电阻为前级的负载电阻。如图 7-25 所示，第二级的输入电阻为第一级的负载，第三级的输入电阻为第二级的负载，依次类推。

（1）多级放大电路电压放大倍数

因为
$$\dot{A}_{\rm u1}=\frac{\dot{U}_{\rm o1}}{\dot{U}_{\rm i1}},\dot{A}_{\rm u2}=\frac{\dot{U}_{\rm o2}}{\dot{U}_{\rm i2}},\cdots,\dot{A}_{{\rm u}n}=\frac{\dot{U}_{{\rm o}n}}{\dot{U}_{{\rm i}n}}$$

$$\dot{U}_{\rm i1}=\dot{U}_{\rm i2},\dot{U}_{\rm o2}=\dot{U}_{\rm i3},\cdots,\dot{U}_{{\rm o}n}=\dot{U}_{{\rm i}(n+1)}$$

所以总的电压放大倍数为

$$\dot{A}_{\rm u}=\frac{\dot{U}_{{\rm o}n}}{\dot{U}_{\rm i1}}=\dot{A}_{\rm u1}\bullet\dot{A}_{\rm u2}\cdots\dot{A}_{{\rm u}n} \tag{7-8}$$

即总的电压放大倍数为各级放大倍数的连乘积。

（2）多级放大电路的输入、输出电阻

多级放大电路的输入电阻就是第一级的输入电阻，其输出电阻就是最后一级的输出电阻。

例 7.6　电路如图 7-22 所示，已知 $U_{\rm CC}=6{\rm V}$，$R_{\rm b1}=430{\rm k\Omega}$，$R_{\rm c1}=2{\rm k\Omega}$，$R_{\rm b2}=270{\rm k\Omega}$，$R_{\rm c2}=1.5{\rm k\Omega}$，$r_{\rm be2}=1.2{\rm k\Omega}$，$\beta_1=\beta_2=50$，$C_1=C_2={\rm C}_3=10\mu{\rm F}$，$r_{\rm be1}=1.6{\rm k\Omega}$，求：（1）电压放大倍数；（2）输入电阻、输出电阻。

解：（1）电压放大倍数

$$r_{i2}=R_{b2}//r_{be2}=270\text{k}\Omega//1.2\text{k}\Omega\approx1.2\text{k}\Omega$$
$$R'_{L1}=R_{c1}//r_{i2}=2\text{k}\Omega//1.2\text{k}\Omega=0.75\text{k}\Omega$$
$$\dot{A}_{u1}=-\frac{\beta R'_{L1}}{r_{be1}}=-\frac{50\times0.75\text{k}\Omega}{1.6\text{k}\Omega}=-23.4$$
$$\dot{A}_{u2}=-\frac{\beta R_{c2}}{r_{be2}}=-\frac{50\times1.5\text{k}\Omega}{1.2\text{k}\Omega}=-62.5$$
$$\dot{A}_u=\dot{A}_{u1}\bullet\dot{A}_{u2}=(-23.4)\bullet(-62.5)=1\,462.5$$

（2）输入电阻、输出电阻

$$r_i=R_{i1}=R_{b1}//r_{be1}=\frac{430+1.6}{430\times1.6}=0.63\text{k}\Omega$$
$$r_o=R_{c2}=1.5\text{k}\Omega$$

7.3.3 放大电路的频率特性

在实际应用中，放大器所放大的信号并非单一频率，例如，语言、音乐信号的频率范围在20～20 000Hz，图像信号的频率范围在0～6MHz，除此以外还有其他范围。所以，要求放大电路对信号频率范围内的所有频率都具有相同的放大效果，输出才能不失真地重显输入信号。实际电路中存在的电容、电感元件及晶体管本身的结电容效应，对交流信号都具有一定的影响。所以，对不同频率具有不同的放大效果。因这种原因所产生的失真称为频率失真。

1. 幅频特性

共射极放大电路的幅频特性如图7-26所示。从幅频特性曲线上可以看出，在一个较宽的频率范围内，曲线平坦，这个频率范围称为中频区。在中频区之外的低频区和高频区，放大倍数都要下降。引起低频区放大倍数下降的原因是由于耦合电容 C_1、C_2 及 C_e 的容抗随频率下降而增大所引起。

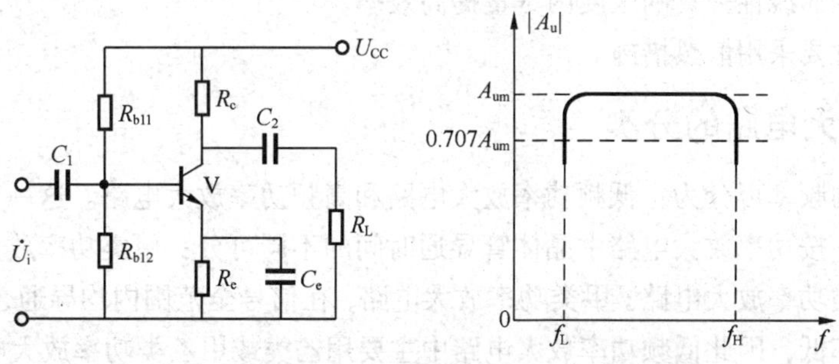

（a）电路　　（b）幅频特性

图7-26　共射极放大电路的幅频特性

高频区放大倍数的下降原因是由于晶体管结电容和杂散电容的容抗随频率增加而减小所引起。结电容通常为几十到几百皮法，杂散电容也不大，因而频率不高时可视为开路。在高频时输入的电流被分流，使得 I_C 减小，输出电压降低，导致高频区电压增益下降。

2. 通频带

把放大倍数 A_{um} 下降到 $\frac{1}{\sqrt{2}}A_{um}$ 时对应的频率称为下限频率 f_L 和上限频率 f_H，夹在上限频率和下限频率之间的频率范围称为通频带 f_{BW}。

$$f_{BW}=f_H-f_L \tag{7-9}$$

7.4 互补对称放大电路

功率放大电路与电压放大器的区别是，电压放大器是多级放大器的前级，它主要对小信号进行电压放大，主要技术指标为电压放大倍数、输入阻抗及输出阻抗等。而功率放大电路则是多级放大器的最后一级，它要带动一定负载，如扬声器、电动机、仪表、继电器等，所以，功率放大电路要求获得一定的不失真输出功率。

7.4.1 功率放大电路的特点及分类

1. 功率放大器的特点

功率放大器的特点如下所述。

（1）放大器处于大信号状态。

（2）非线性失真成为功放的突出问题。

（3）不能随便把晶体管作线性元件处理，小信号微变等效电路已不适用。

（4）多采用图解分析法。

（5）在允许的非线性失真的限度内尽量提高效率。

（6）功放管常要采用散热措施。

2. 功率放大电路的分类

按放大电路的频率可分为：低频功率放大电路和高频功率放大电路。这一节我们只学习低频功率放大电路。按功率放大电路中晶体管导通时间的不同可分：甲类功率放大电路、乙类功率放大电路和丙类功率放大电路。甲类功率放大电路，在信号全范围内均导通，非线性失真小，但输出功率和效率低，因此低频功率放大电路中主要用乙类或甲乙类功率放大电路。

（1）甲类功率放大器

如图 7-27（a）所示，甲类功率放大器的特点：工作点 Q 处于放大区，基本在负载线的中间。在输入信号的整个周期内，晶体管都有电流通过。通角为 360°。导通角 θ 是通角的一半，所以 $\theta=180°$。缺点：效率较低，即使在理想情况下，效率只能达到 50%。

由于有静态电流的存在，无论有没有信号，电源始终不断地输送功率。当没有信号输入时，这些功率全部消耗在晶体管和电阻上，并转化为热量形式耗散出去；当有信号输入时，其中一部分转化为有用的输出功率。

作用：通常用于小信号电压放大器；也可以用于小功率的功率放大器。

（2）乙类功率放大器

如图 7-27（b）所示，乙类功率放大器的特点：工作点 Q 处于截止区。半个周期内有电流流过晶体管，通角为 180°。导通角 $\theta = 90°$。由于静态电流为零，使得没有信号时，管耗很小，从而效率提高。缺点：波形被切掉一半，严重失真，需要设法补偿。

作用：用于功率放大。

（3）甲乙类功率放大器

如图 7-27（c）所示，甲乙类功率放大器的特点：工作点 Q 处于放大区偏下。大半个周期内有电流流过晶体管，通角大于 180°而小于 360°。导通角：$90° < \theta < 180°$。由于存在较小的静态电流，所以甲乙类功率放大器的效率较乙类低，较甲类高。缺点：波形被切掉一部分，严重失真，也需要进行补偿。

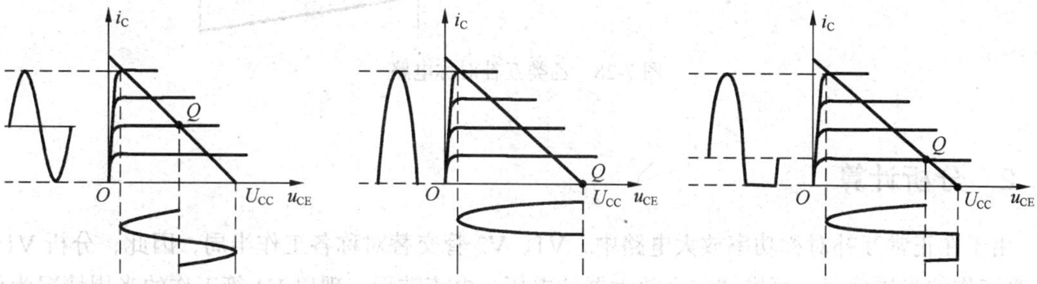

（a）甲类功放　（b）乙类功放　（c）甲乙类功放

图 7-27　功率放大器的分类

作用：用于功率放大。

3. 功率放大电路的特殊问题

（1）功率放大电路的输出功率

功率放大电路的任务是推动负载，因此功率放大电路的重要指标是输出功率，而不是电压放大倍数。

（2）功率放大电路的非线性失真

功率放大电路工作在大信号的情况时，非线性失真是必须考虑的问题。因此，功率放大电路不能用小信号的等效电路进行分析，而只能用图解法进行分析。

（3）功率放大电路的效率

效率定义为：输出信号功率与直流电源供给功率之比。放大电路的实质就是能量转换电路，因此它就存在着转换效率。

7.4.2　乙类互补对称电路

1. 乙类互补对称电路

如果电路处在甲类放大状态，则静态工作电流大，因而效率低。若用一个管子组成甲乙类或乙类放大电路，就会出现严重的失真现象。乙类互补对称功放，既可保持静态时功耗小，又可减小失真，如图 7-28 所示。电路组成及工作原理：选用两个特性接近的管子，使之都工作在乙类状态。一个在正弦信号的正半周工作，另一个在负半周工作，便可得到一个完整的正弦波形。

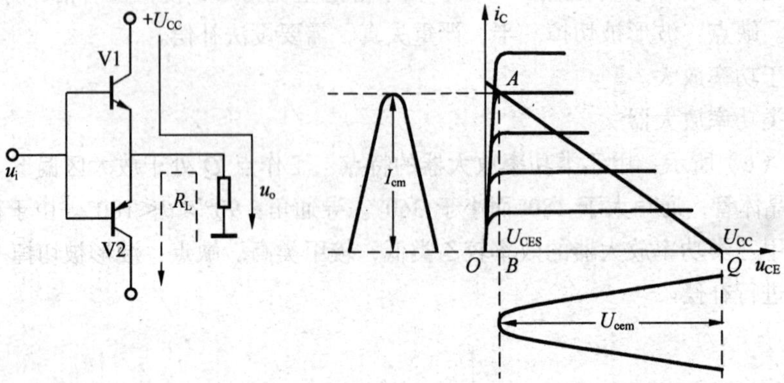

图 7-28　乙类互补对称电路

2. 分析计算

由于在正常互补对称功率放大电路中，V1、V2 管交替对称各工作半周，因此，分析 V1、V2 管工作的半周情况，可推知整个放大器的电压、电流波形。现以 V1 管工作的半周情况为例进行分析。

当 $u_i = 0$ 时，$i_{B1} = i_B = 0$，$i_{C1} = i_C = 0$，$u_{CE1} = u_{CE} = U_{CC}$。电路工作在 Q 点，如图 7-28 所示。当 $u_i \neq 0$ 时，交流负载线的斜率为$-1/R_c$。因此，过 Q 点作斜率为$-1/R'_L$ 的直线即为交流负载线。如输入信号 u_i 足够大，则可求出 I_c 的最大幅值 I_{cm} 和 U_{ce} 的最大幅值 $U_{cem} = U_{CC} - U_{ces} = I_{cm}R_L \approx U_{CC}$。根据以上分析，可求出工作在乙类的互补对称电路的输出功率 P_o、管耗 P_V、直流电源供给的功率 P_U 和效率η。

（1）输出功率 P_o。输出功率用输出电压有效值和输出电流有效值的乘积来表示。设输出电压的幅值为 U_{om}，则

$$P_o = I_o U_o = \frac{U_{om}}{\sqrt{2}R_L} \times \frac{U_{om}}{\sqrt{2}} = \frac{U^2{}_{om}}{2R_L}$$

因为

$$U_{om} = U_{CC} - U_{ces} \approx U_{CC}$$

即

$$P_o = \frac{U^2{}_{om}}{2R_L} \approx \frac{U^2{}_{CC}}{2R_L}$$

（2）管耗 P_V。设 $u_o = U_{om}\sin\omega t$ 时，则 V1 管的管耗为

$$P_{V1} = P_{V2} = \frac{1}{2\pi}\int_0^{\pi}(U_{CC} - u_o)\frac{u_o}{R_L}\mathrm{d}(\omega t)$$

$$= \frac{1}{2\pi}\int_0^{\pi}(U_{CC} - U_{om}\sin\omega t)\frac{U_{om}\sin\omega t}{R_L}\mathrm{d}(\omega t)$$

$$=\frac{1}{R_L}\left(\frac{U_{CC}U_{om}}{\pi}-\frac{U_{om}^2}{4}\right)$$

两管管耗

$$P_V=P_{V1}+P_{V2}=2\times\frac{1}{R_L}\left(\frac{U_{CC}U_{om}}{\pi}-\frac{U_{om}^2}{4}\right)$$

（3）直流供给功率 P_U。直流电源供给的功率包括负载得到的功率和 V1、V2 管消耗的功率两部分。

当 $u_i=0$ 时　　$i_c=0$　　$P_U=0$

当 $u_i\neq 0$ 时　　$P_U=P_o+P_V=\frac{U_{om}^2}{2R_L}+2\times\frac{1}{R_L}\left(\frac{U_{CC}U_{om}}{\pi}-\frac{U_{om}^2}{4}\right)$

则　　$P_U=\frac{2U_{CC}U_{om}}{\pi R_L}$

（4）效率η。即

$$\eta=\frac{P_o}{P_U}=\frac{\pi U_{om}}{4U_{CC}}$$

当 $U_{om}\approx U_{CC}$ 时　　$\eta=\frac{P_o}{P_U}=\frac{\pi}{4}\approx 78.5\%$

由于 $U_{om}\approx U_{CC}$ 忽略了管子的饱和压降 U_{ces}，所以实际效率比这个数值要低一些。

7.4.3 甲乙类互补对称电路

乙类互补对称电路效率比较高，但由于晶体管的输入特性存在有死区，而形成交越失真。采用甲乙类互补对称电路，如图 7-29 所示，则可以克服交越失真问题。其原理是静态时，在 VD1、VD2 管上产生的压降为 V3、V4 管提供了一个适当的正偏电压，使之处于微导通状态。由于电路对称，静态时 $i_{C1}=i_{C2}$，$i_o=0$，$U_o=0$。有信号时，由于电路工作在甲乙类，即使 u_i 很小，也基本上可线性放大。

但上述偏置方法的偏置电压不易调整，而在图 7-30 所示电路中，设流入 V4 管的基极电流远小于流过 R_1、R_2 的电流，则可求出 $U_{ce4}=U_{BE4}(R_1+R_2)/R_2$。因此，利用 V4 管的 U_{BE4} 基本为一固定值（0.6～0.7V），只要适当调节 R_1、R_2 的比值，就可改变 V1、V2 管的偏压值。这种方法常称为 U_{BE} 扩大电路，在集成电路中经常用到。

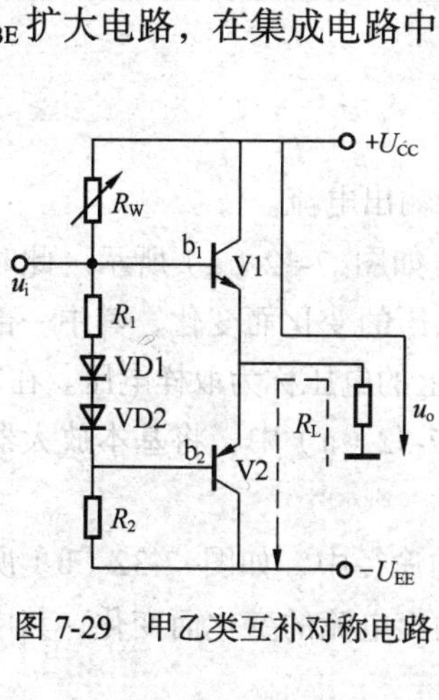

图 7-29　甲乙类互补对称电路

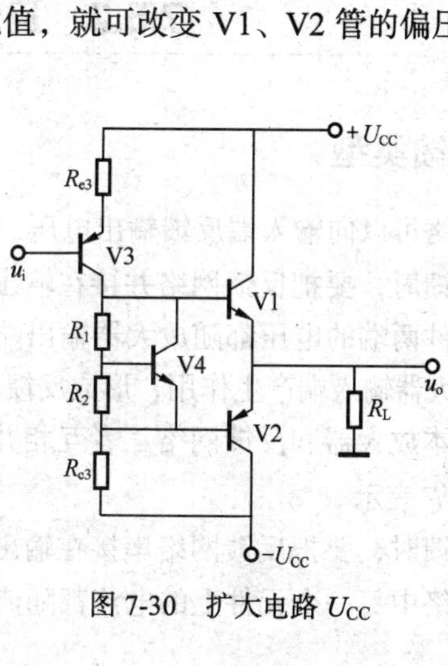

图 7-30　扩大电路 U_{CC}

7.5 反馈放大电路

在实际中我们需要的放大器是多种多样的，前面所学的基本放大电路是不能满足我们的要求的。为此我们在放大电路中十分广泛地应用负反馈的方法来改善放大电路的性能。这一节我们就来学习关于负反馈的一些知识。

7.5.1 反馈的基本概念

将放大电路输出端的电压或电流，通过一定的方式，返回到放大器的输入端，对输入端产生作用，称为反馈。引入反馈后，整个系统构成了一个闭环系统。反馈放大电路的方框图如图 7-31 所示。图中，$\dot{X}_i$、$\dot{X}_o$、$\dot{X}_f$ 分别表示放大器的输入、输出和反馈信号。

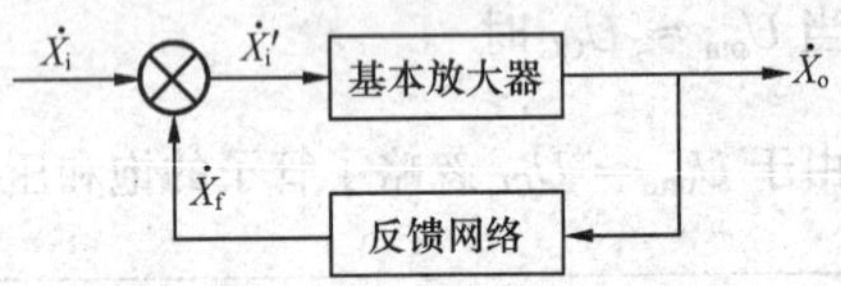

图 7-31 反馈放大器方框图

引入反馈后，放大器的输入端同时受输入信号和反馈信号的作用。在图 7-31 中，X_i' 就是经 $\dot{X}_i$ 和 $\dot{X}_f$ 代数和后基本放大器得到的净输入信号。引入反馈后，电路中增加了反馈网络。为了区别，把未接反馈网络的放大器叫基本放大器，而把包括反馈网络在内的整个系统称为反馈放大器。

为什么要引入反馈？因为，没有反馈的放大器的性能往往不理想，在许多情况下不能满足需要。引入反馈后，电路可根据输出信号的变化控制基本放大器的净输入信号的大小，从而自动调节放大器的放大过程，以改善放大器的性能。例如，当反馈放大器的输出电压 U_o 偏离正常值而增大时，反馈网络能自动减小放大器的净输入信号，抑制 U_o 的增大。所以，反馈能稳定输出电压。根据同样的道理，负反馈也能稳定输出电流。这是将要讲到的负反馈的作用之一。

7.5.2 反馈的分类和性质

1. 反馈类型

反馈网络可以向输入端反馈输出电压，也可以反馈输出电流。

电压反馈时，要把反馈网络并接在输出电压两端，如图 7-32（a）所示。此时，反馈网络中每一个元件两端的电压都随放大器输出端负载两端电压的变化而变化，其中一部分元件上的电压能对放大器输入端产生作用，形成反馈。这些元件上的电压称为取样电压。在电压反馈中，信号源、基本放大器和反馈网络三者互相并联。在图 7-32（a）中，将基本放大器和反馈网络分别用 $\dot{A}$ 和 $\dot{F}$ 表示。

电流反馈时，要把反馈网络串接在输出电流流通的途径中，如图 7-32（b）所示。这时，流过反馈网络中每一个元件上的电流都随流过负载的输出电流的变化而变化，其中一部分元件上的电流能对放大器输入端产生作用，形成反馈。这些元件上的电流称为取样电流。在电流反馈中，信号源、基本放大器和反馈网络三者串联。

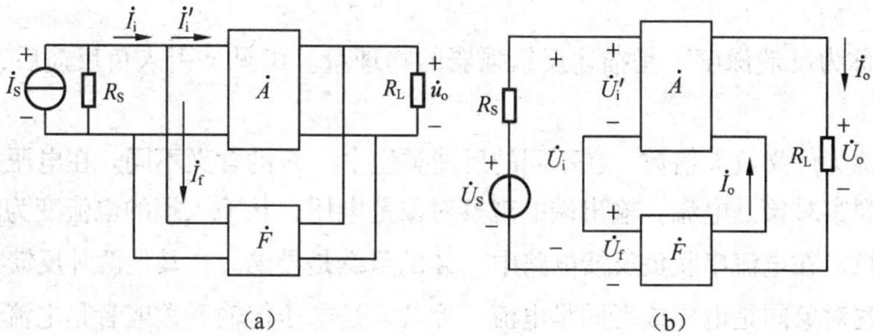

图 7-32　反馈放大器组成框图

若将负载假想短路，在电压反馈时，由于输出电压 $\dot{U}$ =0，取样电压也为 0，反馈作用消失；而在电流反馈时，负载短路后输出电流仍然流动，反馈作用仍然存在。故判断电压反馈还是电流反馈的方法，是将负载假想短路，若反馈消失，是电压反馈，否则是电流反馈。

在放大器输入端，信号源、基本放大器和反馈网络三者可以采用如图 7-32（a）所示的并联形式或如图 7-32（b）所示的串联形式，它们分别称为并联反馈和串联反馈。若将放大器输入端对地假想短路，这时，在图 7-32（a）所示的并联反馈电路中，反馈网络被短路，无法送出反馈信号，反馈作用消失；而在图 7-32（b）所示的串联反馈电路中，反馈网络仍然对基本放大器产生作用，反馈作用依然存在。所以，判断输入端是并联反馈还是串联反馈的方法，是把放大器输入端短路，若反馈作用消失，就是并联反馈，否则为串联反馈。

在并联反馈时，信号源、基本放大器和反馈网络三部分连在同一个结点上，故只能用 KCL 电流定律来分析，如图 7-32（a）中的 I_i、I_i' 和 I_f；而在串联反馈电路中，三部分电路串联，就只能用 KVL 电压定律来分析，如图 7-32（b）中的 U_i、U_i' 和 U_f。

串联反馈时，信号源内阻越小，反馈作用越强；并联反馈时，信号源内阻越大，反馈作用越强。

由于输入端和输出端的连接方式各有两种，故反馈类型共有四种，即电压串联反馈、电压并联反馈、电流串联反馈和电流并联反馈。

2. 反馈性质

若反馈信号削弱原来的输入信号，使净输入信号减小，则为负反馈；反之为正反馈。

3. 负反馈的一般关系式

在如图 7-31 所示的反馈电路方框图中，设基本放大器的传输系数为 $\dot{A}$，$\dot{A}=\dot{X}_o/\dot{X}_i'$。又设反馈网络的反馈系数是 $\dot{F}$，则

$$\dot{F}=\frac{\dot{X}_f}{\dot{X}_o}$$

负反馈时

$$\dot{X}_i'=\dot{X}_i-\dot{X}_f$$

所以

$$\dot{X}_o=\dot{A}\dot{X}_i'=\dot{A}(\dot{X}_i-\dot{X}_f)=\dot{A}(\dot{X}_i'-F\dot{X}_o)=\dot{A}\dot{X}_i-\dot{A}\dot{F}\dot{X}_i$$

可以得到，反馈放大器的放大倍数为

$$\dot{A}_{\mathrm{f}}=\frac{\dot{X}_{\mathrm{o}}}{\dot{X}_{\mathrm{i}}}=\frac{\dot{A}}{1+\dot{A}\dot{F}}$$

其中，$1+\dot{A}\dot{F}$ 称为反馈深度，是描述反馈强弱的物理量。可见，引入负反馈后，放大器的放大倍数下降。

这里，$\dot{A}$ 称为广义放大倍数，在不同的反馈类型中，$\dot{F}$ 的含义不同。在电压并联负反馈电路中，输入端的观察对象是电流，输出端的观察对象是电压，从输入端的电流变为输出端的电压，$\dot{A}$ 的量纲是阻抗。在电流串联负反馈电路中，$\dot{A}$ 的量纲是导纳。在其他两种反馈类型中，输入端和输出端的观察对象同是电压或者同是电流，所以 $\dot{A}$ 是电压传输系数或者是电流传输系数，无量纲。反馈系数 $\dot{F}$ 也有同样的情况。在后面的分析中，为了表达式简明，$\dot{A}$ 和 $\dot{F}$ 均用实数 A、F 表示。

7.5.3 负反馈对放大器性能的影响

1. 对放大倍数的影响

负反馈使放大倍数下降。由放大倍数的一般表达式：$A_{\mathrm{f}}=A/(1+FA)$，我们可以看出引入负反馈后，放大倍数下降了（$1+FA$）倍。

2. 负反馈提高放大倍数的稳定性

引入负反馈以后，放大器的放大倍数由 A 变为 $A_{\mathrm{f}}=A/(1+FA)$。将 A_{f} 对 A 求导，得到

$$\frac{\mathrm{d}A_{\mathrm{f}}}{\mathrm{d}A}=\frac{1}{(1+AF)^2}$$

即

$$\mathrm{d}A_{\mathrm{f}}=\frac{1}{(1+AF)^2}\mathrm{d}A$$

上式说明，引入负反馈以后，由于某种原因造成放大器放大倍数变化时，负反馈放大器的放大倍数变化量只有基本放大器放大倍数变化量的 $1/(1+AF)^2$，放大器放大倍数的稳定性大大提高。

3. 负反馈对输入电阻的影响

负反馈对输入电阻的影响取决于反馈电路在输入端的连接方式，即是串联反馈还是并联反馈。

（1）串联反馈使输入电阻提高。即

$$r_{\mathrm{if}}=(1+FA)r_{\mathrm{i}}$$

（2）并联反馈使输入电阻下降。即

$$r_{\mathrm{if}}=r_{\mathrm{i}}/(1+FA)$$

4. 负反馈对输出电阻的影响

（1）电压反馈使输出电阻降低。即

$$r_{\mathrm{of}}=r_{\mathrm{o}}/(1+FA)$$

（2）电流反馈使输出电阻提高。即

$$r_{\mathrm{of}}=(1+FA)r_{\mathrm{o}}$$

5. 负反馈对放大电路非线性失真的影响

引入负反馈后，输出端的失真波形反馈到输入端，与输入信号相减，使净输入信号幅度成为正半周小负半周大的波形。这个波形被放大输出后，正、负半周幅度的不对称程度减小，非线性失真得到减小。注意，负反馈只能减小放大器自身的非线性失真，对输入信号本身的失真，负反馈放大器无法克服。

6. 展宽频带

在放大器的低频端，由于耦合电容阻抗增大等原因，使放大器放大倍数下降；在高频端，由于分布电容、晶体管极间电容的容抗减小等原因，使放大器放大倍数下降。引入负反馈以后，当高、低频端的放大倍数下降时，反馈信号跟着减小，对输入信号的削弱作用减弱，使放大倍数的下降变得缓慢，因而通频带展宽。上限频率提高（$1+FA_{\mathrm{m}}$）倍，下限频率下降（$1+FA_{\mathrm{m}}$）倍；频带展宽（$1+FA_{\mathrm{m}}$）倍。

本章小结

1. 放大电路的静态分析方法有图解法和微变等效电路法。

图解法是的步骤是：作直流负载线，确定静态工作点；作交流负载线，画出相应的输出、输入信号波形。它适用于信号动态范围较大的场合。

微变等效电路法，是在小信号工作条件下，将晶体管输入端等效成一个动态电阻，输出端等效成一个受控电流源，然后用线性电路的分析方法进行分析。

2. 射极输出器直流是共发射极电路，交流是共集电极电路。具有高输入阻抗和低输出阻抗的特性，无电压放大能力，但具有电流放大能力。而共发射极电路既具有电压放大能力又具有电流放大能力。

3. 场效应管放大电路与晶体管放大电路相比，场效应管放大电路的最大特点是输入电阻高，但电压放大倍数比晶体管放大电路小。

4. 多级放大电路的各级静态工作点可独立分析，在进行交流分析时后级的输入电路就是前级的负载，而前级是后级的信号源，其输出电阻就相当于信号源内阻，各级放大器的电压放大倍数可单独计算，总的电压放大倍数等于各级电压放大倍数的乘积。

5. 负反馈可以改善放大器的许多性能，如提高放大倍数的稳定性，减小非线性失真、稳定输出电压和电流、改变放大器的输入和输出阻抗。

习 题

7-1 晶体管用微变等效来代替，条件是什么？

7-2　如题图 7-2 所示为共射基本放大电路，已知晶体管的$\beta = 50$，$U_{CC} = 12V$。

（1）当 $R_c = 2.4k\Omega$，$R_b = 300k\Omega$时，确定晶体管的静态工作点参数 I_{BQ}、I_{CQ}、U_{CEQ}。

（2）若要求 $U_{CEQ} = 6V$，$I_{CQ} = 2mA$，问 R_b 和 R_c 应改为多少？

7-3　一单管放大电路如题图 7-3 所示，已知晶体管的$\beta = 50$。

（1）要使 $I_{co} = 0.5mA$，求 $R_b = ?$

（2）要使 $U_{CE} = 7V$，求 $R_b = ?$

（3）该放大电路的 R_i 和 R_o 各为多少？

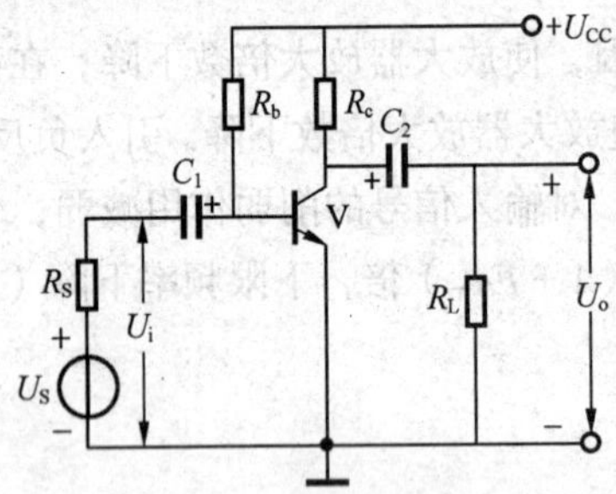

题图 7-2

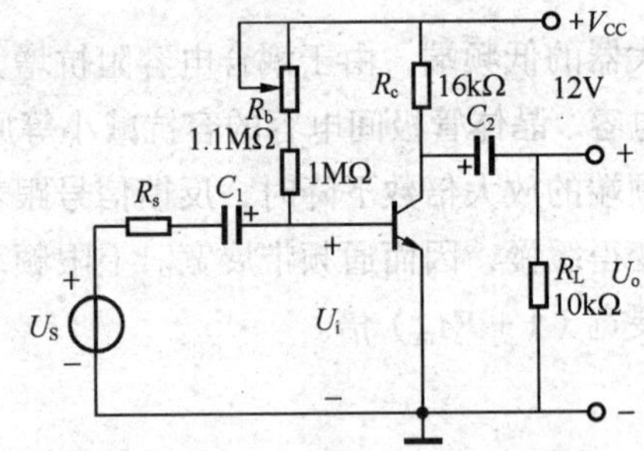

题图 7-3

7-4　在题图 7-4 所示放大电路中，用工程近似法计算静态工作点。已知：$U_{CC} = 12V$，$R_c = 4k\Omega$，$R_b = 300k\Omega$，$\beta = 37.5$。

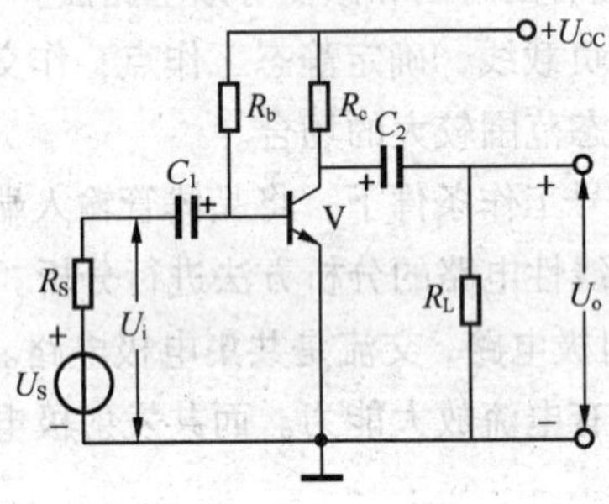

题图 7-4

7-5　在题图 7-4 所示放大电路中，已知 $U_{CC} = 15V$，$R_c = 5k\Omega$，$R_b = 500k\Omega$，$\beta = 50$，试估算静态工作点和电压放大倍数；画出微变等效电路。

7-6　在一个负反馈放大电路，基本放大器电流放大倍数是 500，引入负反馈后，电流放大倍数变为 40。计算反馈网络的反馈系数，若基本放大器的输入电阻是 1.2kΩ，则引入串联负反馈后，电路的输入电阻是多少？

第 8 章 基本运算放大电路

本章提要

本章首先介绍了差动放大电路，然后简单介绍了集成运放的基本结构和主要参数，在此基础上介绍了理想集成运放的分析方法、运算放大器的线性应用及线性运算电路的分析方法，主要包括反相比例电路、同相比例运算电路等。最后简单介绍了运算放大器的非线性应用和运算放大器使用时要注意的问题。

8.1 差动放大电路

前面提到了在多级放大电路中采用直接耦合存在着两个问题，一是静态工作点的相互影响，二是零点漂移。为了解决这两个问题，可采用差动放大电路。

8.1.1 基本差动放大电路

差动放大电路的基本形式如图 8-1 所示。基本形式对电路的要求是：两个电路的参数完全对称两个管子的温度特性也完全对称。它的工作原理是：当输入信号 $U_i = 0$ 时，则两管的电流相等，两管的集点极电位也相等，所以输出电压 $U_o = U_{C1} - U_{C2} = 0$。温度上升时，两管电流均增加，则集电极电位均下降，由于它们处于同一温度环境，因此两管的电流和电压变化量均相等，其输出电压仍然为零。

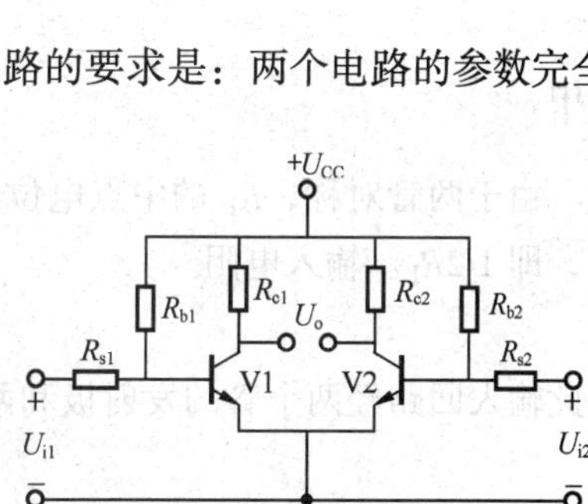

图 8-1 基本差动式放大电路

1. 静态分析

静态时 $U_{i1} = U_{i2} = 0$。由于电路左右对称，输入信号为零时，$I_{C1} = I_{C2}$，$U_{C1} = U_{C2}$，则输出

电 $U_o=\Delta U_{C1Y}-\Delta U_{C2}=0$。当电源电压波动或温度变化时，两管集电极电流和集电极电位同时发生变化。输出电压仍然为零。可见，尽管各管的零漂存在，但输出电压为零，从而使得零漂得到抑制。

2. 动态分析

（1）共模输入

在差动式放大电路的两个输入端，分别加入大小相等极性相同的信号（即 $U_{i1}=U_{i2}$），这种输入方式称为共模输入。共模输入信号用 U_{ic} 表示。共模输入时（$U_{ic}=U_{i1}=U_{i2}$）的输出电压与输入电压之比称为共模电压放大倍数，用 A_c 表示。在电路完全对称的情况下，输入信号相同，输出端电压 $U_o=U_{o1}-U_{o2}=0$，故 $A_c=U_o/U_i=0$，即输出电压为零，共模电压放大倍数为零，这种情况称为理想电路。

（2）差模输入

放大器的两个输入端分别输入大小相等极性相反的信号（即 $U_{i1}=-U_{i2}$），这种输入方式称为差模输入。

差模输入信号

$$U_{id}=U_{i1}-U_{i2}=2U_{i1}=-2U_{i2}$$

$$U_{i1}=\frac{1}{2}U_{id}，U_{i2}=-\frac{1}{2}U_{id}$$

差模输出电压

$$U_{od}=\Delta U_{c1}-\Delta U_{c2}=2\Delta U_{c1}=-2\Delta U_{c2}$$

差模电压放大倍数

$$A_{ud}=\frac{U_{od}}{U_{id}}=\frac{2\Delta U_{C1}}{2U_{i1}}=A_{u1}=A_{u2}$$

即差动式放大电路的差模电压放大倍数等于单管共射极电路的电压放大倍数

$$A_{ud}=A_{u1}=-\beta\frac{R_c}{r_{be}+R_S} \tag{8-1}$$

由于 R_b 远远大于 r_{be}，如果接上 R_L，则

$$A_{ud}=-\beta\cdot\frac{R_L'}{r_{be}+R_S}$$

式中，

$$R_L'=R_c//\left(\frac{1}{2}R_L\right)$$

由于两管对称，R_L 的中点电位不变，相当于交流的地电位，对于单管来讲负载是 R_L 的一半，即 $1/2R_L$。输入电阻

$$r_i=2(R_S+r_{be}) \tag{8-2}$$

因此输入回路经两个管的发射极和两个 R_S，则输出电阻

$$r_o=2R_c \tag{8-3}$$

因此输出端经过两个 R_c。

（3）差动放大电路抑制零点漂移的原理

在差动放大电路中，无论是电源电压波动或温度变化都会使两管的集电极电流和集电极电

位发生相同的变化，相当于在两输入端加入共模信号。由于电路的完全对称性，使得共模输出电压为零，共模电压放大倍数为零，从而抑制了零点漂移。这时电路只放大差模信号。

8.1.2 长尾式差动放大电路

基本差动电路存在如下问题：电路难于绝对对称，因此输出仍然存在零漂；管子没有采取消除零漂的措施，有时会使电路失去放大能力；它要对地输出，此时的零漂与单管放大电路一样。为此我们要学习另一种差动放大电路——长尾式差动放大电路。它又被称为射极耦合差动放大电路，如图 8-2 所示。图中的两个管子通过射极电阻 R_e 和 U_{EE} 耦合。下面我们来学习它的一些指标。

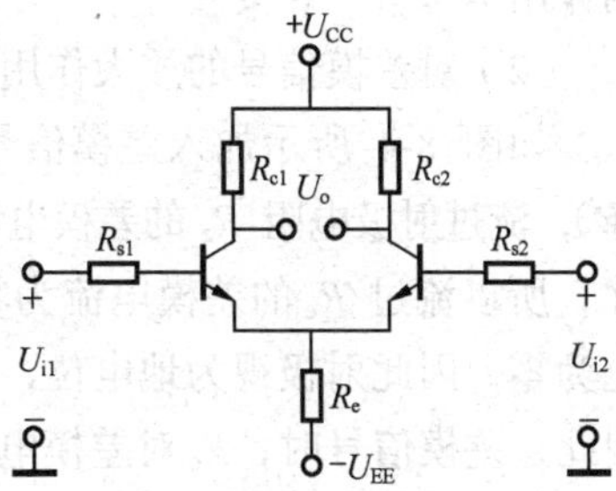

图 8-2 带 R_e 的差动式放大电路

1. 静态分析

静态时，输入短路，由于流过电阻 R_e 的电流为 I_{E1} 和 I_{E2} 之和，且电路对称，$I_{E1}=I_{E2}$，因此流过 R_e 的电流为 $2I_{E1}$。

静态工作点的估算

$$I_{BQ}\cdot R_S+U_{BEQ}+2I_{EQ}\cdot R_e=U_{EE}$$

$$I_{EQ}=(1+\beta)I_{BQ}$$

$$I_{BQ}=\frac{U_{EE}-U_{BEQ}}{R_S+2(1+\beta)R_e}$$

$$I_{CQ}=\beta I_{BQ}$$

$$U_{CEQ}=U_{CC}+U_{EE}-I_{CQ}R_c-2I_{EQ}\cdot R_e$$

2. 动态分析

（1）对共模信号的抑制作用

在这里我们只学习共模信号对长尾电路中的 R_e 的作用。如图 8-3 所示。由于是同向变化的，因此流过 R_e 的共模信号电流是 $I_{e1}+I_{e2}=2I_e$，对每一管来说，可视为在射极接入电阻为 $2R_e$。

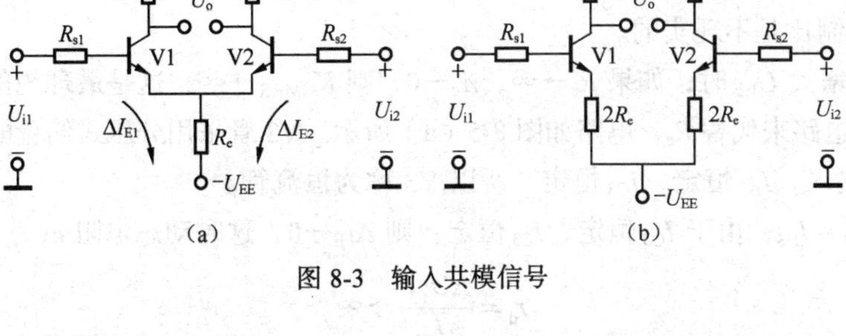

图 8-3 输入共模信号

共模电压放大倍数为

$$A_c=-\beta\frac{R_c}{R_S+r_{be}+2(1+\beta)R_e}$$

不加 R_e 时

$$A_c=-\frac{\beta R_c}{R_S+r_{be}}$$

由此式我们可以看出 R_e 的接入，使每管的共模放大倍数下降了很多（对零漂具有很强的抑制作用）。

（2）对差模信号的放大作用

如图 8-4 所示加入差模信号时，引起两管电流的反向变化（一管电流上升，一管电流下降），流过射极电阻 R_e 的差模电流为 $I_{e1}-I_{e2}$，由于电路对称，所以流过 R_e 的差模电流为零，R_e 上的差模信号电压也为零，因此射极视为地电位，此处“地”称为“虚地”。因此，差模信号时，R_e 对差模电压放大倍数不产生影响。

由于 R_e 对差模信号不产生影响，故双端输出的差模放大倍数仍为单管放大倍数，差模电压放大倍数

$$A_{ud}=-\beta\frac{R'_L}{R_S+r_{be}}$$

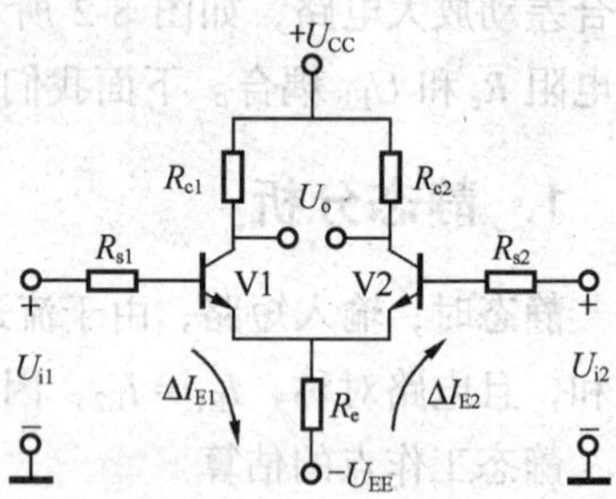

图 8-4　R_e 对差模放大倍数的影响

（3）共模抑制比 K_{CMRR}

在理想状态下，即电路完全对称时，差动式放大电路对共模信号有完全的抑制作用。实际电路中，差动式放大电路不可能做到绝对对称，这时 $U_o\neq0$，$A_c\neq0$，即共模输出电压不等于零。共模电压放大倍数不等于零，$A_c=U_o/\Delta U_i$。为了衡量差动式电路对共模信号的抑制能力，引入共模抑制比，用 K_{CMRR} 表示。

$$K_{CMRR}=\left|\frac{A_d}{A_c}\right| \tag{8-4}$$

我们一般用共模抑制比来衡量差动放大电路性能的优劣。它的值越大，表明电路对共模信号的抑制能力越好。

8.1.3　具有恒流源的差动式放大电路

通过对带 R_e 的差动式放大电路的分析可知，R_e 越大，K_{CMRR} 越大，但增大 R_e，相应的 U_{EE} 也要增大。显然，使用过高的 U_{EE} 是不合适的。此外，R_e 直流能耗也相应增大。所以，靠增大 R_e 来提高共模抑制比是不现实的。

设想，在不增大 U_{EE} 时，如果 $R_e\to\infty$，$A_c\to0$，则 $K_{CMRR}\to\infty$，这是最理想的。为解决这个问题，用恒流源电路来代替 R_e，电路如图 8-5（a）所示。V3 管采用分压式偏置电路，无论 V1、V2 管有无信号输入，I_{B3} 恒定，I_{C3} 恒定，所以 V3 称为恒流管。

图 8-5 中 $I_{C3}=I_{E3}$，由于 I_{C3} 恒定，I_{E3} 恒定，则 $\Delta I_E\to0$，这时动态电阻 r_d 为

$$r_d=\frac{\Delta U_{E3}}{\Delta I_{E3}}\to\infty$$

恒流源对动态信号呈现出高达几兆欧的电阻，而直流压降不大，可以不增大 U_{EE}。r_d 相当于 R_e，所以对差模电压放大倍数 A_d 无影响。对共模电压放大倍数 A_c 相当于接了一个无穷大的 R_e，所以 $A_c \to 0$，这时 $K_{CMRR} \to \infty$。实现了在不增加 U_{EE} 的同时，提高了共模抑制比的目的。恒流源电路可用恒流源符号表示，如图 8-5（b）所示。

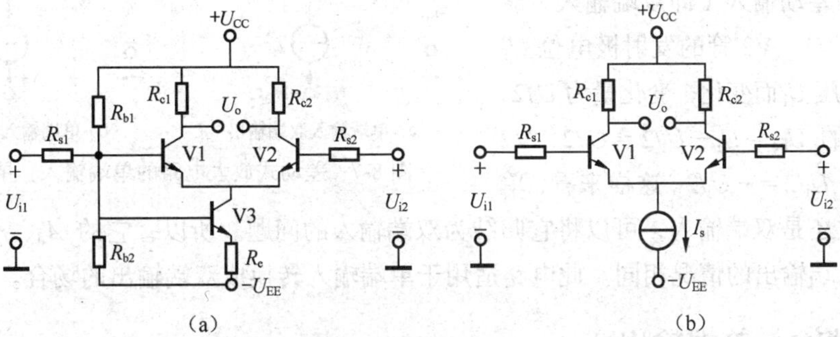

图 8-5　具有恒流源的差动式放大电路

8.1.4　差动式放大电路的输入、输出方式

由于差动式放大电路有两个输入端、两个输出端，所以信号的输入和输出有四种方式，这四种方式分别是双端输入双端输出、双端输入单端输出、单端输入双端输出、单端输入单端输出。根据不同需要可选择不同的输入、输出方式。

1. 双端输入双端输出

电路如图 8-6（a）所示，其中，差模电压放大倍数为

$$A_{ud} = -\beta \cdot \frac{R'_L}{R_c + r_{be}} \quad (8\text{-}5)$$

式中
$$R'_L = R_c // (R_L / 2)$$

输入电阻
$$r_i = 2(R_s + r_{be})$$

输出电阻
$$r_o = 2R_c$$

此电路适用于输入、输出不需要接地，对称输入、对称输出的场合。

2. 双端输入单端输出

图 8-6（b）所示电路，其输入方式和双端输入相同，输出方式和单端输出相同，它的 A_d、i_i、r_o 的计算和单端输入单端输出相同。此电路适用于双端输入转换成单端输出的场合。

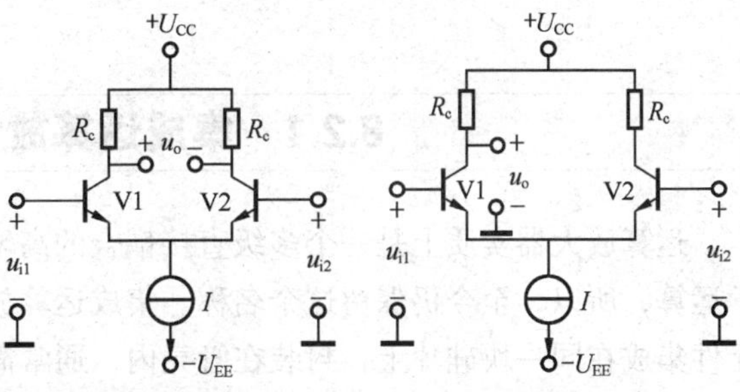

（a）双端输入双端输出　　（b）双端输入单端输出

图 8-6　差动式放大电路的双端输入，单/双端输出

3. 单端输入双端输出

如图 8-7（a）所示，信号从一只管子（指 V1）的基极与地之间输入，另一只管

子的基极接地，表面上似乎两管不是工作在差动状态，但是，若将发射极公共电阻 R_e 换成恒流源，那么，I_{C1} 的任何增加将等于 I_{C2} 的减少，也就是说，输出端电压的变化情况将和差动输入（即双端输入）时一样。此时，V1、V2 管的发射极电位 U_E 将随着输入电压 U_i 而变化，变化量为 $U_i/2$，于是，V1 管的 $U_{be} = U_i - U_i/2 = U_i/2$，V2 管的 $U_{be} = 0 - U_i/2 = -U_i/2$。这样来看，单端输入的实质还是双端输入，可以将它归结为双端输入的问题。所以，它的 A_d、r_i、r_o 的估算与双端输入双端输出的情况相同。此电路适用于单端输入转换成双端输出的场合。

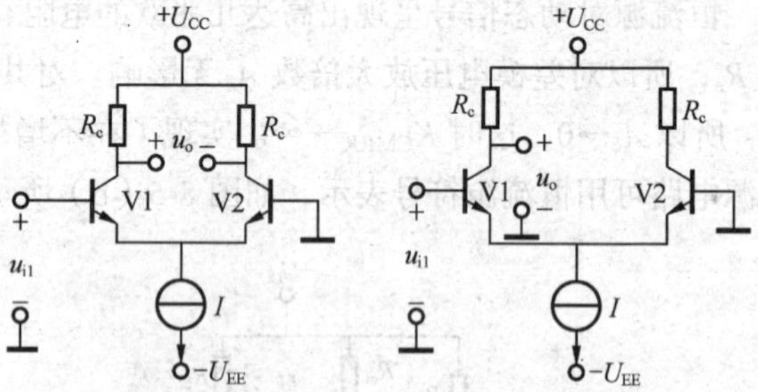

（a）单端输入双端输出　　（b）单端输入单端输出

图 8-7　差动式放大电路的单端输入，单/双端输出

4. 单端输入单端输出

图 8-7（b）为单端输入单端输出的接法。信号只从一只管子的基极与地之间接入，输出信号从一只管子的集电极与地之间输出，输出电压只有双端输出的一半，电压放大倍数 A_{ud} 也只有双端输出时的一半。

$$A_d = -\beta \cdot \frac{R_L'}{2(R_c + r_{be})} \tag{8-6}$$

式中

$$R_L' = R_c \mathbin{//} R_L$$

输入电阻

$$r_i = 2r_{be} \tag{8-7}$$

输出电阻

$$r_o \approx R_c \tag{8-8}$$

此电路适用于输入、输出均有一端接地的场合。

从几种电路的接法来看，只有输出方式对差模放大倍数和输入、输出电阻有影响，不论哪一种输入方式，只要是双端输出，其差模放大倍数就等于单管放大倍数，单端输出差模电压放大倍数为双端输出的一半。

8.2 集成运算放大电路

8.2.1 集成运算放大器的基本组成

运算放大器实质上是一个多级直接耦合的高增益放大器。由于初期运算放大器主要用于数学运算，所以，至今仍保留这个名称。集成运算放大器是利用集成工艺，将运算放大器的所有元件集成在同一块硅片上，封装在管壳内，通常简称为集成运放。随着集成技术的飞速发展，集成运放的性能不断提高，其应用领域远远超出了数学运算的范围。在自动控制、仪表、测量等领域，集成运放都发挥着十分重要的作用。

集成运放的内部电路分为输入级、偏置电路、中间级及输出级四部分，输入级是决定电路性能的关键一级。如输入电阻、输入电压范围、共模抑制比等，主要由输入级来决定。在集成运算放大器中，为减小功耗，限制温升，应降低各管的静态电流。因此，集成运放多数都采用恒流源电路作为偏置电路。

8.2.2 集成运算放大器的主要参数

集成运放的参数，是评价其性能优劣的主要标志，也是正确选择和使用的依据。必须熟悉这些参数的含义和数值范围。

1. 电源电压

能够施加于运放电源端子的最大直流电压值称为电源电压。一般有两种表示方法：用正、负两种电压 U_{CC}、U_{EE} 表示或用它们的差值表示。

2. 最大差模输入电压 U_{idmax}

U_{idmax} 是运放同相端和反相端之间所能承受的最大电压值。输入差模电压超过 U_{idmax} 时，可能会使输入级的管子反向击穿等。

3. 最大共模输入电压 U_{icmax}

U_{icmax} 是在线性工作范围内集成运放所能承受的最大共模输入电压。超过此值，集成运放的共模抑制比、差模放大倍数等会显著下降。

4. 开环差模电压放大倍数 A_{ud}

集成运放开环时输出电压与输入差模信号电压之比称为开环差模电压放大倍数 A_{ud}。A_{ud} 越高，运放组成电路的精度越高，性能越稳定。

5. 输入失调电压 U_{os}

实际上，集成运放难以做到差动输入级完全对称。当输入电压为零时，为了使输出电压也为零，需在集成运放两输入端额外附加补偿电压，该补偿电压称为输入失调电压 U_{os}。U_{os} 越小越好，一般为 0.5～5mV。

6. 输入失调电流 I_{os}

I_{os} 是当运放输出电压为零时，两个输入端的偏置电流之差，即 $I_{os}=|I_{B1}-I_{B2}|$，它是由内部元件参数不一致等原因造成的。I_{os} 越小越好，一般为 1～10μA。

7. 输入偏置电流 I_B

I_B 是输出电压为零时，流入运放两输入端静态基极电流的平均值，即 $I_B=(I_{B1}+I_{B2})/2$。I_B 越小越好，一般为 1～100μA。

8. 共模抑制比 K_{CMRR}

K_{CMRR}是差模电压放大倍数和共模电压放大倍数之比，即 $K_{CMRR}=|A_{ud}/A_{oc}|$。K_{CMRR}越高越好。

9. 差模输入电阻 r_{id}

r_{id}是开环时输入电压变化量与它引起的输入电流的变化量之比，即从输入端看进去的动态电阻。r_{id}一般为兆欧级。

10. 输出电阻 r_o

r_o是开环时输出电压变化量与它引起的输出电流的变化量之比，即从输出端看进去的电阻。r_o越小，运放的带负载能力越强。

除了以上指标外，集成运放还有其他一些参数，如最大输出电压、最大输出电流、带宽等。近年来，各种专用集成运放不断问世，可以满足特殊要求，有关具体资料，可参看产品说明。

8.2.3 集成运算放大器的应用基础

分析集成运放应用电路时，把集成运放看成理想运算放大器，可以使分析简化。实际集成运放绝大部分接近理想运放。

1. 理想运算放大器的特点

（1）开环差模电压放大倍数 $A_{ud}\to\infty$。

（2）差模输入电阻 $R_{id}\to\infty$。

（3）输出电阻 $R_o\to 0$。

（4）共模抑制比 $K_{CMRR}\to\infty$。

（5）输入偏置电流 $I_{B1}=I_{B2}=0$。

（6）失调电压、失调电流及温漂为 0。

利用理想运放分析电路时，由于集成运放接近于理想运放，所以造成的误差很小，因此若无特别说明，均按理想运放对待。

2. 负反馈是集成运放线性应用的必要条件

由于集成运放的开环差模电压放大倍数很大（$A_{ud}\to\infty$），而开环电压放大倍数受温度的影响，很不稳定。采用深度负反馈可以提高其稳定性，此外运放的开环频带窄，例如 F007 只有 7Hz，无法适应交流信号的放大要求，加负反馈后可将频带扩展（$1+AF$）倍。另外，负反馈还可以改变输入、输出电阻等。所以要使集成运放工作在线性区，采用负反馈是必要条件。

为了便于分析集成运放的线性应用，我们还需要建立“虚短”与“虚断”这两个概念。

（1）由于集成运放的差模开环输入电阻 $R_{id}\to\infty$，输入偏置电流 $I_B\approx 0$，不向外部索取电流，因此两输入端电流为零。即 $I_{i-}=I_{i+}=0$，这就是说，集成运放工作在线性区时，两输入端均无电流，称为“虚断”。

（2）由于两输入端无电流，则两输入端电位相同，即 $U_-=U_+$。由此可见，集成运放工作在线性区时，两输入端电位相等，称为“虚短”。

3. 运算放大器的基本电路

运算放大器的基本电路有反相输入式、同相输入式两种。反相输入式是指信号由反相端输入，同相输入式是指信号由同相端输入，它们是构成各种运算电路的基础。

1. 反相输入式放大电路

图 8-8 所示为反相输入式放大电路，输入信号经 R_1 加入反相输入端，R_f 为反馈电阻，把输出信号电压 U_o 反馈到反相端，构成深度电压并联负反馈。

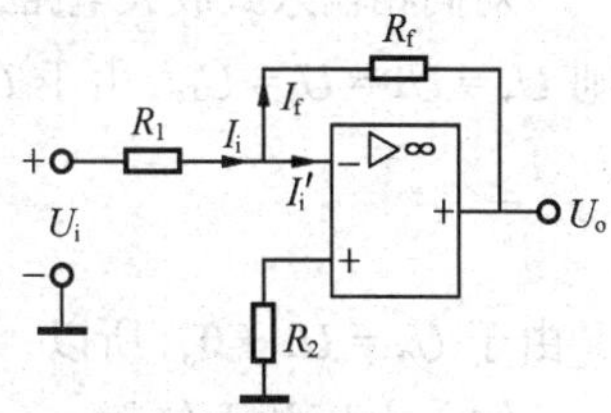

图 8-8 反相输入式放大电路

（1）“虚地”的概念

由于集成运放工作在线性区，$U_+=U_-$、$I_{i+}=I_{i-}$，即流过 R_2 的电流为零。则 $U_+=0$，$U_-=U_+=0$，说明反相端虽然没有直接接地，但其电位为地电位，相当于接地，是“虚假接地”，简称为“虚地”。“虚地”是反相输入式放大电路的重要特点。

（2）电压放大倍数

在图 8-8 中

$$I_f=\frac{U_--U_o}{R_f}=-\frac{U_o}{R_f}$$

$$I_i=\frac{U_i-U_-}{R_1}=\frac{U_i}{R_1} \tag{8-9}$$

由于 $I_{i-}=I'\,\mathrm{I}=0$，则 $I_f=I_i$，即

$$\frac{U_i}{R_1}=-\frac{U_o}{R_f} \qquad U_o=-\frac{R_f}{R_1}\cdot U_i$$

$$A_{uf}=-\frac{U_o}{U_i}=-\frac{R_f}{R_1} \tag{8-10}$$

式中，A_{uf} 是反相输入式放大电路的电压放大倍数。

式 8-10 表明：反相输入式放大电路中，输入信号电压 U_i 和输出信号电压 U_o 相位相反，大小比例关系，比例系数为 R_f/R_1，可以直接作为比例运算放大器。当 $R_f=R_1$ 时，$A_{uf}=-1$，即输出电压和输入电压的大小相等，相位相反，此电路称为反相器。同相输入端电阻 R_2 用于保持运放的静态平衡，要求 $R_2=R_1/\!/R_f$。R_2 称为平衡电阻。

（3）输入电阻、输出电阻

由于 $U_-=0$，所以反相输入式放大电路输入电阻为

$$R_{if}=\frac{U_i}{I_i}=R_1 \tag{8-11}$$

由于反相输入式放大电路采用并联负反馈，所以从输入端看进去的电阻很小，近似等于 R_1。由于该放大电路采用电压负反馈，其输出电阻很小（$R_o\approx0$）。

（4）主要特点

① 集成运放的反相输入端为“虚地”（$U_-=0$），它的共模输入电压可视为零，因此对集成运放的共模抑制比要求较低。

② 由于深度电压负反馈输出电阻小（$R_o \approx 0$），因此带负载能力较强。

③ 由于并联负反馈输入电阻小（$R_i = R_1$），因此要向信号源汲取一定的电流。

2. 同相输入式放大电路

图 8-9 所示电路为同相输入式放大电路，输入信号 U_i 经 R_2 加到集成运放的同相端，R_f 为反馈电阻，R_2 为平衡电阻（$R_2 = R_1 /\!/ R_f$）。

（1）虚短的概念

对同相输入式放大电路，U_-和 U_+相等，相当于短路，称为“虚短”。由于 $U_+ = U_i$，$U_- = U_f$，则 $U_+ = U_- = U_i = U_f$。由于 $U_+ = U_-$，则

$$I_f = I_{R1} = \frac{U_+}{R_1}$$

又由于 $U_+ = U_- \neq 0$，所以，在运放的两端引入了共模电压，其大小接近于 U_i。

（2）电压放大倍数

由图 8-9 可见 R_1 和 R_f 组成分压器，反馈电压

$$U_f = U_o \cdot \frac{R_1}{R_f + R_1} \tag{8-12}$$

由于 $U_i = U_f$，则

$$U_i = U_o \cdot \frac{R_1}{R_f + R_1} \text{ 或 } U_o = \frac{R_f + R_1}{R_1} \cdot U_i = \left(1 + \frac{R_f}{R_1}\right) \cdot U_i$$

由上式可得电压放大倍数

$$A_{uf} = \frac{U_o}{U_i} = 1 + \frac{R_f}{R_1} \tag{8-13}$$

式 8-13 表明同相输入式放大电路中输出电压与输入电压的相位相同，大小成比例关系，比例系数等于（$1 + R_f/R_1$），此值与运放本身的参数无关。

在图 8-9 中如果把 R_f 短路（$R_f = 0$），把 R_1 断开（$R_1 \to \infty$），则

$$A_{uf} = 1$$

即输入信号和输出信号大小相等，相位相同。我们把这种电路称为电压跟随器，如图 8-10 所示。由集成运放组成的电压跟随器比射极输出器组成的电压跟随器性能更好。其输入电阻更高，输出电阻更小，性能更稳定。

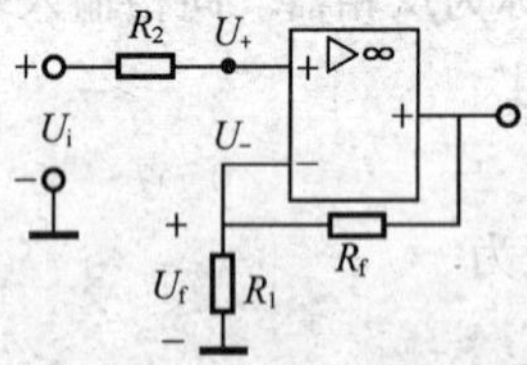

图 8-9 同相输入式放大电路

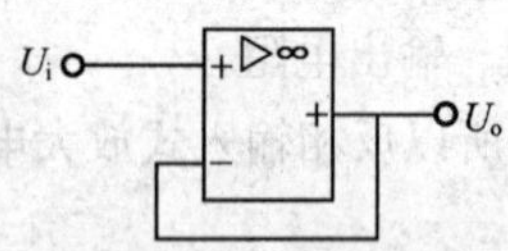

图 8-10 电压跟随器

（3）输入电阻，输出电阻

由于采用了深度电压串联负反馈，该电路具有很高的输入电阻和很低的输出电阻。（$R_{if} \to \infty$，$R_o \to 0$）。这是同相输入式放大电路的重要特点。

（4）主要特点

同相输入式放大电路属于电压串联负反馈电路，主要特点如下。

① 由于深度串联负反馈，使输入电阻增大，输入电阻可高达 2 000MΩ以上。

② 由于深度电压负反馈，输出电阻 $R_o \to 0$。

③ 由于 $U_- = U_+ = U_i$，运放两输入端存在共模电压，因此要求运放的共模抑制比较高。

通过对反相输入式和同相输入式运放电路的分析，可以看到，输出信号是通过反馈网络反馈到反相输入端，从而实现了深度负反馈，并且使得其电压放大倍数与运放本身的参数无关。采用了电压负反馈使得输出电阻减小，带负载能力增强。反相输入式采用了并联负反馈使输入电阻减小，而同相输入式采用了串联负反馈使输入电阻增大。

8.2.4 集成运算放大器的线性应用

利用集成运放在线性区工作的特点，根据输入电压和输出电压关系，外加不同的反馈网络可以实现多种数学运算。输入信号电压和输出信号电压的关系 $U_o=f(U_i)$，可以模拟成数学运算关系 $y=f(x)$，所以信号运算统称为模拟运算。尽管数字计算机的发展在许多方面替代了模拟计算机，但在物理量的测量、自动调节系统、测量仪表系统、模拟运算等领域仍得到了广泛应用。

1. 比例运算电路

定义：将输入信号按比例放大的电路，称为比例运算电路。

分类：反相比例电路、同相比例电路、差动比例电路。（按输入信号加入不同的输入端分）

2. 加法、减法运算

加、减法运算的代数方程式是：$y = K_1X_1 + K_2X_2 + K_3X_3 + \cdots$，其电路模式为 $U_o = K_1U_{i1} + K_2U_{i2} + K_3U_{i3} + \cdots$，其电路如图 8-11 所示。图中有三个输入信号加在反相输入端，同相输入端的平衡电阻 $R_4 = R_1 /\!/ R_2 /\!/ R_3 /\!/ R_f$，有虚地。且 $U_- = U_+ = 0$。

各支路电流分别为

$$I_1 = \frac{U_{i1}}{R_1},\ I_2 = \frac{U_{i2}}{R_2},\ I_3 = \frac{U_{i3}}{R_3},\ I_f = -\frac{U_o}{R_f}$$

又由于虚断 $I_{i-} = 0$，则

$$I_f = I_1 + I_2 + I_3$$

即

$$-\frac{U_o}{R_f} = \frac{U_{i1}}{R_1} + \frac{U_{i2}}{R_2} + \frac{U_{i3}}{R_3}$$

整理得到

$$U_o = -\left(\frac{R_f}{R_1}U_{i1} + \frac{R_f}{R_2}U_{i2} + \frac{R_f}{R_3}U_{i3}\right) \tag{8-14}$$

上式可模拟的代数方程式为

$$y = K_1X_1 + K_2X_2 + K_3X_3$$

式中

$$K_1 = -\frac{R_f}{R_1}, K_1 = -\frac{R_f}{R_2}, K_3 = -\frac{R_f}{R_3}$$

当 $R_1=R_2=R_3=R$ 时，式（8-14）变为

$$U_o=-\frac{R_f}{R}(U_{i1}+U_{i2}+U_{i3}) \tag{8-15}$$

当 $R_f=R$ 时，　　$U_o=-(U_{i1}+U_{i2}+U_{i3})$

式 8-15 中比例系数为−1，实现了加法运算。

例 8.1　设计运算电路。要求实现 $y=2X_1+5X_2+X_3$ 的运算。

解： 电路模式为 $U_o=2U_{i1}+5U_{i2}+U_{i3}$，是三个输入信号的加法运算。由式 8-14 可知各个系数由反馈电阻 R_f 与各输入信号的输入电阻的比例关系所决定，由于式中各系数都是正值，而反相加法器的系数都是负值，因此需加一级变号运算电路。实现这一运算的电路如图 8-12 所示。

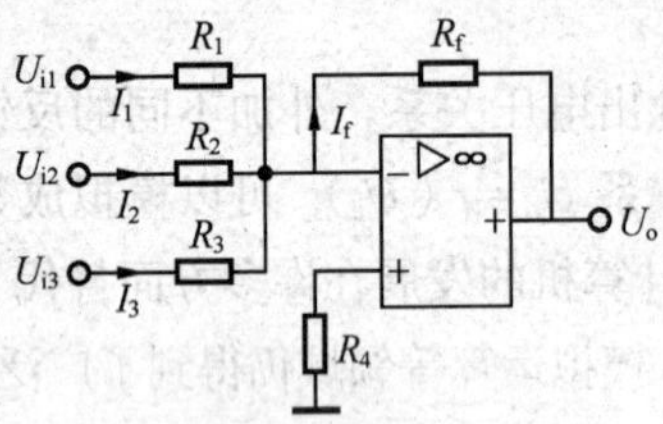

图 8-11　反相加法器

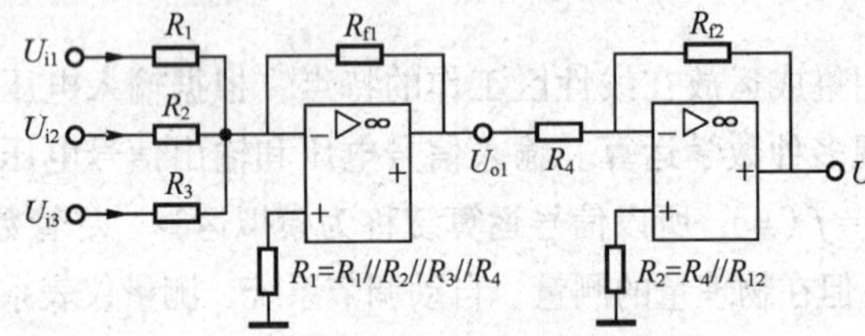

图 8-12　例 8.1 电路

输出电压和输入电压的关系如下

$$U_{o1}=-\frac{R_{f1}}{R_1}U_{i1}-\frac{R_{f1}}{R_2}U_{i2}-\frac{R_{f1}}{R_3}U_{i3}$$

$$U_o=-\frac{R_{f2}}{R_4}U_{o1}=\left(\frac{R_{f1}}{R_1}U_{i1}+\frac{R_{f1}}{R_2}U_{i2}+\frac{R_{f1}}{R_3}U_{i3}\right)\frac{R_{f2}}{R_4}$$

$R_{f1}/R_1=2$、$R_{f1}/R_2=5$、$R_{f11}/R_3=1$，取 $R_{f1}=R_{f2}=R_4=10\text{k}\Omega$，则 $R_1=5\text{k}\Omega$，$R_2=2\text{k}\Omega$，$R_3=10\text{k}\Omega$，$R'=R_1/\!/R_2/\!/R_3/\!/R_{f1}$，$R'=R_4/\!/R_{f2}=R_{f2}/2$。

例 8.2　设计一个加、减法运算电路，使其实现数学运算，$Y=X_1+2X_2-5X_3-X_4$。

解： 此题的电路模式应为 $U_o=U_{i1}+2U_{i2}-5U_{i3}-U_{i4}$，利用两个反相加法器可以实现加、减法运算，电路如图 8-13 所示。由此可得

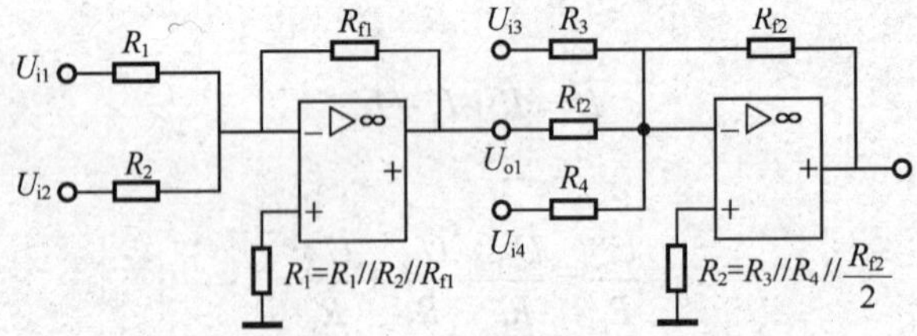

图 8-13　加、减法运算电路

$$U_{o1}=-\frac{R_{f1}}{R_1}U_{i1}-\frac{R_{f1}}{R_2}U_{i2}$$

$$\begin{aligned}U_o&=-\frac{R_{f2}}{R_{f2}}U_{o1}-\frac{R_{f2}}{R_3}U_{i3}-\frac{R_{f2}}{R_4}U_{i4}\\&=\frac{R_{f1}}{R_1}U_{i1}+\frac{R_{f1}}{R_2}U_{i2}-\frac{R_{f2}}{R_3}U_{i3}-\frac{R_{f2}}{R_4}U_{i4}\end{aligned}$$

如果取 $R_{f1}=R_{f2}=10\text{k}\Omega$，则 $R_1=10\text{k}\Omega$，$R_2=5\text{k}\Omega$，$R_3=2\text{k}\Omega$，$R_4=10\text{k}\Omega$，$R'_1=R_1/\!/R_2/\!/R_{f1}$、$R'_2=R_3/\!/R_4/\!/R_{f2}/2$。

由于两级电路都是反相输入运算电路，故不存在共模误差。

3. 积分、微分运算

1. 积分运算

积分运算是模拟计算机中的基本单元电路，数学模式为 $y=K\int X\text{d}t$；电路模式为 $u=K\int U_\text{i}\text{d}t$，该电路如图 8-14 所示。

在反相输入式放大电路中，将反馈电阻 R_f 换成电容 C，就成了积分运算电路，即

$$U_\text{C}=\frac{1}{C}\int I_\text{C}\text{d}t\ ,\ U_\text{o}=-U_\text{C},I_1=I_\text{f}=I_\text{C}=\frac{U_\text{i}}{R_1}$$

因而

$$U_\text{o}=-\frac{1}{R_1C}\int U_\text{i}\text{d}t \tag{8-16}$$

由式 8-16 可以看出，此电路可以实现积分运算，其中，$K=-1/(R_1C)$。

2. 微分运算

微分运算是积分运算的逆运算。将积分运算电路中的电阻，电容互换位置就可以实现微分运算，如图 8-15 所示。

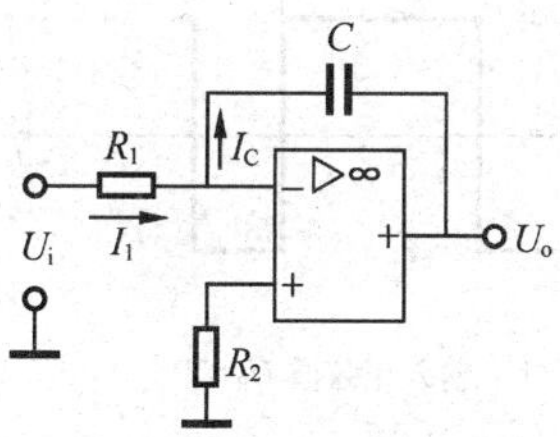

图 8-14　积分运算电路

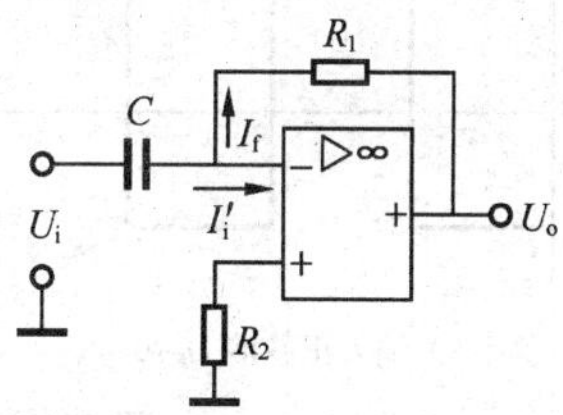

图 8-15　微分运算电路

由于 $U_+=0$，$I'_\text{i}=0$，则

$$I_\text{C}=I_\text{f}\ ,\ I_\text{C}=I_\text{f}=C\frac{\text{d}U_\text{C}}{\text{d}t}=C\frac{\text{d}U_\text{i}}{\text{d}t}$$

$$U_\text{o}=-I_\text{f}\cdot R_\text{f}=-I_\text{C}\cdot R_\text{f}=-R_\text{f}C\frac{\text{d}U_\text{i}}{\text{d}t} \tag{8-17}$$

由式（8-17）可以看出，输入信号 U_i 与输出信号 U_o 有微分关系，即实现了微分运算。负号表示输出信号与输入信号反相，$R_\text{f}C$ 为微分时间常数，其值越大，微分作用越强。

8.2.5　集成运算放大器的非线性应用

电压比较器的基本功能是比较两个或多个模拟输入量的大小，并将比较结果由输出状态反映出来。电压比较器工作在开环状态，即工作在非线性区。

1. 单限电压比较器

图 8-16 所示电路为简单的单限电压比较器。图中，反相输入端接输入信号 U_i，同相输入端

接基准电压 U_R。集成运放处于开环工作状态，当 $U_i < U_R$ 时，输出为高电位+ U_{om}，当 $U_i > U_R$ 时，输出为低电位- U_{om}，其传输特性如图 8-16（b）所示。

由图 8-15 可见，只要输入电压相对于基准电压 U_R 发生微小的正、负变化时，输出电压 U_o 就在负的最大值到正的最大值之间作相应的变化。

比较器也可以用于波形变换。例如，比较器的输入电压 U_i 是正弦波信号，若 $U_R = 0$，则每过零一次，输出状态就要翻转一次，如图 8-17（a）所示。对于图 8-16 所示电压比较器，若 $U_R = 0$，当 U_i 在正半周时，由于 $U_i > 0$，则 $U_o = -U_{om}$，负半周时 $U_i < 0$，则 $U_o = U_{om}$。若 U_R 为一恒压，只要输入电压在基准电压 U_R 处稍有正、负变化，输出电压 U_o 就在负的最大值到正的最大值之间作相应的变化，如图 8-17（b）所示。

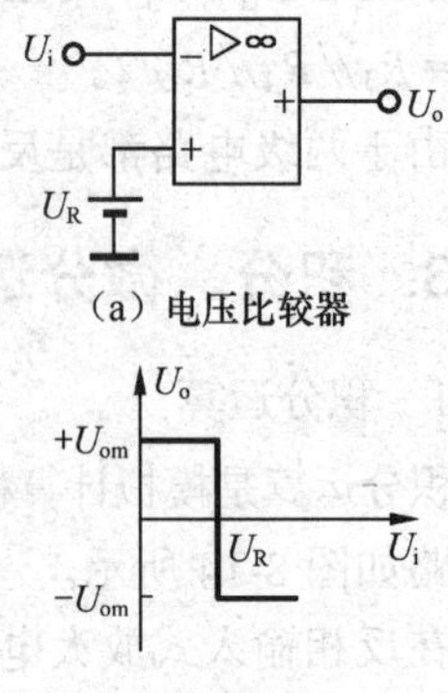

（a）电压比较器

（b）传输特性

图 8-16　简单的电压比较器

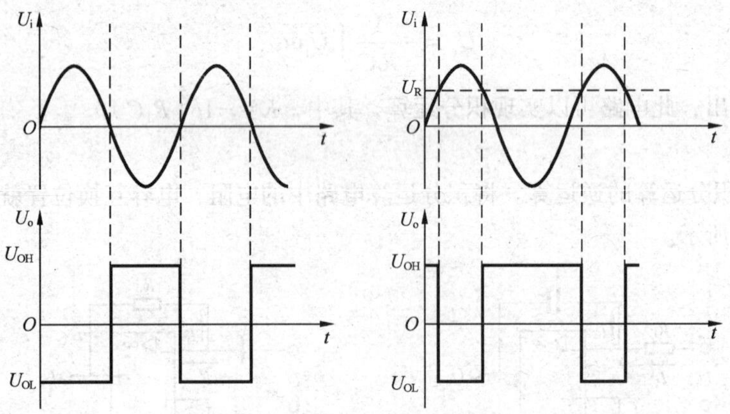

（a）输入正弦波 U_R=0　　（b）输入正弦波 U_R=U

图 8-17　正弦波变换方波

比较器可以由通用运放组成，也可以由专用运放组成，它们的主要区别是输出电平有差异。通用运放输出的高、低电平值与电源电压有关，专用运放比较器在其电源电压范围内，输出的高、低电平电压值是恒定的。

2. 迟滞电压比较器

单限电压比较器存在的问题是，当输入信号在 U_R 处上下波动时，输出电压会出现多次翻转。采用迟滞电压比较器可以消除这种现象。迟滞电压比较器如图 8-18 所示，该电路的同相输入端电压 U_+，由 U_o 和 U_R 共同决定，根据叠加原理有

$$U_+ = \frac{R_1}{R_1 + R_f} U_o + \frac{R_f}{R_1 + R_f} U_R$$

由于运放工作在非线性区，输出只有高低电平两个电压 U_{om} 和 $-U_{om}$，因此当输出电压为 U_{om} 时，U_+ 的上门限值为

$$U_{+H} = \frac{R_1}{R_1 + R_f} U_{om} + \frac{R_f}{R_1 + R_f} U_R$$

输出电压为 U_{oL} 时，$U+$ 的下门限值为

$$U_{+L}=\frac{R_1}{R_1+R_f}(-U_{om})+\frac{R_f}{R_1+R_f}U_R$$

这种比较器在两种状态下，有各自的门限电平。对应于 U_{oH} 有高门限电平 U_{+H}，对应于 U_{oL} 有低门限电平 U_{+L}。

迟滞电压比较器的特点是，当输入信号发生变化且通过门限电平时，输出电压会发生翻转，门限电平也随之变换到另一个门限电平。当输入电压反向变化而通过导致刚才翻转那一瞬间的门限电平值时，输出不会发生翻转，直到 U_i 继续变化到另一个门限电平时，才能翻转，出现转换迟滞，如图 8-19 所示。

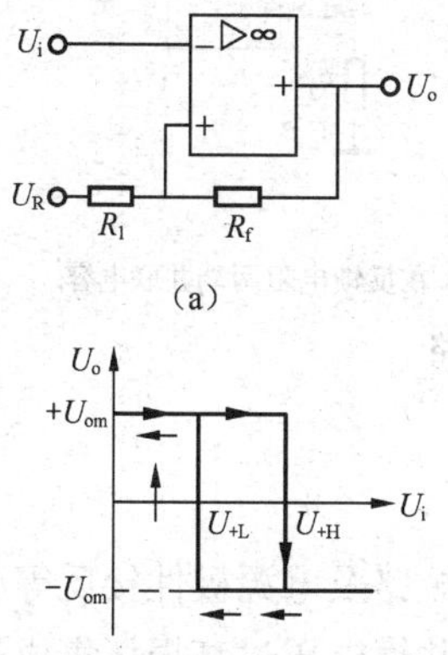

（a）
（b）
图 8-18　反向迟滞电压比较器

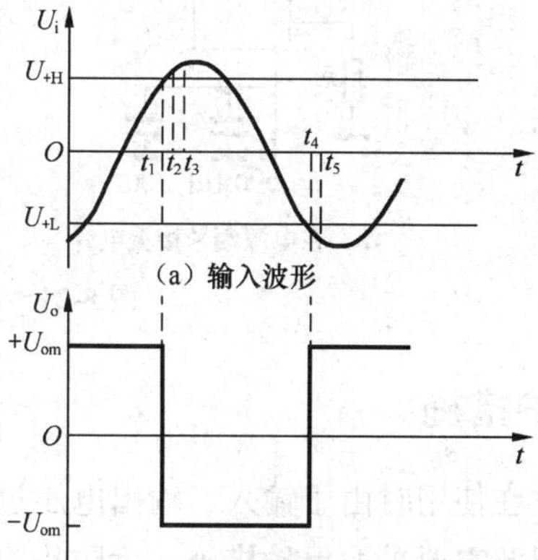

（a）输入波形
（b）输出波形
图 8-19　迟滞电压比较器的输入、输出波形

8.2.6　集成运算放大器的应用举例

在实际应用中，除了要根据用途和要求正确选择运放的型号外，还必须注意以下几个方面的问题。

1. 调零

实际运放的失调电压、失调电流都不为零，因此，当输入信号为零时，输出信号不为零。有些运放没有调零端子，需接上调零电位器进行调零，如图 8-20 所示。

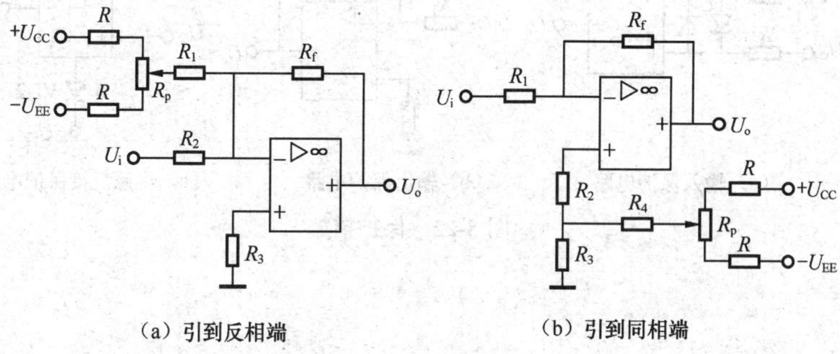

（a）引到反相端
（b）引到同相端
图 8-20　辅助调零措施

2. 消除自激

运放内部是一个多级放大电路，而运算放大电路又引入了深度负反馈，在工作时容易产生

自激振荡。大多数集成运放在内部都设置了消除自激的补偿网络，有些运放引出了消振端子，用外接 RC 消除自激现象。实际使用时可按图 8-21 所示，在电源端、反馈支路及输入端连接电容或阻容支路来消除自激。

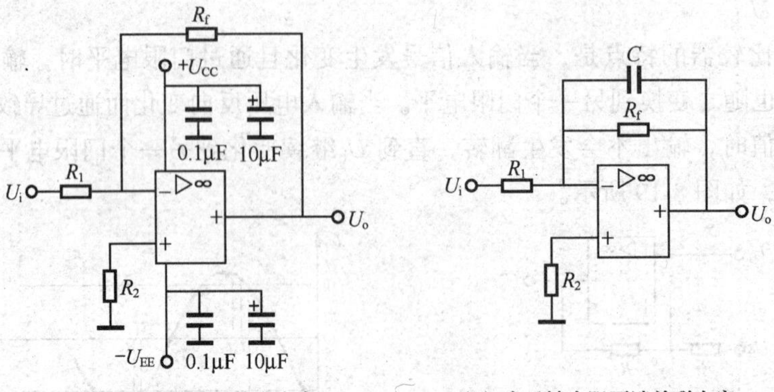

（a）在电源端子接上电容　　（b）在反馈电阻两端并联电容

图 8-21　消除自激电路

3. 保护措施

集成运放在使用时由于输入、输出电压过大，输出短路及电源极性接反等原因会造成集成运放损坏，因此需要采取保护措施。为防止输入差模或共模电压过高损坏集成运放的输入级，可在集成运放的输入端并接极性相反的两只二极管，从而使输入电压的幅度限制在二极管的正向导通电压之内，如图 8-22（a）所示。

为了防止输出级被击穿，可采用图 8-22（b）所示保护电路。输出正常时双向稳压管未被击穿，相当于开路，对电路没有影响。当输出电压大于双向稳压管的稳压值时，稳压管被击穿。减小了反馈电阻，负反馈加深，将输出电压限制在双向稳压管的稳压范围内。为了防止电源极性接反，在正、负电源回路顺接二极管。若电源极性接反，二极管截止，相当于电源断开，起到了保护作用，如图 8-22（c）所示。

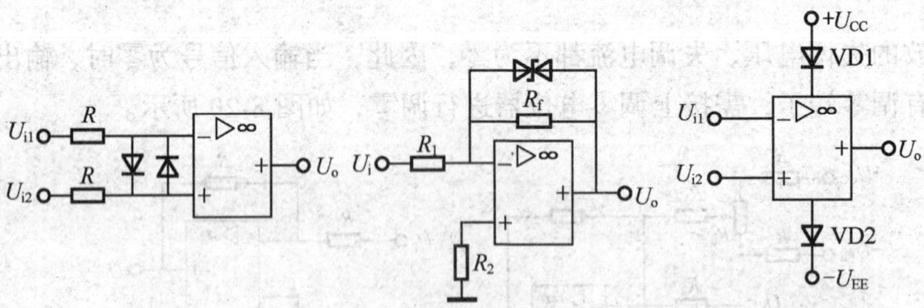

（a）输入保护电路　　（b）输出保护电路　　（c）电源反接保护电路

图 8-22　保护措施

本章小结

1. 差动放大电路是集成运算放大器的重要组成单元其任务是放大差模信号与抑制共模信

号。根据输入、输出方式的不同组合，差动放大电路共有四种典型的接法。

2. 运算放大器具有高放大倍数、高输入阻抗、低输出阻抗的特性。分析由运放组成的电路时，首先要判断运放工作在什么区域。

3. 运放工作在线性区的两大结论，即“虚短”与“虚断”是非常重要的概念，是分析工作在线性区运放电路的重要依据，“虚地”只适用于反相线性运算电路。

4. 反相运算电路无共模电压的影响，但输入阻抗低，同相运算电路输入阻抗高，但存在共模信号的影响。

5. 本章着重介绍了求和、积分、微分在信号运算方面的应用。

6. 比较器是工作在非线性区运放电路的基础。分析时，应抓住输出从一个电平翻转到另一个电平的临界条件。

习题

8-1 差动放大器为什么能有效地抑制零点漂移？

8-2 什么是共模信号？什么是差模信号？为什么差动放大器对共模信号几乎无放大作用？对差模信号却有很大的放大作用？

8-3 理想运算放大器有哪些特点？

8-4 如题图 8-4 所示，$R_{S1}=R_{S2}=5k\Omega$，$R_{C1}=R_{C2}=10k\Omega$，$R_E=10k\Omega$，$V_{CC}=V_{EE}=12V$，$\beta_1=\beta_2=50$，试求：（1）静态工作点；（2）电压放大倍数 A_U，（3）输出电阻和输入电阻。

8-5 在题图 8-5 电路中，已知 $R_1=10k\Omega$，$U_i=0.15V$，$U_o=-4.5V$，求 R_f 的阻值及 A_{UD}。

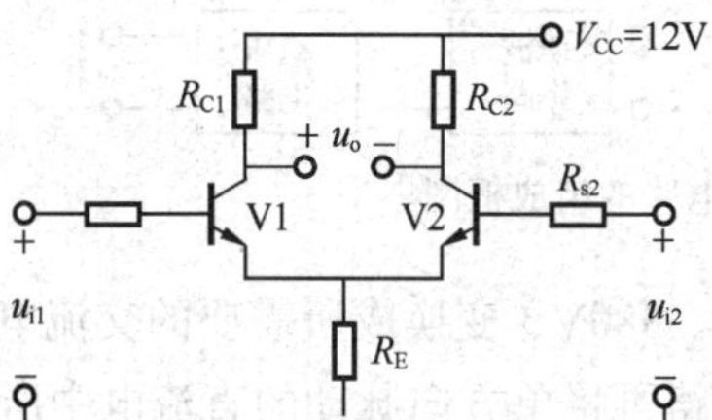

题图 8-4

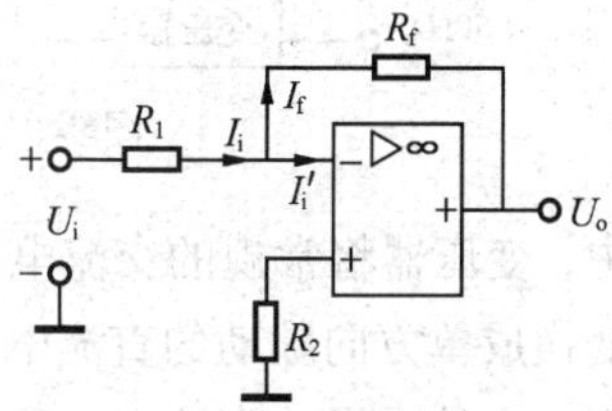

题图 8-5

8-6 求如题图 8-6 所示电路的输出电压 u_o 表达式。

8-7 如题图 8-7 所示电路，（1）求当 $R_1=10k\Omega$，$R_f=100k\Omega$时，V_o 与 V_i 的运算关系；（2）当 $R_f=100k\Omega$时，欲使 $V_o=26V$，R_1 应为何值。

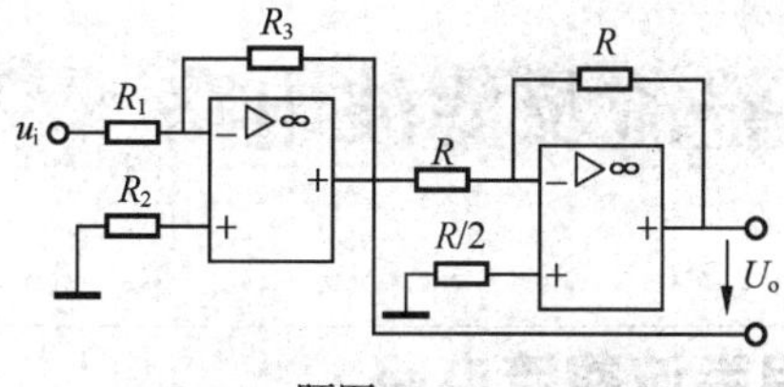

题图 8-6

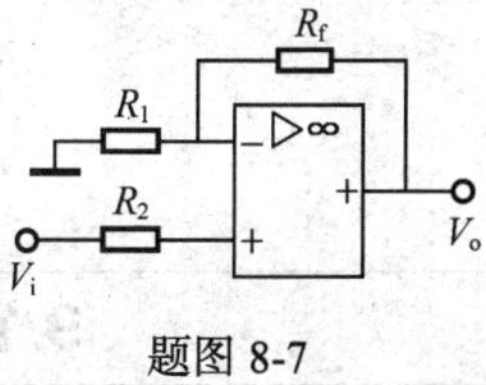

题图 8-7

8-8 试设计一个运放电路，满足 $Y=5X_1-2X_2-X_3-4X_4$，要求采用反相输入式。

第9章 直流稳压电路

内容提要

本章主要介绍从交流电变换成直流电所需要的各种电路的基本组成和工作原理。包括交流变换成直流的整流电路、减小整流后电压脉动成分的滤波电路、克服由于电源电压和负载阻抗波动使输出电压波动的稳压电路以及改变输出的可控整流电路。

在现代生产、生活和科学研究中，都离不开使用交流电源，但许多场合，如电解、电镀、直流电动机、特别是电子电路中都需要使用稳定的直流电源来供电，因此需要将目前使用的50Hz交流电源变换成直流电源。小功率直流电源一般由交流电源、变压器、整流、滤波和稳压电路几部分组成，如图9-1所示。

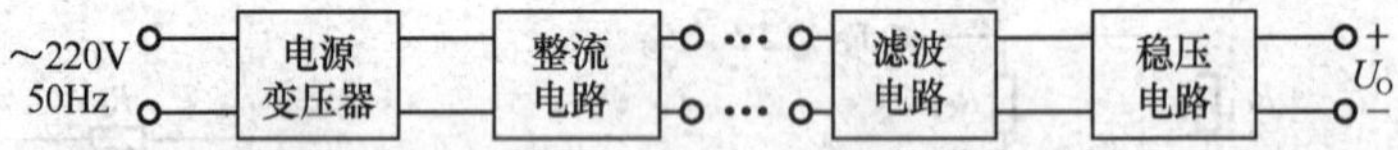

图9-1　直流电源电路的组成框图

在电路中，变压器将常规的交流电压（220V、380V）变换成所需要的交流电压；整流电路将交流电压变换成单方向脉动的直流电；滤波电路再将单方向脉动的直流电中所含的大部分成分滤掉，得到一个较平滑的直流电；稳压电路用来消除由于电网电压波动、负载改变对其产生的影响，从而使输出电压稳定。

9.1 整流及滤波电路

9.1.1　单相半波整流电路

如图9-2所示是单相半波整流电路。它是最简单的整流电路，由整流变压器、整流元件及负载电阻组成。

设整流变压器二次侧的电压为 u_2，其波形如图 9-3 所示。

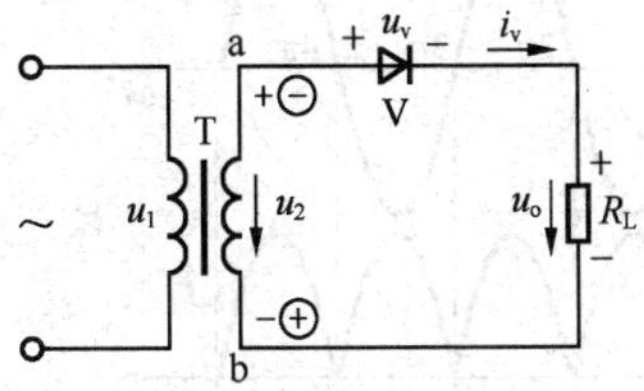

图 9-2 单相半波整流电路

由于二极管具有单向导电性，只有它的阳极电位高于阴极电位时才能导通。在变压器二次侧电压的正半周时，其极性为上正下负，二极管因承受正向电压而导通。这时负载电阻上的电压为 $u_0 = u_2$，通过的电流为 i_v。在电压的负半周时，二极管因承受反向电压而截止，负载电阻上的电压为零。因此，在负载电阻上得到的是半波电压。二极管导通时正向压降很小，可以忽略不记，因此，可以认为这个半波电压和变压器二次侧电压的正半波是相同的，如图 9-3 所示。单相半波整流电路的电压为

$$u_o = \sqrt{2}U_2 \sin\omega t \quad (0 \leqslant \omega t \leqslant \pi)$$
$$u_o = 0 \quad (\pi \leqslant \omega t \leqslant 2\pi) \tag{9-1}$$

负载电阻上得到的整流电压 U_O 是大小变化的单向脉动直流电压，U_O 的大小常用一个周期的平均值来表示，单相半波整流电压的平均值为

$$U_{O(AV)} = \frac{1}{2\pi}\int_0^{\pi}\sqrt{2}U_2 \sin\omega t \mathrm{d}(\omega t)$$
$$U_{O(AV)} = \frac{\sqrt{2}U_2}{\pi} \approx 0.45U_2 \tag{9-2}$$

流过二极管的平均电流为

$$I_{L(AV)} = \frac{U_{O(AV)}}{R_L} \approx \frac{0.45U_2}{R_L} \tag{9-3}$$

在二极管不导通期间，承受反向电压的最大值就是变压器二次侧电压的最大值，即

$$U_{R\max} = \sqrt{2}U_2 \tag{9-4}$$

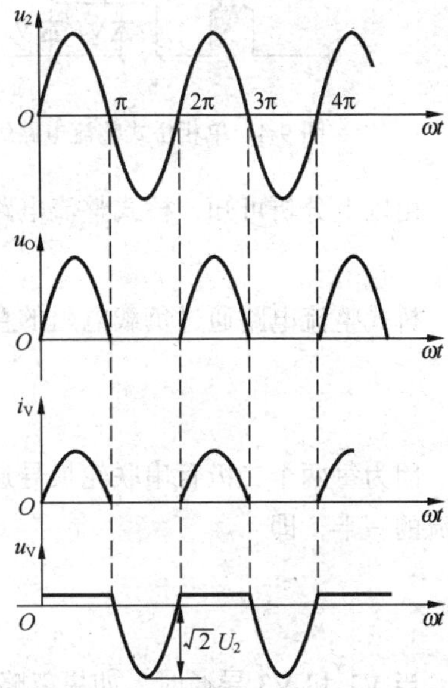

图 9-3 单相半波整流电路电压与电流的波形

单相半波整流电路的特点是结构简单，但输出电压的平均值低、脉动系数大。

9.1.2 单相桥式整流电路

单相半波整流电路使用元件少，电路简单，它的缺点是只利用了电源电压的半个周期，整流输出电压的脉动较大，变压器存在单向磁化等问题。为了克服这些缺点，多采用单相桥式整流电路。它由四个二极管接成电桥形式构成。

如图 9-4（a）所示设电源变压器二次侧电压，波形如图 9-5 所示。在图 9-4（a）所示电路中，当变压器二次侧电压 u_2 为上正下负时，二极管 V1 和 V3 导通，V2 和 V4 截止，电流 i_1 的通路为 a→V1→R_L→V3→b，这时负载电阻 R_L 上得到一个正弦半波电压如图 9-5 中（0～π）段所示。当变压器二次侧电压 u_2 为上负下正时，二极管 V1 和 V3 反向截止，V2 和 V4 导通，电流 i_2 的通路为 b→V2→R_L→V4→a，同样，在负载电阻上得到一个正弦半波电压，如图 9-5 中（π～2π）段所示。

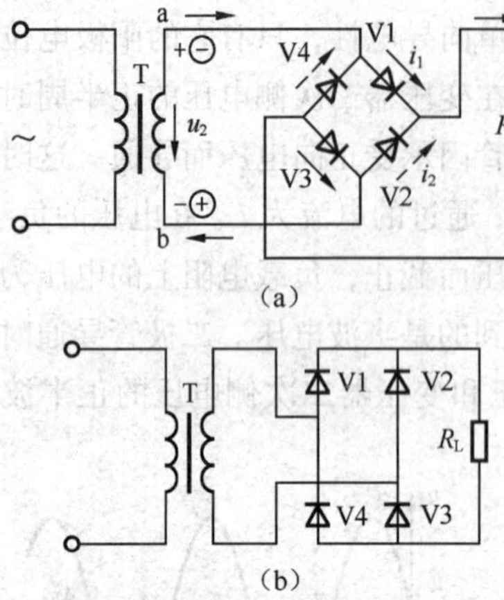

图 9-4　单相桥式整流电路组成

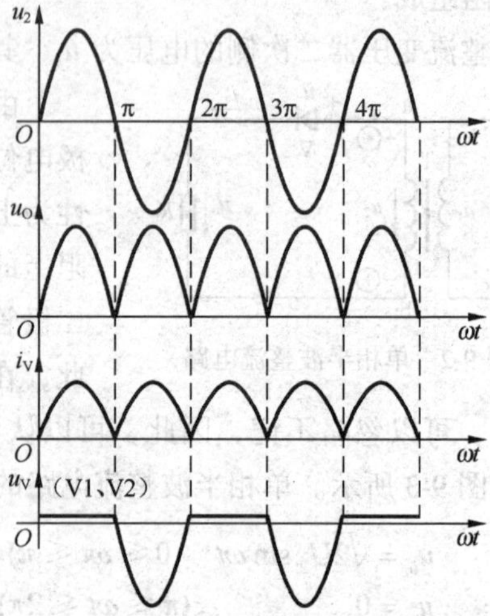

图 9-5　单相桥式整流电路电压与电流波形

由以上分析可知，桥式整流电路的整流电压平均值 U_O 比半波整流时增加一倍，即

$$U_O = 2 \times 0.45U_2 = 0.9U_2 \tag{9-5}$$

桥式整流电路通过负载电阻的直流电流也增加一倍，即

$$I_O = \frac{U_O}{R_L} = 0.9\frac{U_2}{R_L} \tag{9-6}$$

因为每两个二极管串联轮换导通半个周期，因此，每个二极管中流过的平均电流只有负载电流的一半，即

$$i_V = \frac{1}{2}I_O = 0.45\frac{U_O}{R_L} \tag{9-7}$$

当 V1 和 V3 导通时，如果忽略二极管正向压降，此时，V2 和 V4 的阴极接近于 a 点，阳极接近于 b 点，二极管由于承受反压而截止，其最高反压为 u_2 的峰值，即

$$U_{R\max} = \sqrt{2}U_2 \tag{9-8}$$

由以上分析可知，单相桥式整流电路，在变压器二次侧电压相同的情况下，输出电压平均值高、脉动系数小，管子承受的反向电压和半波整流电路一样。虽然二极管用了四只，但小功率二极管体积小，价格低廉，因此全波桥式整流电路得到了广泛的应用。

9.1.3　滤波电路

整流输出的电压是一个单方向脉动电压，虽然是直流，但脉动较大，在有些设备中不能适应（如电镀和蓄电池充电等设备）。为了改善电压的脉动程度，需在整流后再加入滤波电路。常用的滤波电路有电容滤波、电感滤波和复式滤波等。

1. 电容滤波电路

图 9-6 所示为一单相半波整流电容滤波电路，由于电容两端电压不能突变，因而负载两端的电压也不会突变，使输出电压得以平滑，达到滤波目的。滤波过程及波形如图 9-7 所示。

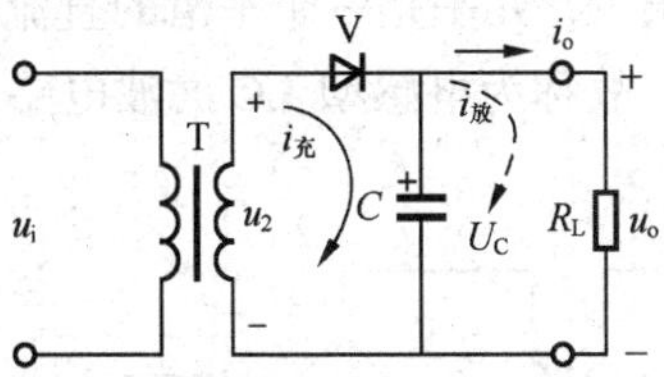

图 9-6　单相半波整流电容滤波电路

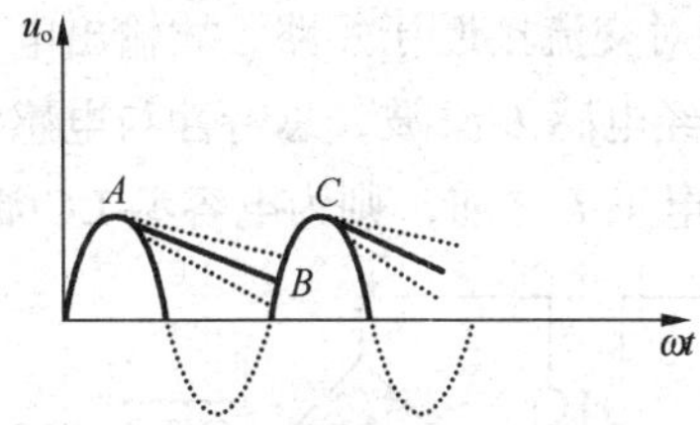

图 9-7　电容滤波原理及输出波形

在 u_2 的正半周时，二极管 V 导通，忽略二极管正向压降，则 $u_o = u_2$，这个电压一方面给电容充电，一方面产生负载电流 I_o，电容 C 上的电压与 u_2 同步增长，当 u_2 达到峰值后，开始下降，$U_C > u_2$，二极管截止，如图 9-7 中的 *A* 点。之后，电容 *C* 以指数规律经 R_L 放电，U_C 下降。当放电到 *B* 点时，u_2 经负半周后又开始上升，当 $u_2 > U_C$ 时，电容再次被充电到峰值。U_C 升到 *C* 点以后，电容 C 再次经 R_L 放电，通过这种周期性充、放电，以达到滤波效果。

由于电容的不断充、放电，使得输出电压的脉动性减小，而且输出电压的平均值有所提高。输出电压平均值 U_o 的大小，显然与 R_L、*C* 的大小有关，R_L 越大，*C* 越大，电容放电越慢，U_o 越高。在极限情况下，当 $R_L = \infty$ 时，$U_O = U_C = \sqrt{2}U_2$，不再放电。当 R_L 很小时，*C* 放电很快，甚至与 u_2 同步下降，则 $U_o = 0.9U_2$，R_L、*C* 对输出电压的影响如图 9-7 中虚线所示。可见电容滤波电路适用于负载较小的场合。当满足 $R_LC \geqslant (3 \sim 5)T/2$ 时，则输出电压的平均值为

$$U_O = U_2（半波） \tag{9-9}$$

$$U_O = 1.2U_2（全波） \tag{9-10}$$

利用电容滤波时应注意下列问题：

（1）滤波电容容量较大，一般用电解电容，应注意电容的正极接高电位，负极接低电位。如果接反则容易击穿、爆裂。

（2）开始时，电容 *C* 上的电压为零，通电后电源经整流二极管给 *C* 充电。通电瞬间二极管流过短路电流，称浪涌电流。一般是正常工作电流 I_o 的（5～7）倍，所以选二极管参数时，正向平均电流的参数应选大一些。同时在整流电路的输出端应串一个阻值约为（0.02～0.01）*R* 的电阻，以保护整流二极管。

2. 电感滤波及复式滤波电路

（1）电感滤波电路

由于通过电感的电流不能突变，用一个大电感与负载串联，流过负载的电流也就不能突变，电流平滑，输出电压的波形也就平稳了。其实质是因为电感对交流呈现很大的阻抗，频率越高，感抗越大，则交流成分绝大部分降到了电感上，若忽略导线电阻，电感对直流没有压降，即直流均落在负载上，达到了滤波目的。电感滤波电路如图 9-8 所示。在这种电路中，输出电压的交流成分是整流电路输出电压的交流成分经 X_L 和 R_L 分压的结果，只有 $\omega L >> R_L$ 时，滤波效果才好。一般小于全波整流电路输出电压的平均值，如果忽略电感线圈的铜阻，则 $U_o \approx 0.9U_2$。虽然电感滤波电路对整流二极管没有电流冲击，但为了使 *L* 值大，多用铁芯电感，但体积大、笨重，且输出电压的平均值 U_o 较低。

（2）复式滤波电路

为了进一步减小输出电压的脉动程度，可以用电容和铁芯电感组成各种形式的复式滤波电路。电感型 LC 滤波电路如图 9-9 所示。整流输出电压中的交流成分绝大部分降落在电感上，

电容 C 又对交流接近于短路，故输出电压中交流成分很少，几乎是一个平滑的直流电压。由于整流后先经电感 L 滤波，总特性与电感滤波电路相近，故称为电感型 LC 滤波电路，若将电容 C 平移到电感 L 之前，则为电容型 LC 滤波电路。

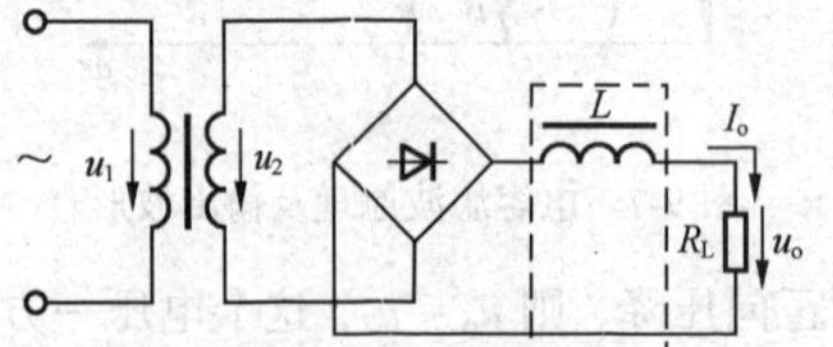

图 9-8 带电感滤波器的桥式整流电路图

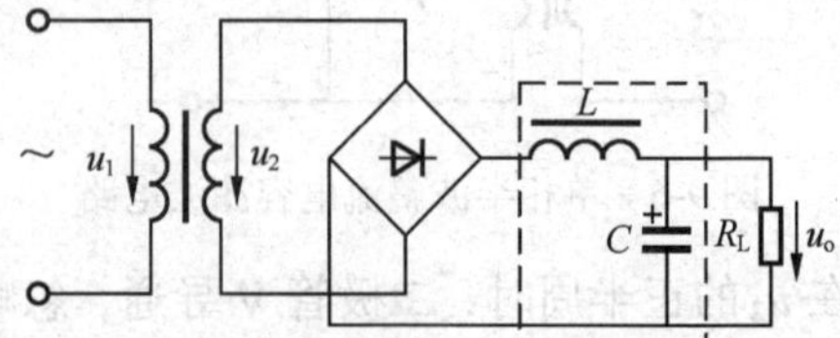

图 9-9 桥式整流电感型 LC 滤波电路

（3）Π形滤波电路

图 9-10 所示为 LCΠ形滤波电路。整流输出电压先经电容 C_1 滤除了交流成分后，再经电感 L 和滤波电容 C_2 上的交流成分极少，因此输出电路几乎是平直的直流电压。但由于铁芯电感体积大、笨重、成本高、使用不便，因此，在负载电流不太大而要求输出脉动很小的场合，可将铁芯电感换成电阻，即 RCΠ形滤波电路。电阻 R 对交流和直流成分均产生压降，故会使输出电压下降，但只要 $R_L >> 1/(\omega C_2)$，电容 C_1 滤波后的输出电压绝大多数降在电阻 R_L 上。R_L 越大，C_2 越大，滤波效果越好。

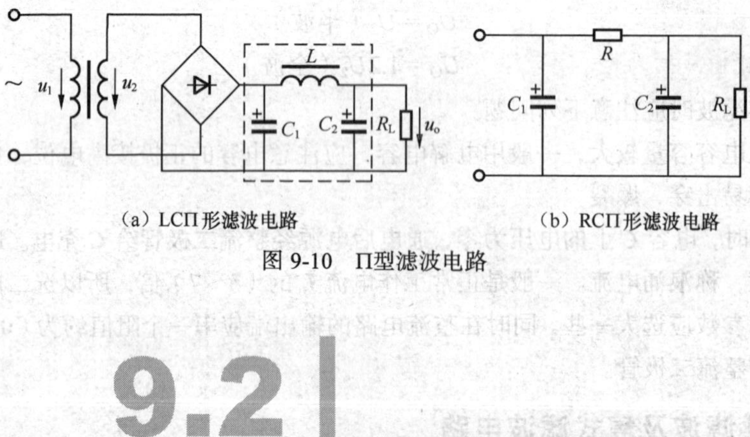

（a）LCΠ形滤波电路　　（b）RCΠ形滤波电路

图 9-10 Π型滤波电路

9.2 直流稳压电路

通过整流滤波电路所获得的直流电源电压是比较稳定的，当电网电压波动或负载电流变化时，输出电压会随之改变。电子设备一般都需要稳定的电源电压。如果电源电压不稳定，将会引起直流放大器的零点漂移，交流噪声增大，测量仪表的测量精度降低等。因此必须进行稳压，目前中小功率设备中广泛采用的稳压电源有并联型稳压电路、串联型稳压电路、集成稳压电路及开关型稳压电路。

9.2.1 硅稳压管组成的并联型稳压电路

1. 电路组成及工作原理

硅稳压管组成的并联型稳压电路如图 9-11 所示，经整流滤波后得到的直流电压作为稳压

电路的输入电压 U_i，限流电阻 R 和稳压管 V 组成稳压电路，输出电压 $U_o = U_Z$。

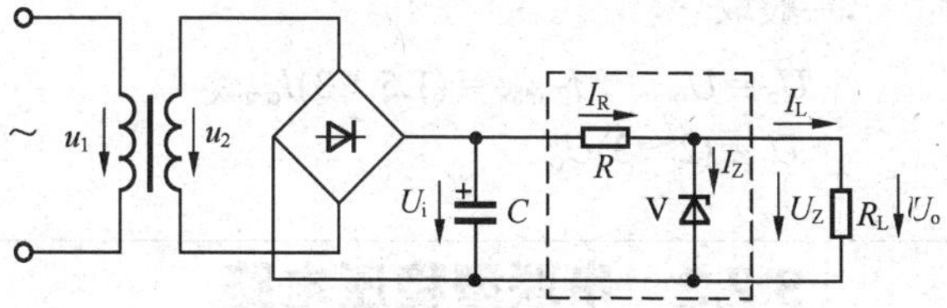

图 9-11　稳压管稳压的直流电源电路

在这种电路中，不论是电网电压波动还是负载电阻 R_L 的变化，稳压管稳压电路都能起到稳压作用，因为 U_Z 基本恒定，而 $U_o = U_Z$。

下面从两个方面来分析其稳压原理。

（1）设 R_L 不变，电网电压升高使 U_i 升高，导致 U_o 升高，而 $U_o = U_Z$。根据稳压管的特性，当 U_Z 升高一点时，I_Z 将会显著增加，这样必然使电阻 R 上的压降增大，吸收了 U_i 的增加部分，从而保持 U_o 不变。反之亦然。

$$U_i\uparrow \xrightarrow{U_o = U_i - U_R} U_o\uparrow = U_Z\uparrow \to I_Z\uparrow \xrightarrow{I_R = I_L - I_Z} I_R\uparrow \to U_R\uparrow$$

（2）设电网电压不变，当负载电阻 R_L 阻值增大时，I_L 减小，限流电阻 R 上压降 U_R 将会减小。由于 $U_o = U_Z = U_i - U_R$，所以导致 U_o 升高，即 U_Z 升高，这样必然使 I_Z 显著增加。由于流过限流电阻 R 的电流为 $I_R = I_Z + I_L$，这样可以使流过 R 上的电流基本不变，导致压降 U_R 基本不变，则 U_o 也就保持不变。反之亦然。

在实际使用中，这两个过程是同时存在的，而两种调整也同样存在。因而无论电网电压波动或负载变化，都能起到稳压作用。

2. 稳压电路参数确定

（1）限流电阻的计算。稳压电路要输出稳定电压，必须保证稳压管正常工作。因此必须根据电网电压和负载电阻 R_L 的变化范围，正确地选择限流电阻 R 的大小。从两个极限情况考虑，则有：

① 当 U_i 为最小值，I_o 达到最大值时，即 $U_i = U_{imin}$，$I_o = I_{omax}$，这时 $I_R = (U_{imin} - U_Z)/R$。则 $I_Z = I_R - I_{omax}$ 为最小值。为了让稳压管进入稳压区，此时 I_Z 值应大于 I_{Zmin}，即 $I_Z = (U_{imin} - U_Z)/R - I_{omax} > I_{Zmin}$，则

$$R < \frac{U_{imin} - U_Z}{I_{Zmix} + U_{oman}}$$

② 当 U_i 达最大值，I_o 达最小值时，即 $U_i = U_{imax}$，$I_o = I_{omin}$，这时 $I_R = (U_{imax} - U_Z)/R$，则 $I_Z = I_R - I_{omin}$ 为最大值。为了保证稳压管安全工作，此时 I_Z 值应小于 I_{Zmax}，即 $I_Z = (U_{imax} - U_Z)/R - I_{omin} < I_{Zmax}$，则

$$R > \frac{U_{imax} - U_Z}{I_{Zmax} + U_{omin}}$$

所以限流电阻 R 的取值范围为

$$\frac{U_{imax} - U_Z}{I_{Zmax} + I_{omin}} < R < \frac{U_{imin} - U_Z}{I_{Zmin} + U_{omax}} \tag{9-11}$$

在此范围内选一个电阻标准系列中的规格电阻。

（2）稳压管参数的确立。一般取

$$U_Z = U_o \qquad I_{Z\max} = (1.5\sim3)I_{o\max}$$
$$U_i = (2\sim3)U_o$$

9.2.2 串联型稳压电路

并联型稳压电路可以使输出电压稳定，但稳压值不能随意调节，而且输出电流很小，由式（9-11）可知，

$I_{omax} = (1/3\sim2/3)I_Z$，而 I_{Zmax} 一般只有 20～40mA。为了加大输出电流，使输出电压可调节，常用串联型晶体管稳压电路，如图 9-12 所示。

图 9-12（a）所示是由分立元件组成的串联型稳压电路，当电网电压波动或负载变化时，可能使输出电压 U_o 上升或下降。为了使输出电压 U_o 不变，可以利用负反馈原理使其稳定。假设因某种原因使输出电压 U_o 上升，其稳压过程为 $U_o\uparrow\rightarrow U_{b2}\uparrow\rightarrow U_{b1}(U_{c2})\downarrow\rightarrow U_o\downarrow$。

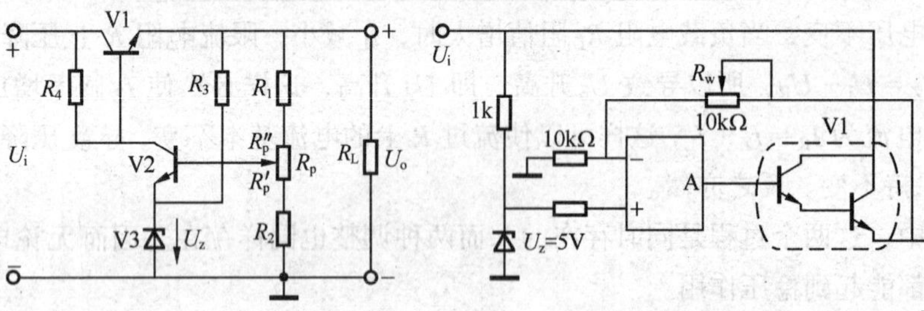

（a）分立元件的串联型稳压电路　　（b）运算放大器的串联型稳压电路

图 9-12　串联型稳压电路

串联型稳压电路的输出电压可由 R_p 进行调节，即

$$U_o = U_Z\frac{R_1+R_p+R_2}{R_2+R_p'}\cdot R \tag{9-12}$$

式中，$R = R_1 + R_p + R_2$，R_p' 是 R_P 的下半部分阻值。

如果将图 9-12（a）中的放大元件改成集成运放，不但可以提高放大倍数，而且能提高灵敏度，这样就构成了由运算放大器组成的串联型稳压电路，电路如图 9-12（b）所示。假设因某种原因使输出电压 U_o 下降，其稳压过程为 $U_o\downarrow\rightarrow U_-\downarrow\rightarrow U_{b1}\uparrow\rightarrow U_o\uparrow$。

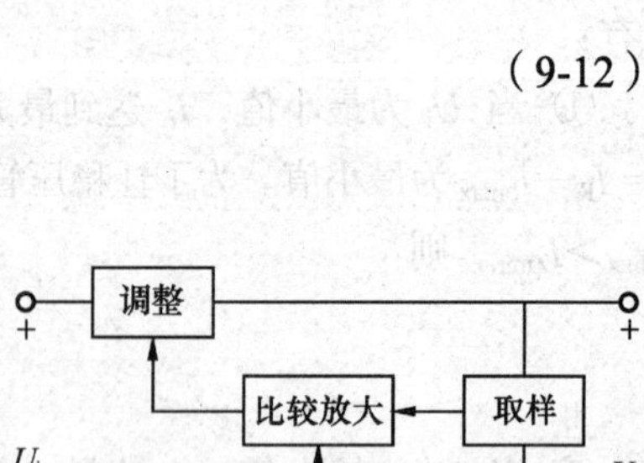

图 9-13　串联型稳压电路组成框图

串联型稳压电路包括四大部分，其组成框图如图 9-13 所示。

9.2.3 集成稳压器及其应用

集成稳压器将取样、基准、比较放大、调整及保护环节集成于一个芯片，按引出端不同可

分为三端固定式、三端可调式和多端可调式等。三端稳压器有输入端、输出端和公共端（接地）三个接线端点，由于它所需外接元件较少，便于安装调试，工作可靠，因此在实际使用中得到广泛应用。其外形如图 9-14 所示。

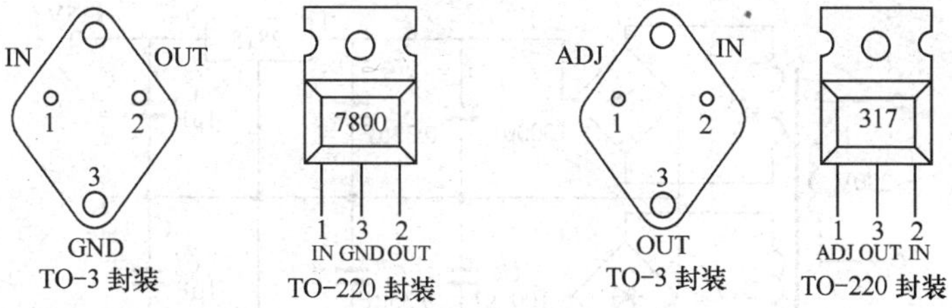

（a）三端固定式（b）三端可调式

图 9-14 三端稳压器外形图

1. 固定输出的三端稳压器

常用的三端固定稳压器有 7800 系列、7900 系列，其外型如图 9-14（a）所示。型号中 78 表示输出为正电压值，79 表示输出为负电压值，00 表示输出电压的稳定值。根据输出电流的大小不同，又分为 CW78 系列，最大输出电流 1～1.5A；CW78M00 系列，最大输出电流 0.5A；CW78L00 系列，最大输出电流 100mA 左右，7800 系列输出电压等级有 5V、6V、9V、12V、15V、18V、24V，7900 系列有−5V、−6V、−9V、−12V、−15V、−18V、−24V。如 CW7815，表明输出+15V 电压，输出电流可达 1.5A，CW79M12，表明输出−12V 电压，输出电流为−0.5A。

2. 三端可调输出稳压器

前面介绍 78、79 系列集成稳压器，只能输出固定电压值，在实际应用中不太方便。CW117、CW217、CW317、CW337 和 CW337L 系列为可调输出稳压器，其外型如图 9-14（b）所示。

3. 三端集成稳压器的应用

（1）输出固定电压应用电路

输出固定电压的应用电路如图 9-15 所示，其中图 9-15（a）所示为输出固定正电压，图 9-15（b）所示为输出固定负电压，图中 C_i 用以抵消输入端因接线较长而产生的电感效应。为防止自激振荡，其取值范围在 0.1～1μF 之间（若接线不长时可不用），C_o 用以改善负载的瞬态响应，一般取 1μF 左右，其作用是减少高频噪声。

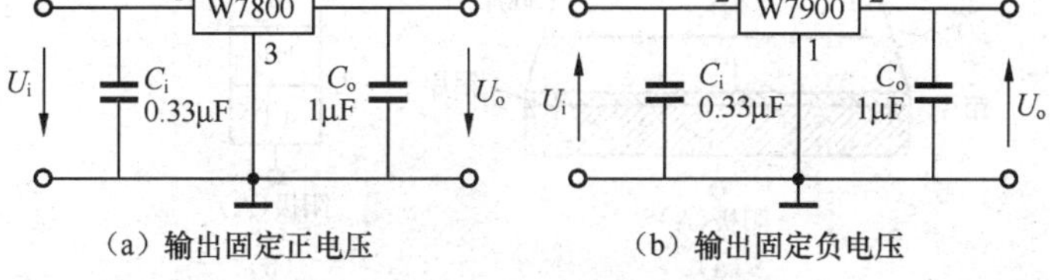

（a）输出固定正电压（b）输出固定负电压

图 9-15 固定输出的稳压电路

（2）输出正、负电压稳压电路

当需要正、负两组电源输出时，可采用 W7800 系列和 W7900 系列各一块，按图 9-16 所示接线，即可得到正、负对称的两组电源。

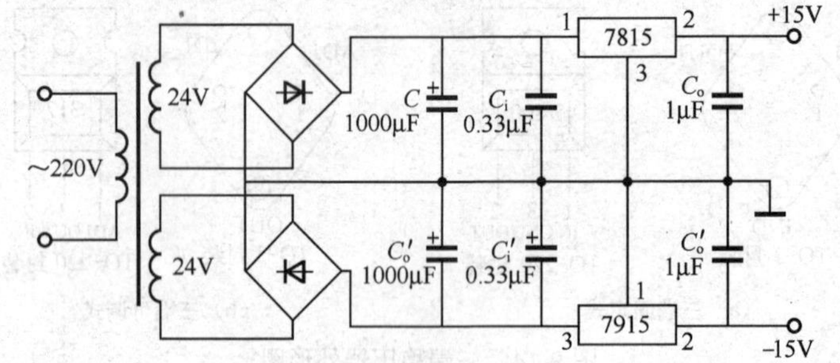

图 9-16　正、负对称输出稳压电路

9.3 晶闸管及可控整流电路

晶闸管又称可控硅，是一种大功率半导体可控元件。它主要用于整流、逆变、调压、开关四个方面，应用最多的是晶闸管整流。它具有输出电压可调等特点。晶闸管的种类很多，有普通单向和双向晶闸管、可关断晶闸管、光控晶闸管等。下面主要介绍普通晶闸管的工作原理、特性参数及简单的应用电路。

9.3.1 晶闸管的基本结构

1. 晶闸管的基本结构

晶闸管的基本结构是由 P1—N1—P2—N2 三个 PN 结四层半导体构成的，如图 9-17 所示。其中，P_1 层引出电极 A 为阳极；N2 层引出电极 K 为阴极；P2 层引出电极 G 为控制极，其外型及符号如图 9-18 所示。

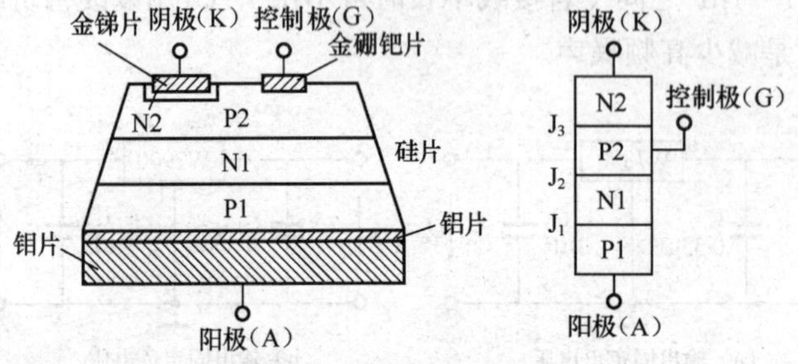

图 9-17　晶闸管结构图

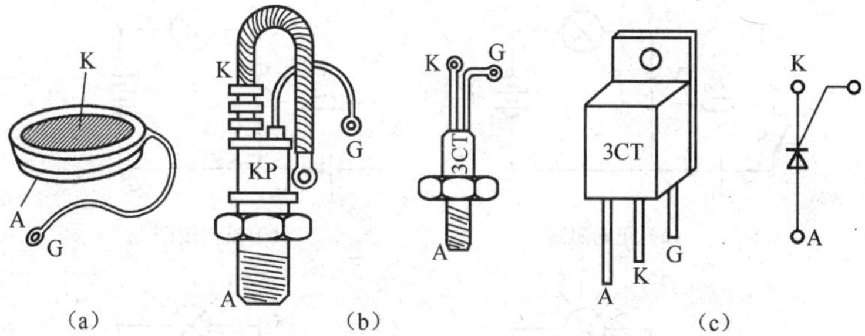

图 9-18　晶闸管的外型及图形符号

2. 工作原理

我们可以把晶闸管的内部结构看成由 PNP 和 NPN 型两个晶体管连接而成，如图 9-19 所示。当在晶闸管的 A、K 两极间加上反向电压时，这时无论在控制极是否有触发信号，晶闸管总是处于反向阻断状态，仅流过很小的反向阻断直流电流。当在晶闸管的 A、K 两极间加上正向电压 U_{AK} 时，由于 J_2 反偏，故晶闸管不导通，这时晶闸管处于正向阻断状态。晶闸管的 A、K 两极间加上正向电压 U_{AK} 并且在控制极上加一正向控制电压 U_{GK} 后，产生控制电流 I_G，它流入 V2 管的基极，并经过 V2 管电流放大得 $I_{C2}=\beta_2 I_G$；又因为 $I_{C2}=I_{B1}$，所以 $I_{C1}=\beta_1\beta_2 I_G$，$I_{C1}$ 又流入 V2 管的基极再经放大形成正反馈，使 V_1 和 V2 管迅速饱和导通。饱和压降约为 1V，使阳极有一个很大的电流 I_A，电源电压 U_{AK} 几乎全部加在负载电阻 R_L 上。这就是晶闸管导通的原理。当晶闸管导通后，若去掉 U_{GK}，晶闸管仍维持导通。

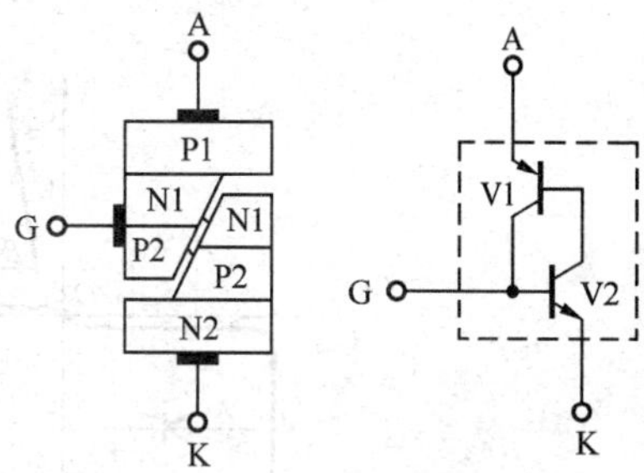

图 9-19　晶闸管内部结构

要使晶闸管重新关断，只有使阳极电流小于某一值，使 V1、V2 管截止，这个电流称为维持电流。当可控硅阳极和阴极之间加反向电压时，无论是否加 U_{GK}，晶闸管都不会导通。

综上所述，晶闸管是一个可控制的单向开关元件，它的导通条件为：阳极到阴极之间加上阳极比阴极高的正偏电压；晶闸管控制极要加门极比阴极电位高的触发电压。而关断条件为：晶闸管阳极接电源负极，阴极接电源正极，或使晶闸管中电流减小到维持电流以下。晶闸管整个工作情况如图 9-20 所示。

3. 晶闸管特性

晶闸管的基本特性常用伏安特性表示，如图 9-21 所示。图 9-21（a）为 $I_G=0$ 时的伏安特性曲线。在伏安特性曲线上，除 *BA* 转折段外，很像二极管的伏安特性，因此晶闸管相当于导通时可控的一种二极管。在很大的正向和反向电压作用下，晶闸管都会损坏。通常是在晶闸管接通合适的正向电压下将正向触发电压加在控制极上，使晶闸管导通，其特性曲线如图 9-21（b）所示，由图可知，控制极电流 I_G 越大，正向转折电压越低，晶闸管越容易导通。

4. 主要参数

（1）正向重复峰值电压 U_{FRM} 是在控制极断路时，可以重复加在晶闸管两端的正向峰值电压，通常规定该电压比正向转折电压小 100V 左右。

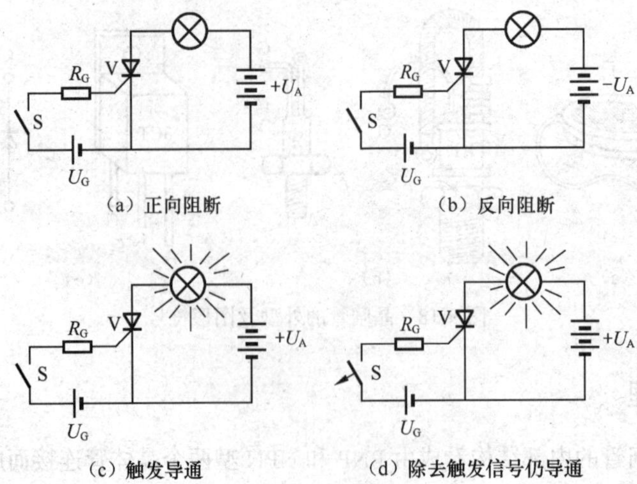

（a）正向阻断　（b）反向阻断

（c）触发导通　（d）除去触发信号仍导通

图 9-20　晶闸管工作情况

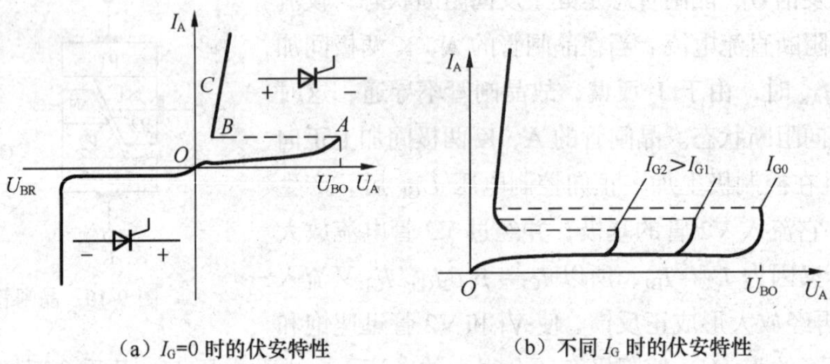

（a）I_G=0 时的伏安特性　（b）不同 I_G 时的伏安特性

图 9-21　晶闸管伏安特性

（2）反向重复峰值电压 U_{RRM} 是在控制极开路时，可以重复加在晶闸管元件上的反向重复峰值电压，一般情况下 $U_{RRM} = U_{FRM}$。

（3）额定正向平均电流 I_F 是在规定环境温度和标准散热及全导通条件下，晶闸管元件可以连续通过的工频正弦半波电流的平均值。

（4）维持电流 I_H 是在规定环境温度和控制极开路时，维持元件继续导通的最小电流。

（5）触发电压 U_G 与触发电流 I_G 是在规定环境温度下加一正向电压，使晶闸管从阻断转变为导通时所需的最小控制极电压和电流。

9.3.2 可控整流电路

1. 单向半波可控整流电路

图 9-22 所示是由晶闸管组成的半波可控整流电路，其中负载电阻为 R_L，工作情况如图 9-23 所示（对不同性质的负载，工作情况不同，在此仅介绍电阻性负载，对于电感性负载的工作情况可参考有关书籍）。由图 9-23 可见，在输入交流电压 u 的正半周时，晶闸管 V 承受正向电压。

若在图 9-23 的 ωt_1 时刻，给控制极加上触发脉冲，晶闸管导通，负载上得到电压。当交流

电压 u 下降到接近于零值时，晶闸管因正向电流小于维持电流而关断。在交流电压 u 的负半周时，晶闸管因承受反向电压而关断，负载上的电压、电流均为零。在第二个正半周内，再在相应的 ωt_2 时刻加入触发脉冲，晶闸管再次导通，使负载 R_L 上得到如图 9-23（c）所示的电压波形。图 9-23（d）所示的波形为晶闸管所承受的正向和反向电压。最高正向和反向电压均为输入交流电压的幅值。

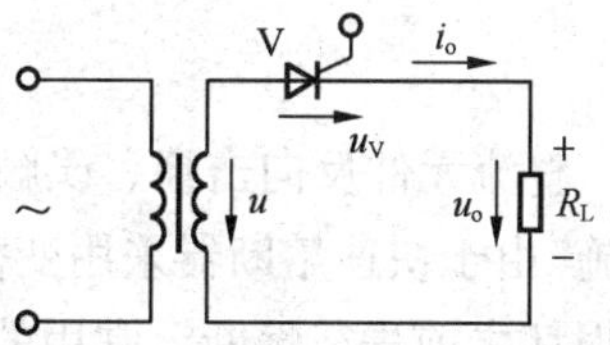

图 9-22　晶闸管组成的半波可控整流电路

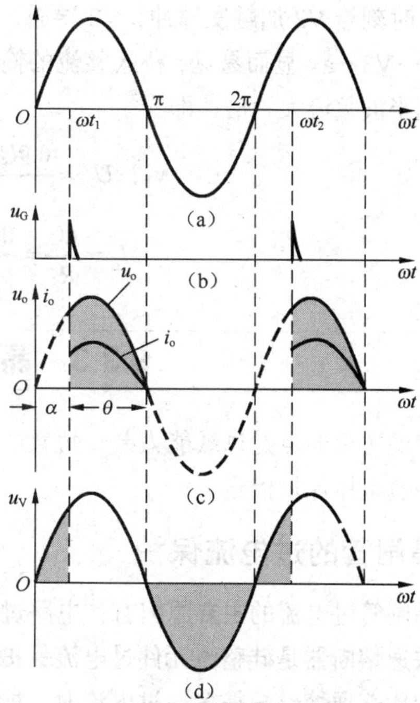

图 9-23　电压电流波形图

显然，在晶闸管承受正向电压的时间内，改变控制极触发脉冲的加入时间（称为移相），负载上得到的电压波形随之改变。可见，移相可以控制负载电压的大小。晶闸管在加正向电压下不导通的区域称控制角 α（又称移相角），如图 9-23（c）所示。而导通区域称为导通角 θ。可以看出导通角越大，输出电压越高，可控整流电路输出电压和输出电流的平均值分别为

$$U_o=\frac{1}{2\pi}\int_{\alpha}^{\pi}\sqrt{2}\sin\omega t\,\mathrm{d}(\omega t)=\frac{\sqrt{2}}{2\pi}U_2(1+\cos\alpha)$$
$$=0.45U_2\frac{1+\cos\alpha}{2} \qquad (9\text{-}13)$$

$$I_o=0.45\frac{U_2}{R_L}\frac{1+\cos\alpha}{2} \qquad (9\text{-}14)$$

由式（9-13）可知，输出电压 U_o 的大小随 α 的大小而变化。当 $\alpha=0$ 时，$U_o=0.45U$，输出最大，晶闸管处于全导通状态；当 $\alpha=\pi$ 时，$U_o=0$，晶闸管处于截止状态。以上分析说明，只要适当改变控制角 α，也就是控制触发信号的加入时间，就可灵活地改变电路的输出电压 U_o。

2. 单相半控桥式整流电路

单相半波可控整流电路，虽然具有电路简单，使用元件少等优点，但输出电压脉动性大，电流小。单相半控桥式整流电路如图 9-24 所示，桥中有两个桥臂用晶闸管，另两个桥臂用二极管。

设 $u_2=\sqrt{2}U_2\sin\omega t$，当 u_2 为正半波时，瞬时极性为上正下负，V1 和 V4 承受正向电压。若在 t_1 时刻给 V1 加触发脉冲，则 V1 导通，负载上有电压 U_o，电流通路为 a→V1→R_L→V4→b。

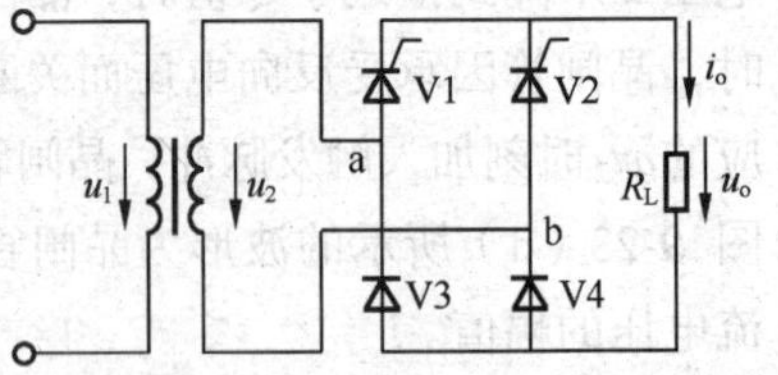

图 9-24　单相半控桥式整流电路

当 u_2 为负半波时，晶闸管 V2 和二极管 V3 承受正向电压。在 t_2 时刻给 V2 加触发脉冲，V2 导通，电流通路为 b→V2→R_L→V3→a。显而易见，桥式整流的输出电压平均值要比单相半波整流大一倍，即

$$U_o=\frac{0.9U_2(1+\cos+\alpha)}{2} \tag{9-15}$$

$$I_o=\frac{U_o}{R_L}=\frac{0.9U_2(1+\cos\alpha)}{2R_L} \tag{9-16}$$

9.3.3　晶闸管的保护

晶闸管的主要弱点是过载能力差，短暂的过电压或过电流都可能使其损坏，故需要采取过电流保护和过电压保护措施。

1. 晶闸管的过电流保护

造成晶闸管过电流的主要原因有：电路过载或短路、整流元件反向击穿、误触发等。

采用快速熔断器是硅整流元件过电流保护的主要措施。由于快速熔断器采用变截面的银片，其熔断时间比普通熔丝短得多，过电流时，能在晶闸管损坏之前先行熔断。常用的快速熔断器有螺旋式的 RLS 型和有填料封闭管式的 RSO 及 RS3 型。

应注意的是快速熔断器的额定电流是以有效值标称的，而晶闸管的额定通态电流是以工频正弦半波电流的平均值标称的。因为正弦半波的有效值等于 1.57 倍的平均值，因此保护某晶闸管的快速熔断器的额定电流应该等于 1.57 倍该晶闸管的额定通态平均电流。如额定通态平均电流为 20A 的晶闸管，应串联额定电流为 30A 的快速熔断器作为过电流保护。

快速熔断器在电路中的接入方式有三种：串联在交流输入回路；串联在直流负载支路；串联在各晶闸管支路。

2. 晶闸管的过电压保护

由于电路含有感性元件，当电路通断或晶闸管状态转换时，电流的突变会产生很高的自感电动势；雷电和强干扰信号也会产生瞬时高压。这些过电压都可能击穿晶闸管。通常采用的措施为阻容吸收装置和压敏电阻。

本章小结

1. 整流电路是利用二极管的单向导电性将直流电转换成脉动的直流电，为了消除直流电压

中的交流成分，采用了滤波电路。负载电流小而变化大时用电容滤波，负载电流大时则采用电感滤波。

2. 单相半波整流电路输出电压的平均值与二次侧绕组电压有效值之间的关系是 $U_o = 0.45U_2$，二极管截止时承受的最高反向电压是 $U_{Rmax} = \sqrt{2}U_2$，仅利用了交流电的半个周期。

3. 单相桥式整流电路输出电压的平均值与二次侧绕组电压有效值之间的关系是 $U_o = 09U_2$，二极管截止时承受的最高反向电压是 $U_{Rmax} = \sqrt{2}U_2$，利用了交流电的整个周期。

4. 采用稳压二极管稳压电路时要特别注意必须与稳压二极管串联限流电阻。三端稳压器有固定输出电压和可调输出电压两种。

5. 晶闸管是一种大功率开关电器，可组成可控整流电路，其特点是改变控制角可改变输出电压。

习题

9-1 已知变压器二次侧电压有效值为 10V，电容足够大，判断下列情况下输出电压平均值 $U_{O(AV)} \approx$？如题图 9-1 所示。

（1）正常工作；

（2）C 开路；

（3）R_L 开路；

（4）V1 和 C 同时开路。

9-2 在题图 9-1 所示的单相桥式电路中，如果（1）V3 接反；（2）因过电压 V3 被击穿短路；（3）V3 断开。试分别说明其后果如何？

9-3 有一电压为 110V，电阻为 55Ω的直流负载，采用单相桥式整流电路（不带滤波器）供电，试求变压器二次侧绕组电压和电流的有效值，并选用二极管。

9-4 今要求负载电压 $U_o = 30$V，负载电流 $I_o = 150$mA，采用单相桥式整流电路，带电容滤波。已知交流电源频率为 50Hz，试选用管子型号和滤波电容器，并与单相半波整流电路比较，带电容器滤波后，管子承受的最高反相电压是否相同？

9-5 整流电路如题图 9-5 所示，分别求解下列两种情况下输出电压的波形和平均值、整流二极管的最大整流电流和最高反向工作电压。

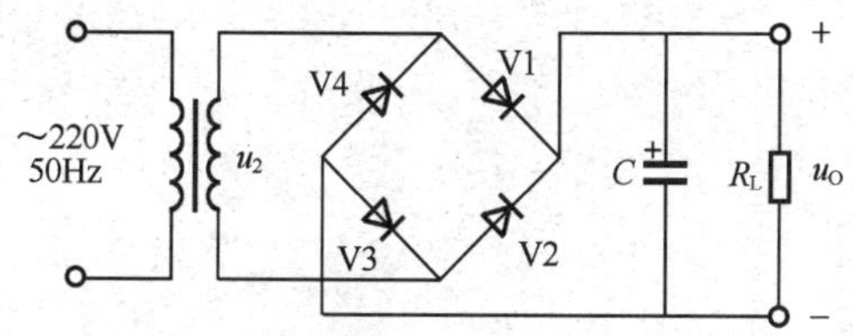

题图 9-1

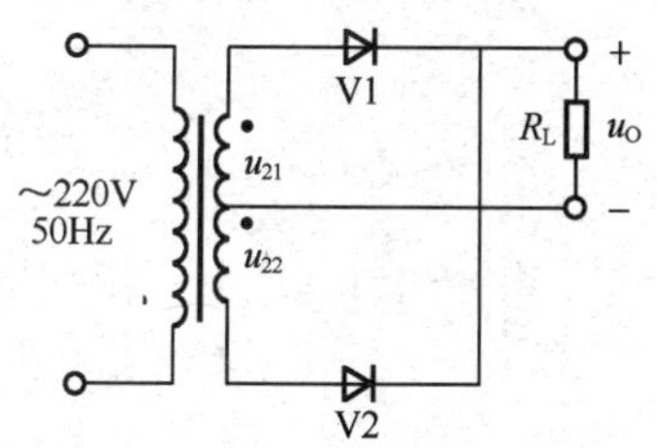

题图 9-5

（1）变压器二次侧电压有效值 $U_{21} = U_{22} = 20$V；

（2）$U_{21} = 22$V、$U_{22} = 22$V。

9-6　晶闸管能用很小的触发电流引起很大阳极电流，那它是否也能作交流电压放大器，用于放大规模信号？为什么？

9-7　某一电阻性负载 $R_L = 4.5\Omega$，由单相桥式半控整流电路供电，交流电压由负载两端电压能在 0～60V 范围内可调。画出电路图，并计算变压器二次侧电压大小和负载电压分别为 30V、60V 时的导通角。

9-8　某单相单相桥式半控整流电路，交流电源电压为 380V，控制角α的调节范围为 10°～170°，输出直流电压的可调范围为多少？

9-9　有一由 220V 交流电源供电的单相半波可控整流电路，负载电阻 $R_L = 5\Omega$，要求工作电压为直流 60V。求晶闸管的导通角θ、负载的电流I_o。

9-10　如题图 9-10 所示供电电路，试分析下列几种情况属于什么电路，输出电压是多少？

（1）S1，S2 打开；　　　（2）S1 闭合，S2 打开；

（3）S1 打开，S2 闭合；　　（4）S1，S2 闭合。

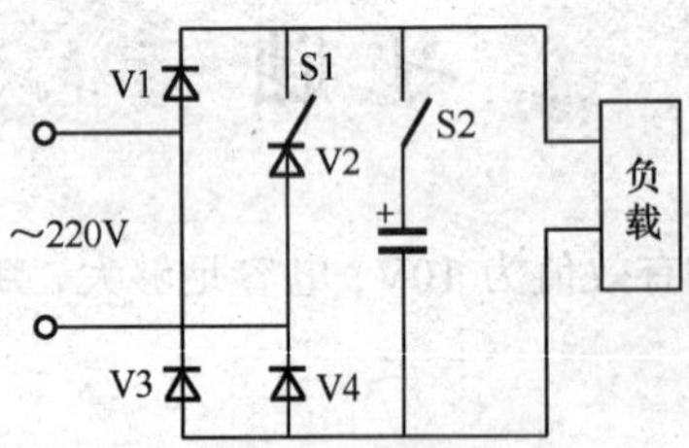

题图 9-10

第10章 数字电路基础

本章提要

本章首先简要介绍数字电路的分类、特点等基础知识，然后着重介绍 TTL 与非门电路和逻辑代数。逻辑代数是分析和研究数字逻辑电路的基本工具。逻辑代数部分在介绍基本逻辑运算后，简要讲述逻辑代数中的基本公式和常用规律，这对化简逻辑函数是很有用的，然后介绍逻辑函数的几种表示方法，最后介绍逻辑函数的代数化简法和卡诺图化简法。

10.1 数字电路的基本知识

10.1.1 数字信号和数字电路

电子电路中的电信号常分为两类：一类是模拟信号，其特点是大小和方向都随时间连续变化，如正弦交流电压、正弦交流电流等；另一类是数字信号，其特点是大小和方向随时间间断变化，即离散信号，也称为脉冲信号，如矩形波、方波等。模拟信号和数字信号的区别如图 10-1 所示。由于这两类信号的处理方法各不相同，因此电子电路也相应地分为两类：一类是处理模拟信号的电路，即模拟电路；另一类是处理数字信号的电路，即数字电路。

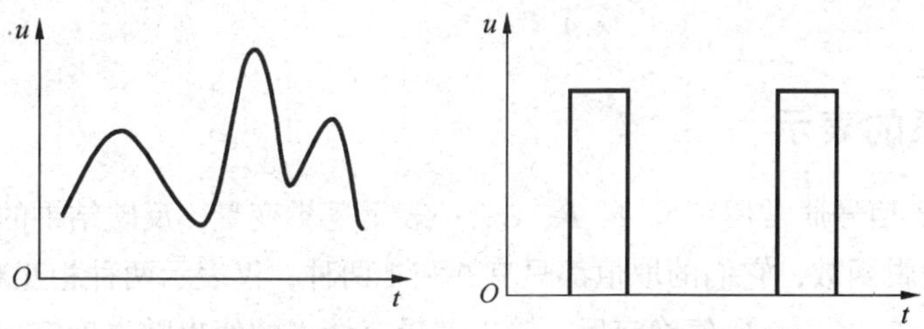

（a）模拟信号　　（b）数字信号

图 10-1　模拟信号与数字信号

10.1.2 数字电路的特点及分类

1. 数字电路的特点

数字电路具有以下几个特点。

（1）数字电路处理的是脉冲信号，信号用状态来表示。显然，状态是没有单位的。比如，电压不再用“伏特（V）”衡量其大小，只用高、低电平来表示两种状态，这是一种相对的表示方法，分别用数字 1、0 表示。由于它只表示逻辑状态，而没有“值”的意义，所以称为数字电路。

（2）数字电路研究的主要问题是电路的输入与输出的逻辑关系，故又称为数字逻辑电路。

（3）分析的方法与模拟电路完全不同，主要用真值表、逻辑表达式、波形图和卡诺图表示和分析电路。

（4）数字电路具有结构简单、便于集成、工作可靠、控制迅速、测量精确和精度高等优点。

2. 数字电路的分类

根据电路结构的不同，数字电路可分为分立元件电路和集成电路两大类。分立元件电路是将晶体管、电阻、电容等元器件用导线在线路板上连接起来的电路；而集成电路则是将上述元器件和导线通过半导体制造工艺做在一块硅片上而成为一个不可分割的整体电路。数字电路比模拟电路更容易集成。

根据半导体的导电类型不同，可分为双极型电路和单极型电路。以双极型晶体管作为基本器件的数字集成电路，称为双极型数字集成电路，如 TTL、ECL 集成电路等；以单极型 MOS 管作为基本器件的数字集成电路，称为单极型数字集成电路，如 NMOS、PMOS、CMOS 集成电路等。

10.1.3 逻辑的概念及表示

1. 逻辑概念

所谓逻辑，是指“条件”与“结果”的关系。在数字电路中，利用输入信号反映“条件”，用输出信号反映“结果”，从而使输入和输出之间存在一定的因果关系，称它为逻辑关系，这也是电路的逻辑功能。

2. 逻辑关系的表示

反映条件的输入信号通常用字母 A、B、C、…表示逻辑变量，反映结果的输出信号通常用 X、Y、Z、…表示逻辑函数，它们的取值都只有 0 和 1 两种，仅表示两种相互对立的逻辑状态。当输入逻辑变量 A、B、C、…取值确定后，输出逻辑变量 Y 的值也随之确定，则称 Y 是 A、B、C、…的逻辑函数。

10.1.4 正、负逻辑和高、低电平

根据"1"、"0"代表逻辑状态的含义不同，有正、负逻辑之分，即在逻辑电路中有两种逻辑系统：用"1"表示高电平，"0"表示低电平的，称为正逻辑系统（简称正逻辑）；用"1"表示低电平，"0"表示高电平的，称为负逻辑系统（简称负逻辑）。逻辑电路既可用正逻辑表示，也可用负逻辑表示，但不可在同一逻辑电路中同时采用两种逻辑系统。在本书中，如无特殊说明，一律采用正逻辑系统。

数字电路中不考虑电压值的大小，只考虑电路状态，即高电平还是低电平。高、低电平往往指电压的一个范畴，在双极性 TTL 电路中，通常规定高电平在 2.8～3.6V 之间，低电平在 0.5V 以下。

10.1.5 半导体管的开关作用

数字电路中的二极管、晶体管和 MOS 管工作在开关状态。导通状态：相当于开关闭合；截止状态：相当于开关断开。

1. 二极管的开关作用

二极管正向加电压，为导通状态，在电路中相当于闭合的开关，如图 10-2（a）所示；二极管反向加电压，为截止状态，不计反向漏电流，相当于断开的开关，如图 10-2（b）所示。

但在实际使用中要注意两个问题：一是当输入电压突然从正向变到反向时二极管并不是立即截止，而是要经过一段时间，称这段时间为反向恢复时间。一般可以不考虑这个时间，但在通、断频繁的开关电路中，反向恢复时间不能忽略，应选用专门的开关二极管。二是二极管的正向导通管压降一般可以忽略不计，但当多个二极管构成串联电路时，输出为这几个管的压降之和，此时不可忽略。

2. 晶体管的开关作用

在数字电路中，晶体管作为开关元件，主要工作在饱和和截止两种开关状态，放大区只是极短暂的过渡状态。我们用等效电路来加以说明，如图 10-3 所示。

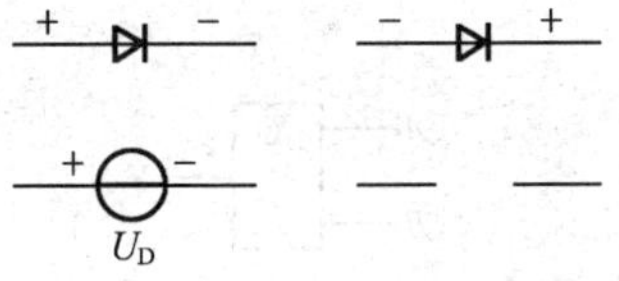

（a）　（b）

图 10-2 二极管的开关等效电路

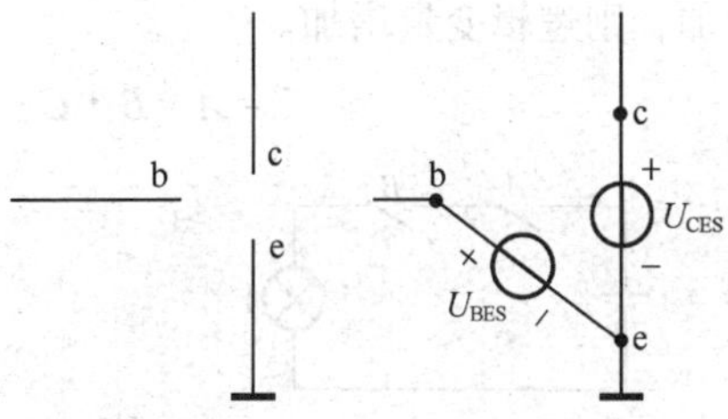

（a）截止时　（b）饱和时

图 10-3 三极管开关等效电路

晶体管工作在饱和区，此时相当于开关闭合，输出为低电平；晶体管工作在截止区，此时相当于开关断开，输出为高电平。

10.2 基本逻辑关系和逻辑门

10.2.1 基本逻辑函数及其运算

基本的逻辑关系有与逻辑、或逻辑和逻辑非三种，与之对应的逻辑运算为与运算（逻辑乘）、或运算（逻辑加）和非运算（逻辑非）。

1. 与运算

在图 10-4 所示的串联开关电路中，开关 A、B 的状态（闭合或断开）与灯 Y 的状态（亮和灭）之间存在着确定的因果关系，这种因果关系就称为逻辑关系。如果规定开关闭合、灯亮为逻辑 1 态，断开、灯灭为逻辑 0 态，则开关 A、B 的全部状态组合和灯 Y 的状态之间的关系可以用表 10-1 表示。这种关系可简单表述为：当决定某一事件的全部条件都具备时，该事件才会发生，这样的因果关系称为与逻辑关系，简称与逻辑。

表 10-1　与逻辑的真值表

A	B	Y
0	0	0
0	1	0
1	0	0
1	1	1

表 10-1 又称为与逻辑真值表。由该表可看出逻辑变量（开关变量）A、B 的取值和函数 Y 的值之间的关系满足逻辑乘的运算规律，因此，可表示为

$$Y = A \cdot B = AB \qquad (10\text{-}1)$$

符号“·”读作“与”（或读作“逻辑乘”）；在不致引起混淆的前提下，“·”常被省略。

实现与逻辑的电路称为与门，与门的逻辑符号如图 10-5 所示，符号“&”表示与逻辑运算。若开关数量增加，则逻辑变量增加。

$$Y = A \cdot B \cdot C \cdot \cdots = ABC\cdots \qquad (10\text{-}2)$$

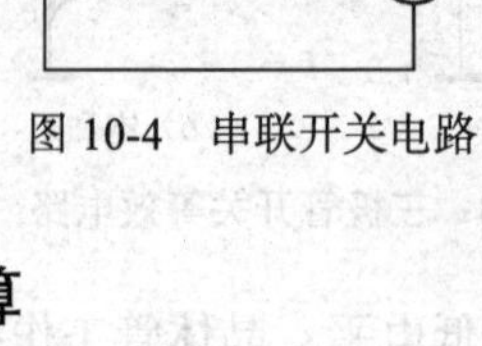

图 10-4　串联开关电路

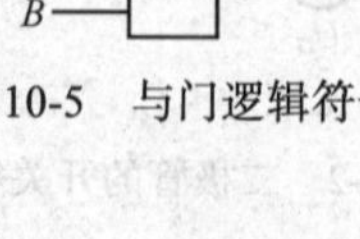

图 10-5　与门逻辑符号

2. 或运算

和与逻辑的分析方法一样，由图 10-6 所示的并联开关电路可知，在开关 A 和 B 中，或者

开关 A 合上，或者开关 B 合上，或者开关 A 和 B 都合上时，灯 Y 就亮；只有开关 A 和 B 都断开时，灯 Y 才熄灭。这种因果关系可以简单表述为：当决定某一事件的所有条件中，只要有一个具备，该事件就会发生，这样的因果关系称为或逻辑关系，简称或逻辑。表 10-2 为或逻辑真值表，分析该真值表中逻辑变量 A、B 的取值和函数 Y 值之间的关系可知，他们满足逻辑加的运算规律，可表示为

$$Y = A + B \tag{10-3}$$

表 10-2　或逻辑的真值表

A	B	Y
0	0	0
0	1	1
1	0	1
1	1	1

符号“+”读作“或”（或读作“逻辑加”）。实现或逻辑的电路称为或门，或门的逻辑符号如图 10-7 所示，符号“≥1”表示或逻辑运算。对于多变量的逻辑加可写成

$$Y = A + B + C + \cdots \tag{10-4}$$

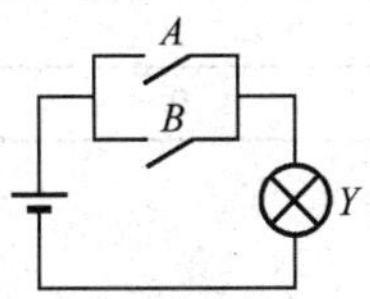

图 10-6　并联开关电路

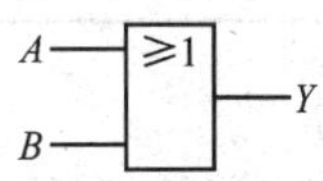

图 10-7　或门逻辑符号

3. 非运算

分析图 10-8 所示的开关电路，可知开关 A 的状态与灯 Y 的状态满足表 10-3 的逻辑关系。它反映当开关闭合时，灯灭，而开关断开时，灯亮。这种相互否定的因果关系，称为逻辑非。逻辑非表示为

$$Y = \overline{A} \tag{10-5}$$

表 10-3　非逻辑的真值表

A	Y
0	1
1	0

图 10-8 所示为开关与灯并联电路，表 10-3 为非逻辑的真值表，图 10-9 所示为非逻辑的逻辑符号。由于非门的输出信号和输入的反相，故“非门”又称为“反相器”。非门是只有一个输入端的逻辑门。

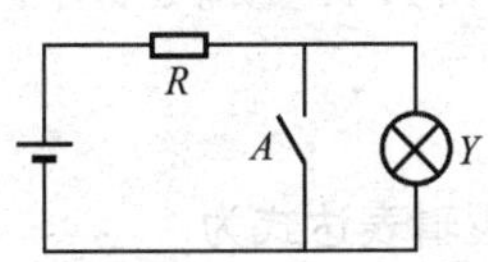

图 10-8　开关与灯并联电路

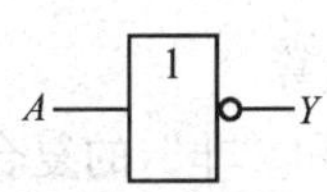

图 10-9　非逻辑符号

4. 复合逻辑运算

在数字系统中，除应用与、或、非三种基本逻辑运算之外，还广泛应用与、或、非的不同组合，最常见的复合逻辑运算有与非、或非、与或非、异或和同或等。

（1）与非运算

“与”和“非”的复合运算称为与非运算。与非逻辑表达式为

$$Y = \overline{ABC} \tag{10-6}$$

其逻辑符号如图 10-10 所示，真值表见表 10-4。

表 10-4　与非逻辑真值表

A B C	Y
0 0 0	1
0 0 1	1
0 1 0	1
0 1 1	1
1 0 0	1
1 0 1	1
1 1 0	1
1 1 1	0

（2）或非运算

“或”和“非”的复合运算称为或非运算。逻辑表达式为

$$Y = \overline{A+B+C} \tag{10-7}$$

或非逻辑符号如图 10-11 所示，真值表见表 10-5。

表 10-5　或非逻辑真值表

A B C	Y
0 0 0	1
0 0 1	0
0 1 0	0
0 1 1	0
1 0 0	0
1 0 1	0
1 1 0	0
1 1 1	0

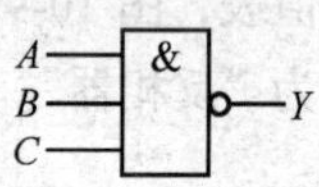

图 10-10　与非逻辑符号

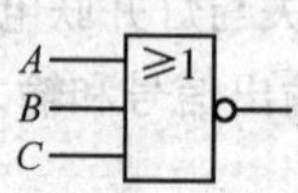

图 10-11　或非逻辑符号

（3）与或非运算

“与”、“或”和“非”的复合运算称为与或非运算。逻辑表达式为

$$Y = \overline{AB+CD} \tag{10-8}$$

与或非逻辑图和逻辑符号分别如图 10-12（a)、(b）所示，其真值表请读者自行画出。

（4）异或运算

所谓异或运算，是指两个输入变量取值相同时输出为 0，取值不相同时输出为 1。

“异或”逻辑表达式为

$$Y = A \oplus B \text{ 或 } Y = \overline{A}B + A\overline{B} \quad (10\text{-}9)$$

异或逻辑的逻辑符号如图 10-13 所示，真值表见表 10-6。

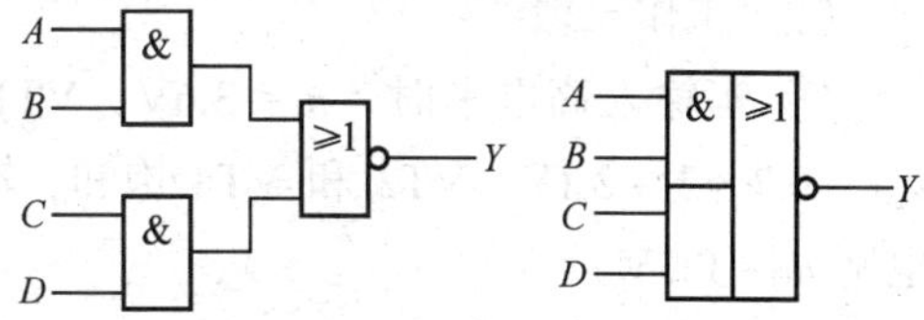

（a）逻辑图　（b）逻辑符号

图 10-12　与或非的逻辑图及逻辑符号

表 10-6　**异或逻辑真值表**

A	B	Y
0	0	0
0	1	1
1	0	1
1	1	0

（5）同或运算

所谓同或运算，是指两个输入变量取值相同时输出为 1，取值不相同时输出为 0。

同或逻辑表达式为

$$Y = A \odot B \text{ 或 } Y = AB + \overline{A}\overline{B} \quad (10\text{-}10)$$

同或逻辑的逻辑符号如图 10-14 所示，真值表见表 10-7。

表 10-7　**同或逻辑真值表**

A	B	Y
0	0	1
0	1	0
1	0	0
1	1	1

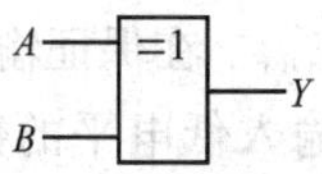

图 10-13　异或的逻辑符号

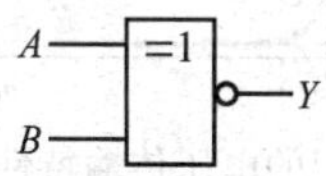

图 10-14　同或的逻辑符号

10.2.2　TTL 集成非门电路

TTL 集成逻辑门电路的输入和输出结构均采用晶体管，所以称其为晶体管—晶体管逻辑门电路，简称 TTL 电路。TTL 电路的基本环节是反相器。我们主要了解 TTL 反相器的电路及工作原理，重点掌握其特性曲线和主要参数。

1. TTL 集成非门电路的工作原理

（1）电路组成

如图 10-15 所示是 TTL 集成非门电路的电路组成结构。它主要由输入级、中间级和输出级三部分组成。

（2）工作原理

① 当输入高电平时，$u_I = 3.6V$，VT1 处于倒置工作状态，集电结正偏，发射结反偏，$u_{B1} = 0.7 \times 3 = 2.1V$，VT2 和 VT4 饱和，输出为低电平 $u_O = 0.3V$。

② 当输入低电平时，$u_I = 0.3V$，VT1 发射结导通，$u_{B1} = 0.3 + 0.7 = 1V$，VT2 和 VT4 均截止，VT3 和 V 导通。输出高电平 $u_O = V_{CC} - U_{BE3} - U_D \approx 5 - 0.7 - 0.7 = 3.6V$。

③ 采用推拉式输出级利于提高开关速度和负载能力。VT3 组成射极输出器，优点是既能提高开关速度，又能提高负载能力。当输入高电平时，VT4 饱和，$u_{B3} = u_{C2} = 0.3 + 0.7 = 1V$，VT3 和 V 截止，VT4 的集电极电流可以全部用来驱动负载。当输入低电平时，VT4 截止，VT3 导通（为射极输出器），其输出电阻很小，带负载能力很强。可见，无论输入如何，VT3 和 VT4 总是一管导通而另一管截止。这种推拉式工作方式，带负载能力很强。

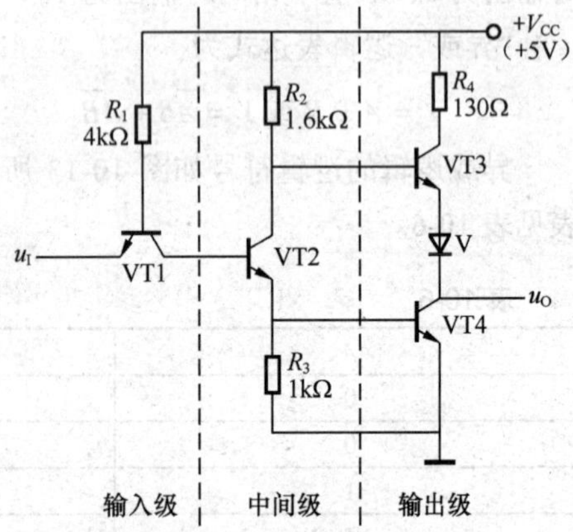

图 10-15 TTL 非门的基本电路

2. TTL 集成非门电路的电压传输特性及参数

电压传输特性是指输出电压 u_O 与输入电压 u_I 的关系曲线。如图 10-16 所示。

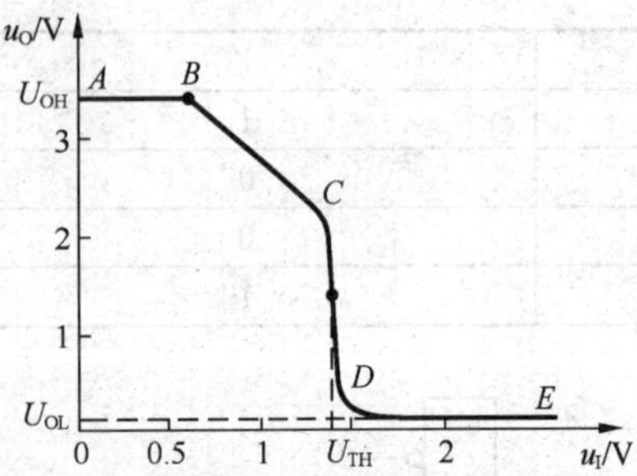

图 10-16 TTL 非门的电压传输特性

结合电压传输特性介绍几个参数。

（1）输出高电平 U_{OH}。典型值为 $U_{OH} = 3V$。

（2）输出低电平 U_{OL}。典型值为 $U_{OL} = 0.3V$。

（3）开门电平 U_{ON}。在保证输出为额定低电平的条件下，允许的最小输入高电平的数值，称为开门电平 U_{ON}。一般要求 $U_{ON} \leqslant 1.8V$。

（4）关门电平 U_{OFF}。在保证输出为额定高电平的条件下，允许的最大输入低电平的数值，称为关门电平 U_{OFF}。一般要求 $U_{OFF} \geqslant 0.8V$。

（5）阈值电压 U_{TH}。电压传输特性曲线转折区中点所对应的 U_{TH} 值称为阈值电压 U_{TH}（又称门槛电平）。通常 $U_{TH} \approx 1.4V$。

（6）噪声容限（U_{NL} 和 U_{NH}）。噪声容限也称抗干扰能力，它反映门电路在多大的干扰电压下仍能正常工作。U_{NL} 和 U_{NH} 越大，电路的抗干扰能力越强。

① 低电平噪声容限（低电平正向干扰范围）。

$$U_{NL} = U_{OFF} - U_{LL}$$

U_{LL} 为电路输入低电平的典型值（0.3V）。若 $U_{OFF} = 0.8V$，则有 $U_{NL} = 0.8 - 0.3 = 0.5V$。

② 高电平噪声容限（高电平负向干扰范围）。

$$U_{NH} = U_{IH} - U_{ON}$$

U_{IH} 为电路输入高电平的典型值（3V）。若 $U_{ON} = 1.8V$，则有 $U_{NH} = 3 - 1.8 = 1.2V$。

3. TTL 集成非门电路的输入特性和输出特性

（1）输入伏安特性

输入伏安特性是指输入电压和输入电流之间的关系曲线。如图 10-17 所示。其中要理解两个重要参数：

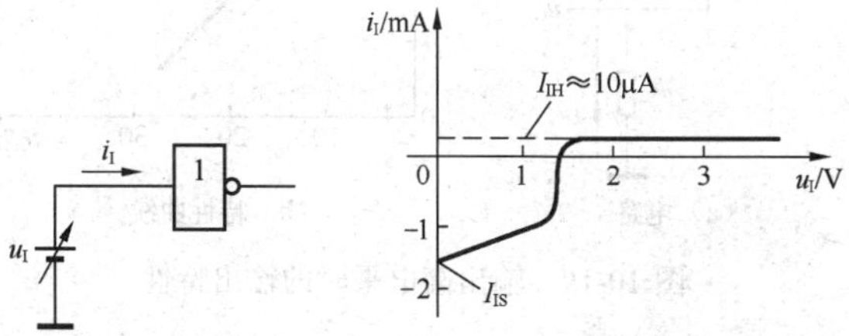

（a）测试电路　　（b）输入伏安特性曲线

图 10-17　TTL 非门的输入伏安特性

① 输入短路电流 I_{IS}。

当 $u_I = 0V$ 时，i_I 从输入端流出。

$$i_I = -(V_{CC} - U_{BE1})/R_1 = -(5 - 0.7)/4 \approx -1.1mA$$

② 高电平输入电流 I_{IH}。

当输入为高电平时，VT1 的发射结反偏，集电结正偏，处于倒置工作状态，倒置工作的晶体管电流放大系数$\beta_{反}$很小（约在 0.01 以下），所以 $i_I = I_{IH} = \beta_{反}\ i_{B2I}$. I_{IH} 很小，约为 10μA。

（2）输入负载特性

TTL 非门的输入端对地接上电阻 R_I 时，u_I 随 R_I 的变化而变化的关系曲线为输入负载特性曲线，如图 10-18 所示。

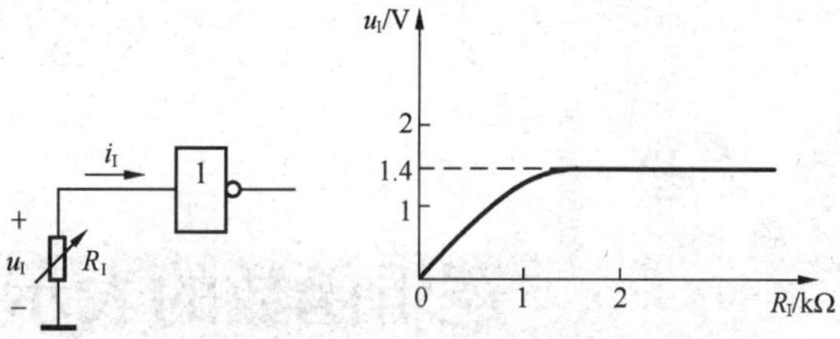

（a）测试电路　　（b）输入负载特性曲线

图 10-18　输入负载特性曲线

在一定范围内，u_I 随 R_I 的增大而升高。但当输入电压 u_I 达到 1.4V 以后，$u_{B1} = 2.1V$，R_I 增大，由于 u_{B1} 不变，故 $u_I = 1.4V$ 也不变。这时 VT2 和 VT4 饱和导通，输出为低电平。

① 关门电阻 R_{OFF}。在保证门电路输出为额定高电平的条件下，所允许 R_I 的最大值称为关门电阻。典型的 TTL 门电路 $R_{OFF} \approx 0.7k\Omega$。

② 开门电阻 R_{ON}。在保证门电路输出为额定低电平的条件下，所允许 R_I 的最小值称为开门电阻。典型的 TTL 门电路 $R_{ON} \approx 2k\Omega$。

数字电路中要求输入负载电阻 $R_I \geqslant R_{ON}$ 或 $R_I \leqslant R_{OFF}$，否则输入信号将不在高、低电平范围内。振荡电路则令 $R_{OFF} \leqslant R_I \leqslant R_{ON}$，使电路处于转折区。

（3）输出特性

输出特性指输出电压与输出电流之间的关系曲线。

① 输出高电平时的输出特性，如图 10-19 所示。

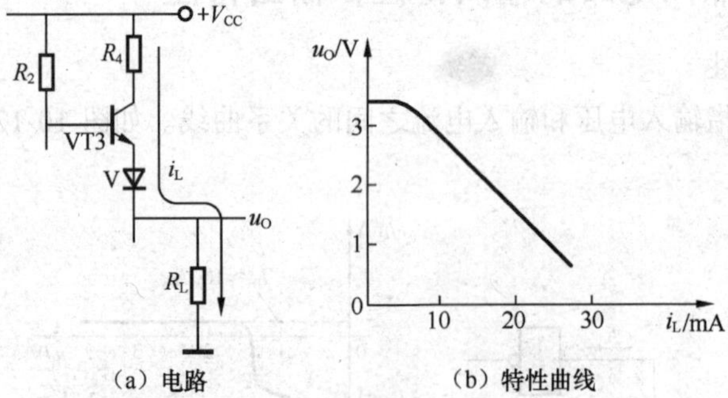

（a）电路　　（b）特性曲线

图 10-19　输出高电平时的输出特性

负载电流 i_L 不可过大，否则输出高电平会降低。

② 输出低电平时的输出特性，如图 10-20 所示。

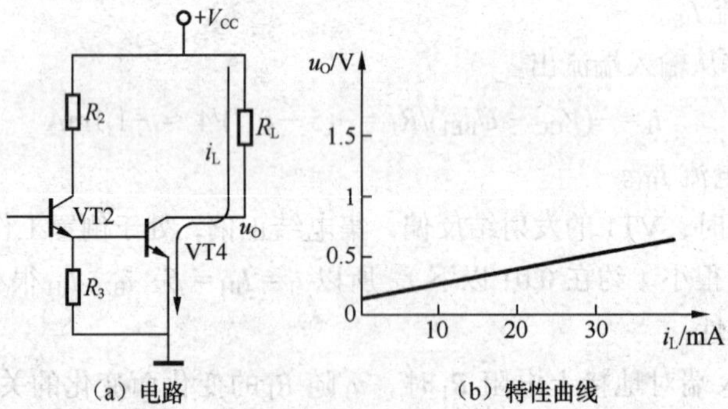

（a）电路　　（b）特性曲线

图 10-20　输出低电平时的输出特性

10.3 逻辑函数的表示及化简

逻辑代数是描述客观事物逻辑关系的数学方法，是进行逻辑分析与综合的数学工具。因为它是英国数学家乔治·布尔（George Boole）于 1847 年提出的，所以又称为布尔代数。逻辑代数有其自身独立的规律和运算法则，不同于普通代数。相同点：都用字母 A、B、C、…表示变量；不同点：逻辑代数变量的取值仅为“0”和“1”，且无大、小，正、负之分。逻辑代数中的变量称为逻辑变量。

10.3.1 数制与码制

1. 几种常用数制

（1）十进制

基数为 10，数码为 0～9；运算规律为逢十进一，即：9 + 1 = 10。

十进制数的权展开式：任意一个十进制数都可以表示为各个数位上的数码与其对应的权的乘积之和，称为权展开式。

如$(5555)_{10} = 5 \times 10^3 + 5 \times 10^2 + 5 \times 10^1 + 5 \times 10^0$

$(209.04)_{10} = 2 \times 10^2 + 0 \times 10^1 + 9 \times 10^0 + 0 \times 10^{-1} + 4 \times 10^{-2}$

（2）二进制

基数为2，数码为0、1；运算规律为逢二进一，即：1 + 1 = 10。

二进制数的权展开式如

$$(101.01)_2 = 1 \times 2^2 + 0 \times 2^1 + 1 \times 2^0 + 0 \times 2^{-1} + 1 \times 2^{-2} = (5.25)_{10}$$

（3）八进制

基数为8，数码为0～7；运算规律为逢八进一。

八进制数的权展开式如

$$(207.04)_8 = 2 \times 8^2 + 0 \times 8^1 + 7 \times 8^0 + 0 \times 8^{-1} + 4 \times 8^{-2} = (135.0625)_{10}$$

（4）十六进制

基数为十六，数码为0～9、A～F；运算规律为逢十六进一。

十六进制数的权展开式如

$$(D8.A)_{16} = 13 \times 16^1 + 8 \times 16^0 + 10 \times 16^{-1} = (216.625)_{10}$$

2. 不同进制数的相互转换

（1）二进制数与十进制数的转换

① 二进制数转换成十进制数。

方法：把二进制数按权展开式展开。

② 十进制数转换成二进制数。

方法：整数部分除2取余，小数部分乘2取整。整数部分采用基数连除法，先得到的余数为低位，后得到的余数为高位。小数部分采用基数连乘法，先得到的整数为高位，后得到的整数为低位。如

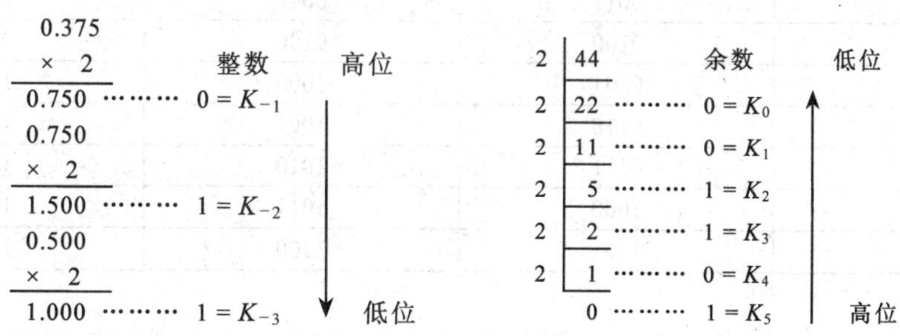

$$(44.375)_{10} = (101100.011)_2$$

（2）十进制数转换成八进制数

方法：整数部分除8取余，小数部分乘8取整。

（3）十进制数转换成十六进制数

方法：整数部分除16取余，小数部分乘16取整。

（4）八进制数与二进制数的转换

① 二进制数转换为八进制数。

方法：将二进制数由小数点开始，整数部分向左，小数部分向右，每3位分成一组，不够

3 位补零，则每组二进制数便是 1 位八进制数。

$$(101011100101)_2 = (101,011,100,101)_2 = (5345)_8$$

② 八进制数转换为二进制数。

方法：将每位八进制数用 3 位二进制数表示。

$$(6574)_8 = (110101111100)_2 = (110101111100)_2$$

（5）十六进制数与二进制数的转换

二进制数与十六进制数的相互转换，按照每 4 位二进制数对应于 1 位十六进制数进行转换。例如：$(9A7E)_{16} = (1001101001111110)_2 = (1001101001111110)_2$

$$(10111010110)_2 = (010111010110)_2 = (5D6)_{16}$$

3. 码制

码制即编码方式，编码即用按一定规则组合成的二进制码去表示数或字符等。

为使二进制和十进制之间转换更方便，常使用二进制编码的十进制代码，这种代码称为二-十进制码，简称 BCD 码。

由于去掉六种多余状态的方法不同，因而出现不同的 BCD 码，如去掉最后六种状态得到的是 8421 码，去掉最前和最后三种状态得到的是余 3 码，另外还有格雷码，它是在任意相邻的两组代码中只有 1 位码不同，这样可使当连续变化时产生错误的可能性小，可靠性高。格雷码又称反射码。

常用的 BCD 码见表 10-8，其中前两种为有权码，后一种为无权码。

表 10-8　常用的 BCD 码

十进制数	8421 码	5421 码	余 3 码
0	0000	0000	0011
1	0001	0001	0100
2	0010	0010	0101
3	0011	0011	0110
4	0100	0100	0111
5	0101	1000	1000
6	0110	1001	1001
7	0111	1010	1010
8	1000	1011	1011
9	1001	1100	1100

10.3.2 逻辑函数的表示方法

输入逻辑变量和输出逻辑变量之间的函数关系称为逻辑函数，写作 $Y = F(A、B、C、D、\cdots)$ A、B、C、D 为有限个输入逻辑变量；F 为有限次逻辑运算（与、或、非）的组合。表示逻辑函数的方法有：真值表、逻辑表达式、逻辑图和卡诺图。

1. 真值表

真值表是将输入逻辑变量的所有可能取值与相应的输出变量函数值排列在一起而组成的表

格。1 个输入变量有 0 和 1 两种取值，n 个输入变量就有 2^n 个不同的取值组合。

例： 逻辑函数 $Y=AB+BC+AC$ 的真值表见表 10-9。为 3 个输入变量，8 种取值组合。

表 10-9　　真值表

A　B　C	Y
0　0　0	0
0　0　1	0
0　1　0	0
0　1　1	1
1　0　0	0
1　0　1	1
1　1　0	1
1　1　1	1

真值表的特点如下。

（1）唯一性。

（2）按自然二进制递增顺序排列（既不易遗漏，也不会重复）。

（3）n 个输入变量就有 2^n 个不同的取值组合。

例： 请列出如图 10-21 所示控制楼梯照明灯电路的真值表。

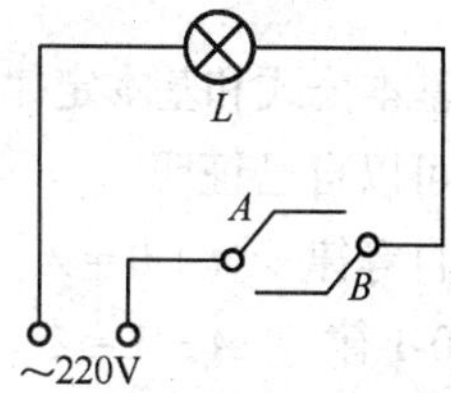

图 10-21　控制楼梯照明灯电路

两个单刀双掷开关 A 和 B 分别装在楼上和楼下。无论在楼上还是在楼下都能单独控制开灯和关灯。设灯为 L，L 为 1 表示灯亮，L 为 0 表示灯灭。对于开关 A 和 B，用 1 表示开关向上扳，用 0 表示开关向下扳。可得到真值表见表 10-10。

表 10-10　　控制楼梯照明灯的电路的真值表

A	B	L
0	0	1
0	1	0
1	0	0
1	1	1

2. 逻辑表达式

按照对应的逻辑关系，把输出变量表示为输入变量的与、或、非三种运算的组合，称之为逻辑函数表达式（简称逻辑表达式）。

由真值表可以方便地写出逻辑表达式。方法如下。

（1）找出使输出为 1 的输入变量取值组合。

（2）取值为 1 用原变量表示，取值为 0 用反变量表示，则可写成一个乘积项。

（3）将乘积项相加即得逻辑表达式。

例如根据表 10-10 控制楼梯照明灯的电路的真值表我们可以方便地写出其逻辑表达式

$$L=AB+\overline{AB}$$

3. 逻辑图

用相应的逻辑符号将逻辑表达式的逻辑运算关系表示出来，就可以画出逻辑函数的逻辑图。这种表示方法非常适合于电路的设计和安装，只需要用相应的器件代替图中的逻辑符号，并将输入、输出端按图对应连接，即可得到实际的安装电路。

例如，根据上述控制照明电路的逻辑表达式可以得到如图 10-22 所示的逻辑电路图。

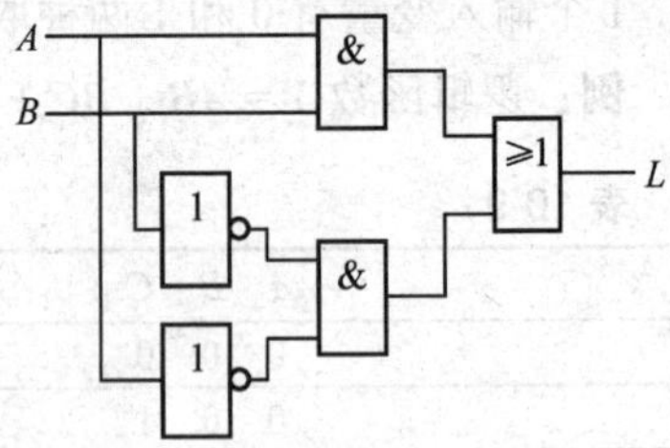

图 10-22　控制楼梯照明灯电路的逻辑图

4. 卡诺图

关于用卡诺图来表示逻辑函数的相关问题将会在卡诺图的化简部分详细讲解。

10.3.3　基本定律和运算规则

1. 基本公式和基本定律

基本公式和基本定律可以通过真值表加以证明，如果等式两边的真值表相同，则等式成立。读者可以自己证明。

自等律　$A+0=A$　　$A\cdot 1=A$

0-1 律　$A+1=1$　　$A\cdot 0=0$

重叠律　$A+A=A$　　$A\cdot A=A$

互补律　$A+\overline{A}=1$　　$A\cdot\overline{A}=0$

还原律　$\overline{\overline{A}}=A$

交换律　$A+B=B+A$　　$A\cdot B=B\cdot A$

结合律　$(A+B)+C=A+(B+C)$　　$(A\cdot B)\cdot C=A\cdot(B\cdot C)$

分配律　$A\cdot(B+C)=A\cdot B+A\cdot C$　　$A+B\cdot C=(A+B)(A+C)$

反演律　$\overline{A+B}=\overline{A}\cdot\overline{B}$　　$\overline{A\cdot B}=\overline{A}+\overline{B}$

反演律公式可以推广到多个变量

$$\overline{A+B+C\cdots}=\overline{A}\cdot\overline{B}\cdot\overline{C}\cdots$$

$$\overline{A\cdot B\cdot C\cdots}=\overline{A}+\overline{B}+\overline{C}\cdots$$

2. 常用公式

（1）$A+AB=A$

证明：$A+AB=A\cdot(1+B)=A\cdot 1=A$

（2）$AB+A\overline{B}=A$

证明：$AB+A\overline{B}=A\cdot(B+\overline{B})=A\cdot 1=A$

（3）$A\cdot(A+B)=A$

证明：$A\cdot(A+B)=A\cdot A+A\cdot B=A+AB=A$

（4）$A+\overline{A}B=A+B$

证明：$A+\overline{A}B=(A+\overline{A})(A+B)=1\cdot(A+B)=A+B$

（5）$AB+\overline{A}C+BC=AB+\overline{A}C$

证明：$AB+\overline{A}C+BC=AB+\overline{A}C+(A+\overline{A})BC=AB+\overline{A}C+ABC+\overline{A}BC$

$=AB(1+C)+\overline{A}C(1+B)=AB+\overline{A}C$

（6）$\overline{A\overline{B}+\overline{A}B}=AB+\overline{A}\,\overline{B}$

证明：$\overline{A\overline{B}+\overline{A}B}=\overline{A\overline{B}}\bullet\overline{\overline{A}B}=(\overline{A}+B)(A+\overline{B})=A\overline{A}+\overline{A}\,\overline{B}+AB+B\overline{B}=AB+\overline{A}\,\overline{B}$

3. 逻辑代数的三个规则

（1）代入规则

在任何一个逻辑等式中，如果将某个变量用同一个函数式来代换，则等式成立。

例：已知等式 $A+AB=A$，若令 $Y=C+D$ 代替等式中的 A，则新等式$(C+D)+(C+D)B=C+D$ 成立。

证明：$(C+D)+(C+D)B=(C+D)(1+B)=(C+D)\cdot 1=C+D$

（2）反演规则

对于任意一个逻辑函数 Y，如果要求其反函数时，只要将 Y 表达式中的所有“·”换成“+”，“+”换成“·”，“0”换成“1”，“1”换成“0”，原变量换成反变量，反变量换成原变量，即可求出函数 Y 的反函数。

注意：

① 要注意运算符号的优先顺序。不应改变原式的运算顺序。

例：证明 $Y=\overline{AB}+CD$ 应写为 $\overline{Y}=(A+B)(\overline{C}+\overline{D})$ 。

证明：$\overline{Y}=\overline{\overline{AB}+CD}=\overline{\overline{AB}}\bullet\overline{CD}=(A+B)(\overline{C}+\overline{D})$

② 不是一个变量上的非号应保持不变。

例：$Y=\overline{A}\bullet\overline{B\overline{C}}+C(\overline{D}\bullet E)$　　则 $\overline{Y}=(A+\overline{\overline{B}+C})\bullet\left[\overline{C}+(D+\overline{E})\right]$

$Y=\overline{\overline{A}\bullet\overline{B\overline{C}}}+D$　　则　$\overline{Y}=\overline{A+\overline{\overline{B}+C}}\bullet\overline{D}$

（3）对偶规则

对于函数 Y，若把其表达式中的“·”换成“+”，“+”换成“·”，“0”换成“1”，“1”换成“0”，就可得到一个新的逻辑函数 Y，Y 就是 Y 的对偶式。

例如 $Z=A(B+\overline{C})$　　则 $Z'=A+B\overline{C}$

$Z=A+B\overline{C}$　　$Z'=A(B+\overline{C})$

$Z=A\overline{B}+AC$　　$Z'=(A+\overline{B})(A+C)$

$Z=\overline{\overline{A}+\overline{B+\overline{C}}}$　　$Z'=\overline{\overline{A}\bullet\overline{B\overline{C}}}$

若两个逻辑式相等，它们的对偶式也一定相等。

例如 $A+BCD=(A+B)(A+C)(A+D)$

则 $A(B+C+D)=AB+AC+AD$

使用对偶规则时，同样要注意运算符号的先后顺序和不是一个变量上的“非”号应保持不变。

10.3.4 逻辑函数的代数法化简

1. 化简的意义

逻辑函数的简化意味着实现这个逻辑函数的电路元件少，从而降低成本，提高电路的可靠性。例如

$$
\begin{aligned}
Y &= \bar{A}B\bar{C} + \overline{AB}C + \bar{A}BC + A\bar{B}C \\
&= \bar{A}B(C+\bar{C}) + \bar{B}C(\bar{A}+A) \\
&= \bar{A}B + \bar{B}C
\end{aligned}
$$

逻辑函数表达式的表达形式大致可分为五种："与或"式、"与非-与非"式、"与或非"式、"或与"式、"或非-或非"式。它样可以相互转换。例如

$$
\begin{aligned}
Y &= A\bar{B} + \bar{A}C \\
&= \overline{\overline{A\bar{B} + \bar{A}C}} = \overline{A\bar{B}} \cdot \overline{\bar{A}C} \\
&= \overline{(\bar{A}+B)(A+\bar{C})} = \overline{\bar{A}\bar{C} + AB} \\
&= \overline{\bar{A}\bar{C}} \cdot \overline{AB} = (A+C)(\bar{A}+\bar{B}) \\
&= \overline{\overline{(A+C)(\bar{A}+\bar{B})}} = \overline{\overline{A+C} + \overline{\bar{A}+\bar{B}}}
\end{aligned}
$$

逻辑函数的化简，通常指的是化简为最简与或表达式。因为任何一个逻辑函数表达式都比较容易展开成与或表达式，一旦求得最简与或式，又比较容易变换为其他形式的表达式。所谓最简与或式，是指式中含有的乘积项最少，并且每一个乘积项包含的变量也是最少的。

2. 逻辑函数的代数化简法

代数化简法就是运用逻辑代数的基本定律、规则和常用公式化简逻辑函数。代数化简法经常用下列几种方法。

（1）合并项法

利用公式 $AB + A\bar{B} = A$，将两项合并为一项，消去一个变量。例如

$$Y = ABC + \bar{A}BC + \overline{BC} = BC(A+\bar{A}) + \overline{BC} = BC + \overline{BC} = 1$$

$$Y = ABC + \bar{A}B + AB\bar{C} = B(AC + \bar{A} + A\bar{C}) = B$$

（2）吸收法

利用公式 $A + AB = A$ 及 $AB + AC + BC = AB + AC$，消去多余乘积项。例如

$$Y = A\bar{B} + A\bar{B}CD(E+F) = A\bar{B}$$

$$Y = A\bar{B}D + A\overline{\bar{B}C} + CD = A\bar{B}D + A\overline{\bar{B}C}$$

（3）消去法

利用公式 $A + \bar{A}B = A + B$ 消去多余因子。例如

$$Y = \bar{A} + AB + \bar{B}E = \bar{A} + B + \bar{B}E = \bar{A} + B + E$$

$$Y = AB + \bar{A}C + \bar{B}C = AB + (\bar{A}+\bar{B})C = AB + \overline{AB}C = AB + C$$

$$
\begin{aligned}
Y &= A\bar{B} + \bar{A}B + ABCD + \overline{AB}CD = A\bar{B} + \bar{A}B + (AB + \overline{AB})CD \\
&= A\bar{B} + \bar{A}B + \overline{A\bar{B} + \bar{A}B}CD = A\bar{B} + \bar{A}B + CD
\end{aligned}
$$

（4）配项法

利用公式 $A + \bar{A} = 1$，给某个乘积项配项，以达到进一步简化的目的。

例 1：

$$
\begin{aligned}
Y &= \bar{A}\,\bar{B} + \bar{B}\,\bar{C} + BC + AB = \overline{AB}(C+\bar{C}) + \overline{BC} + BC(A+\bar{A}) + AB \\
&= \overline{AB}C + \overline{ABC} + \overline{BC} + ABC + \bar{A}BC + AB \\
&= AB + \overline{BC} + \bar{A}C(B+\bar{B}) = AB + \overline{BC} + \bar{A}C
\end{aligned}
$$

例 2：

$$
\begin{aligned}
Y &= AD + A\overline{D} + AB + A\overline{C} + BD + A\overline{B}EF + \overline{B}EF \\
&= A + AB + A\overline{C} + BD + A\overline{B}EF + \overline{B}EF = A + BD + \overline{B}EF
\end{aligned}
$$

例 3：

$$
\begin{aligned}
Y &= AC + \overline{A}BC + \overline{B}C + AB\overline{C} = \overline{AC} \bullet \overline{\overline{A}BC} \bullet \overline{\overline{B}C} + AB\overline{C} \\
&= (\overline{A} + \overline{C})(A + \overline{B} + \overline{C})(B + \overline{C}) + AB\overline{C} \\
&= \overline{A}(A + \overline{B} + \overline{C})(B + \overline{C}) + \overline{C}(A + \overline{B} + \overline{C})(B + \overline{C}) + AB\overline{C} \\
&= \overline{A}(\overline{B} + \overline{C})(B + \overline{C}) + \overline{C}(A + \overline{B} + 1)(B + 1) + AB\overline{C} \\
&= \overline{A}(\overline{BC} + B\overline{C} + \overline{C}) + \overline{C} + AB\overline{C} = \overline{AC} + \overline{C} + AB\overline{C} \\
&= \overline{C} + AB\overline{C} = \overline{C}
\end{aligned}
$$

在数字电路中大量使用与非门，所以如何把一个化简了的与或表达式转换为与非-与非式，并用与非门去实现它是十分重要的。一般，用两次求反法可以将一个化简了的与或式转换成与非-与非式。例

$$
Y = AB + BC + C\overline{D} = \overline{\overline{AB + BC + C\overline{D}}} = \overline{\overline{AB} \cdot \overline{BC} \cdot \overline{C\overline{D}}}
$$

10.3.5 逻辑函数的卡诺图化简

1. 最小项

（1）最小项的定义

对于 N 个变量，如果 P 是一个含有 N 个因子的乘积项，而在 P 中每一个变量都以原变量或反变量的形式出现一次，且仅出现一次，那么就称 P 是 N 个变量的一个最小项。

因为每个变量都以原变量和反变量两种可能的形式出现，所以 N 个变量有 2^N 个最小项。

（2）最小项的性质

表 10-11 列出了三个变量的全部最小项真值表。由表可以看出最小项具有下列性质。

表 10-11　　三变量最小项真值表

ABC	$\overline{A}\overline{B}\overline{C}$	$\overline{A}\overline{B}C$	$\overline{A}B\overline{C}$	$\overline{A}BC$	$A\overline{B}\overline{C}$	$A\overline{B}C$	$AB\overline{C}$	ABC
0 0 0	1	0	0	0	0	0	0	0
0 0 1	0	1	0	0	0	0	0	0
0 1 0	0	0	1	0	0	0	0	0
0 1 1	0	0	0	1	0	0	0	0
1 0 0	0	0	0	0	1	0	0	0
1 0 1	0	0	0	0	0	1	0	0
1 1 0	0	0	0	0	0	0	1	0
1 1 1	0	0	0	0	0	0	0	1

性质 1：每个最小项仅有一组变量的取值会使它的值为“1”，而其他变量取值都使它的值为“0”。

性质 2：任意两个不同的最小项的乘积恒为“0”。

性质 3：全部最小项之和恒为“1”。

由函数的真值表可以很容易地写出函数的标准与或式，此外，利用逻辑代数的定律、公式，可以将任何逻辑函数式展开或变换成标准与或式。

例 1： 将逻辑函数式变换成标准与或式。

$$Y = AB + BC + AC = AB(C+\overline{C}) + BC(A+\overline{A}) + AC(B+\overline{B})$$
$$= ABC + AB\overline{C} + \overline{A}BC + A\overline{B}C$$

例 2： 将逻辑函数式变换成标准与或式。

$$Y = \overline{(AB+\overline{A}\,\overline{B}+C)\overline{AB}} = \overline{AB+\overline{A}\,\overline{B}+C+AB}$$
$$= \overline{AB}\bullet\overline{\overline{A}\,\overline{B}}\bullet\overline{C} + AB = (\overline{A}+\overline{B})(A+B)\overline{C} + AB = \overline{A}B\overline{C} + A\overline{B}\,\overline{C} + AB(C+\overline{C})$$
$$= \overline{A}B\overline{C} + A\overline{B}\,\overline{C} + ABC + AB\overline{C}$$

（3）最小项编号及表达式

为便于表示，要对最小项进行编号。编号的方法是：把与最小项对应的那一组变量取值组合当成二进制数，与其对应的十进制数，就是该最小项的编号。

在标准与或式中，常用最小项的编号来表示最小项。如

$Y = \overline{A}BC + A\overline{B}C + AB\overline{C} + ABC$ 常写成 $Y = F(A,B,C) = m_3 + m_5 + m_6 + m_7$ 或 $Y = \sum_m(3,5,6,7)$。

2. 逻辑函数的卡诺图表达法

（1）逻辑变量卡诺图

卡诺图也称为最小项方格图，它将最小项按一定的规则排列成方格阵列。根据变量的数目 N，则应有 2^N 个小方格，每个小方格代表一个最小项。

卡诺图中将 N 个变量分成行变量和列变量两组，行变量和列变量的取值，决定了小方格的编号，也即最小项的编号。行、列变量的取值顺序一定要按格雷码排列。图 10-23 所示列出了三变量和四变量的卡诺图。

A \ BC	00	01	11	10
0	m_0	m_1	m_3	m_2
1	m_4	m_5	m_7	m_6

AB \ CD	00	01	11	10
00	m_0	m_1	m_3	m_2
01	m_4	m_5	m_7	m_6
11	m_{12}	m_{13}	m_{15}	m_{14}
10	m_8	m_9	m_{11}	m_{10}

图 10-23　三变量、四变量的卡诺图

卡诺图的特点是形象地表达了各个最小项之间在逻辑上的相邻性。图中任何几何位置相邻的最小项，在逻辑上也是相邻的。

所谓逻辑相邻，是指两个最小项只有一个是互补的，而其余的变量都相同。

所谓几何相邻，不仅包括卡诺图中相接小方格的相邻，方格间还具有对称相邻性。对称相邻性是指以方格阵列的水平或垂直中心线为对称轴，彼此对称的小方格间也是相邻的。

卡诺图的主要缺点是随着变量数目的增加，图形迅速复杂化，当逻辑变量在五个以上时，很少使用卡诺图。

（2）逻辑函数卡诺图

用卡诺图表示逻辑函数就是将函数真值表或表达式的值填入卡诺图中。

可根据真值表或标准与或式画卡诺图，也可根据一般逻辑式画卡诺图。若已知的是一般的逻辑函数表达式，则首先将函数表达式变换成与或表达式，然后利用直接观察法填卡诺图。观察法的原理是：在逻辑函数与或表达式中，凡是乘积项，只要有一个变量因子为 0 时，该乘积项为 0；只有乘积项所有因子都为 1 时，该乘积项为 1。如果乘积项没有包含全部变量，无论所缺变量为 1 或者为 0，只要乘积项现有变量满足乘积项为 1 的条件，该乘积项即为 1。

例 1： 画出 $Y = \overline{(A+D)(B+\overline{C})}$ 的卡诺图。

解： 可以将上式写成 $Y = \overline{A}\overline{D} + \overline{B}C$，根据上述原理可以得到如图 10-24 所示的卡诺图。

例 2：画出下式的卡诺图。

$$Y(A,B,C,D)=\sum m(1,3,4,6,7,11,14,15)$$

解：因为上式给出的是最小项的形式，所以可以直接来进行填充。得到如图 10-25 所示的卡诺图。

CD \ AB	00	01	11	10
00	1	1	0	0
01	0	0	0	0
11	1	0	0	1
10	1	1	0	1

图 10-24　例 1 卡诺图

CD \ AB	00	01	11	10
00	0	1	0	0
01	1	0	0	0
11	1	1	1	1
10	0	1	1	0

图 10-25　例 2 卡诺图

（3）逻辑函数的卡诺图化简法

① 合并最小项的规律。

根据相邻最小项的性质可知，两逻辑上相邻的最小项之和可以合并成一项，并消去一个变量；四个相邻最小项可合并为一项，并消去两个变量。卡诺图上能够合并的相邻最小项必须是 2 的整次幂。

② 用卡诺图化简逻辑函数。

用卡诺图化简逻辑函数一般可分为三步进行：首先是画出函数的卡诺图；然后是圈 1 合并最小项；最后根据方格圈写出最简与或式。

在圈 1 合并最小项时应注意以下几个问题：圈数尽可能少；圈尽可能大；卡诺图中所有“1”都要被圈，且每个“1”可以多次被圈；每个圈中至少要有一个“1”只圈 1 次。一般来说，合并最小项圈 1 的顺序是先圈没有相邻项的 1 格，再圈两格组、四格组、八格组……两点说明如下。

在有些情况下，最小项的圈法不只一种，得到的各个乘积项组成的与或表达式各不相同，哪个是最简的，要经过比较、检查才能确定。

在有些情况下，不同圈法得到的与或表达式都是最简形式。即一个函数的最简与或表达式不是唯一的。

3. 具有约束条件的逻辑函数化简

（1）约束、约束条件、约束项

在实际的逻辑问题中，决定某一逻辑函数的各个变量之间，往往具有一定的制约关系。这种制约关系称为约束。

例如，设在十字路口的交通信号灯，绿灯亮表示可通行，黄灯亮表示车辆停，红灯亮表示不通行。如果用逻辑变量 A、B、C 分别代表绿、黄、红灯，并设灯亮为 1，灯灭为 0；用 Y 代表是否停车，设停车为 1，通行为 0。则 Y 的状态是由 A、B、C 的状态决定的，即 Y 是 A、B、C 是函数。

在这一函数关系中，三个变量之间存在着严格的制约关系。因为通常不允许两种以上的灯同时亮。如果用逻辑表达式表示上述约束关系，有

$$AB=0 \qquad BC=0 \qquad AC=0 \qquad 或\ AB+BC+AC=0$$

通常把反映约束关系的这个值恒等于 0 的条件等式称为约束条件。

将等式展开成最小项表达式，则有

$$ABC + AB\overline{C} + \overline{A}BC + A\overline{B}C = 0$$

由最小项性质可知，只有对应的变量取值组合出现时，其值才为 1。约束条件中包含的最小项的值恒为 0，不能为 1，所以对应的变量取值组合不会出现。这种不会出现的变量取值组合所对应的最小项称为约束项。

约束项所对应的函数值，一般用×表示。它表示约束项对应的变量取值组合不会出现，而函数值可以认为是任意的。

约束项可写为 $\sum m(3,5,6,7)=0$

（2）具有约束条件的逻辑函数的化简

约束项所对应的函数值，既可看作 0，也可看作 1。当把某约束项看作 0 时，表示逻辑函数中就不包括该约束项，如果是看作 1，则说明函数式中包含了该约束项，但因其所对应的变量取值组合不会出现，也就是说加上该项等于加 0，函数值不会受影响。

例：化简以下逻辑函数。

$$Y(A、B、C、D) = \sum m(1,2,5,6,9) + \sum d(10,11,12,13,14,15)$$

式中 d 表示约束项。

解：（1）根据最小项表达式和约束条件画卡诺图，根据已知函数填写卡诺图，并将约束项的小方格填上“×”。如图 10-26 所示。

（2）画卡诺圈，约束项可以视为“0”，也可以视为“1”。如图 10-27 所示。

AB \ CD	00	01	11	10
00	0	1	0	1
01	0	1	0	1
11	×	×	×	×
10	0	1	×	×

图 10-26　例题的卡诺图

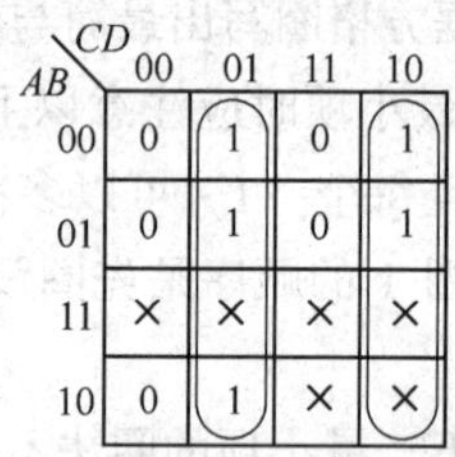

图 10-27　例题的卡诺圈

（3）写出化简后的逻辑函数表达式

$$Y = \overline{C}D + C\overline{D}$$

本章小结

数字电路中广泛采用二进制，二进制的特点是逢二进一，用 0 和 1 表示逻辑变量的两种状态。二进制可以方便地转换成八进制、十进制和十六制。BCD 码是十进制数的二进制代码表示，常用的 BCD 码是 8421 码。

数字电路的输入变量和输出变量之间的关系可以用逻辑代数来描述，最基本的逻辑运算是与运算、或运算和非运算。

逻辑函数有四种表示方法：真值表、逻辑表达式、逻辑图和卡诺图。这四种方法之间可以互相转换，真值表和卡诺图是逻辑函数的最小项表示法，它们具有唯一性。而逻辑表达式和逻辑图都不是唯一的。使用这些方法时，应当根据具体情况选择最适合的一种方法表示所研究的逻辑函数。

本章介绍了两种逻辑函数化简法。公式化简法是利用逻辑代数的公式和规则，经过运算，对逻辑表达式进行化简。它的优点是不受变量个数的限制，但是否能够得到最简的结果，不仅需要熟练地运用公式和规则，而且需要有一定的运算技巧。卡诺图化简法是利用逻辑函数的卡诺图进行化简，其优点是方便直观，容易掌握，但变量个数较多时（五个以上），则因为图形复杂，不宜使用。在实际化简逻辑函数时，将两种化简方法结合起来使用，往往效果更佳。

习 题

10-1 选择题。

1. 以下代码中为无权码的为________。

A. 8421BCD 码　　B. 5421BCD 码

C. 余 3 码　　D. 格雷码

2. 以下代码中为恒权码的为________。

A. 8421BCD 码　　B. 5421BCD 码

C. 余 3 码　　D. 格雷码

3. 1 位十六进制数可以用________位二进制数来表示。

A. 1　　B. 2　　C. 4　　D. 16

4. 十进制数 25 用 8421BCD 码表示为________。

A. 10101　　B. 00100101　　C. 100101　　D. 10101

5. 在一个 8 位的存储单元中，能够存储的最大无符号整数是________。

A. $(256)_{10}$　　B. $(127)_{10}$　　C. $(FF)_{16}$　　D. $(255)_{10}$

6. 与十进制数$(53.5)_{10}$等值的数或代码为________。

A. $(01010011.0101)_{8421BCD}$　　B. $(35.8)_{16}$

C. $(110101.1)_2$　　D. $(65.4)_8$

7. 与八进制数(47.3)8 等值的数为________。

A. $(100111.011)_2$　　B. $(27.6)_{16}$

C. $(27.3)_{16}$　　D. $(100111.11)_2$

8. 常用的 BCD 码有________。

A. 奇偶校验码　　B. 格雷码

C. 8421 码　　D. 余 3 码

9. 与模拟电路相比，数字电路主要的优点有________。

A. 容易设计　　B. 通用性强

C. 保密性好　　D. 抗干扰能力强

10-2 判断题。（正确打√，错误的打×）

1. 8421 码 1001 比 0001 大。（　）

2. 数字电路中用“1”和“0”分别表示两种状态，二者无大小之分。（　）

3. 格雷码具有任何相邻码只有 1 位码元不同的特性。　　　　（　　）

4. 八进制数$(18)_8$比十进制数$(18)_{10}$小。　　　　（　　）

10-3　填空题。

1. 数字信号的特点是在________上和________上都是断续变化的，其高电平和低电平常用________和________来表示。

2. 分析数字电路的主要工具是________，数字电路又称为________。

3. 在数字电路中，常用的计数制除十进制外，还有________、________、________。

4. 常用的 BCD 码有________、________、________、________等。常用的可靠性代码有________、________等。

5. $(10110010.1011)_2 = (\_\_\_\_\_\_)_8 = (\_\_\_\_\_\_)_{16}$

6. $(35.4)_8 = (\_\_\_\_\_\_)_2 = (\_\_\_\_\_\_)_{10} = (\_\_\_\_\_\_)_{16}$

7. $(39.75)_{10} = (\_\_\_\_\_\_)_2 = (\_\_\_\_\_\_)_8 = (\_\_\_\_\_\_)_{16}$

8. $(5E.C)_{16} = (\_\_\_\_\_\_)_2 = (\_\_\_\_\_\_)_8 = (\_\_\_\_\_\_)_{10}$

10-4　写出下列逻辑函数的反函数，并化成最简与或表达式。

（1）$Y = A\overline{B} + \overline{C}D$

（2）$Y = \overline{A}(\overline{BC} + A\overline{C})\cdot(AB\overline{C} + A + C)$

10-5　用代数法化简下列逻辑函数。

（1）$Y = \overline{A}\,\overline{B}\,\overline{C} + B\overline{C} + A\overline{C}$

（2）$Y = \overline{A}\,\overline{C} + A(\overline{C} + \overline{A}BC) + AB\overline{C}$

（3）$Y = (ABC + B\overline{C}D)(A + C)$

（4）$Y = AB\overline{C} + \overline{A}D(\overline{B}\,\overline{C} + A\overline{C}) + ABC + AB(\overline{D} + EY) + A\overline{C}D$

（5）$Y = (A + BC)\cdot(B + \overline{C}\,\overline{D})$

10-6　用卡诺图化简下列逻辑函数。

（1）$Y(ABC) = B\overline{C} + \overline{ABC} + A\overline{C} + A\overline{B}C$

（2）$Y(ABCD) = ABD + A\overline{B}\,\overline{C}D + \overline{A}\,\overline{B}CD + \overline{B}D$

（3）$Y(ABC) = \sum m(0,2,4,6,7)$

10-7　用卡诺图法化简带约束项的逻辑函数。

（1）$Y(ABCD) = \sum m(1,3,5,7,8,9) + \sum d(10,11,12,13,14,15)$

（2）$Y(ABCD) = \sum m(2,3,4,6,7,8) + \sum d(10,11,12,13,14,15)$

（3）$Y(ABCD) = \sum m(0,2,8,9) + \sum d(10,11,12,13,14,15)$

10-8　有一个火灾报警系统，设有烟感、温感和紫外光感三种不同类型的火灾探测器。为了防止误报警，只有当其中两种或三种探测器发出探测信号时，报警系统才产生报警信号，试用与非门设计产生报警信号的电路。

第11章 组合逻辑电路

本章提要

本章主要讲述组合逻辑电路的逻辑关系及一般组合逻辑电路的设计方法，编码器、译码器等中规模组合逻辑电路的特点及工作原理，以及数据选择器、数字比较器的工作原理及分析方法。

11.1 组合逻辑电路的特点及分析方法

逻辑电路按照逻辑功能的不同可分为两大类：一类是组合逻辑电路（简称组合电路），另一类是时序逻辑电路（简称时序电路）。它们的特点分别是：组合逻辑电路在任意时刻的输出信号取决于该时刻的输入信号，与信号作用前的状态无关，即电路没有记忆功能，从结构上看，构成单元是各种门电路；时序逻辑电路的输出状态不仅与当时的输入信号有关，还与电路的原状态有关，即电路保留了原状态，它有记忆功能，从结构上看，构成单元是门电路与存储单元（触发器）。本章讨论组合逻辑电路，并以常用的组合逻辑电路为例，说明分析及设计的方法。

11.1.1 组合逻辑电路的特点

（1）输入、输出之间没有反馈延迟通路，电路中不含记忆元件，输出信号仅由当时的输入决定。

（2）电路一般由各种基本门电路和复合门电路构成。

（3）输入信号和输出信号个数可以是一个，也可以是多个；变量和函数的个数可以相同也可以不同。

11.1.2 组合逻辑电路分析方法

所谓组合逻辑电路的分析，就是根据给定的逻辑电路图，求出电路的逻辑功能。分析组合逻辑电路的目的是为了确定已知电路的逻辑功能，或者检查电路设计是否合理。

1. 分析步骤

分析的主要步骤如下。

（1）由逻辑图写表达式，从输入到输出逐级写出逻辑函数表达式。

（2）利用代数法或卡诺图法化简表达式。

（3）根据逻辑表达式列真值表。

（4）按真值表的逻辑关系描述逻辑功能。

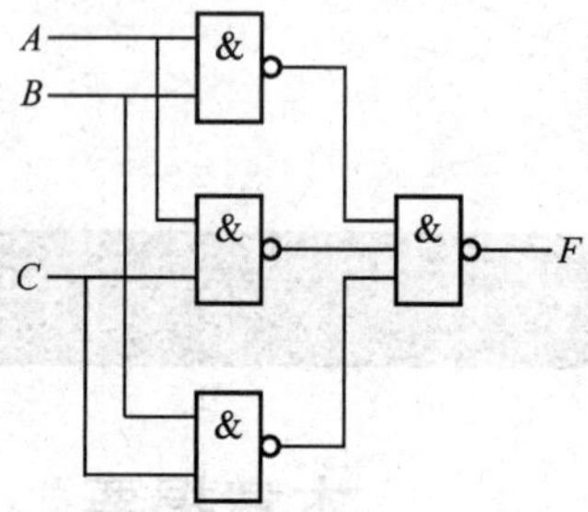

图 11-1 例 11.1 逻辑电路图

2. 举例说明组合逻辑电路的分析方法

例 11.1 试分析如图 11-1 所示电路的逻辑功能。

解： 第一步，由逻辑图可以写输出 F 的逻辑表达式为

$$F=\overline{\overline{AB}\cdot\overline{AC}\cdot\overline{BC}}$$

第二步，可变换为

$$F=AB+AC+BC$$

第三步，列出真值表见表 11-1。

表 11-1 例 11.1 真值表

A	B	C	F
0	0	0	0
0	0	1	0
0	1	0	0
0	1	1	1
1	0	0	0
1	0	1	1
1	1	0	1
1	1	1	1

第四步，确定电路的逻辑功能。

由真值表可知，三个变量输入 A、B、C，只有两个及两个以上变量取值为 1 时，输出才为 1。可见电路可实现多数表决逻辑功能。

例 11.2 分析如图 11-2（a）所示电路的逻辑功能。

解： 为了方便写表达式，在图中标注中间变量，比如 F_1、F_2 和 F_3，如图 11-2（a）所示，即

$$S=\overline{F_2F_3}=\overline{\overline{AF_1}\cdot\overline{BF_1}}=\overline{\overline{A\overline{AB}}\cdot\overline{B\overline{AB}}}=A\overline{AB}+B\overline{AB}=(\overline{A}+\overline{B})(A+B)=\overline{A}B+A\overline{B}=A\oplus B$$

$$C=\overline{F_1}=\overline{\overline{AB}}=AB$$

该电路实现两个 1 位二进制数相加的功能。S 是它们的和，C 是向高位的进位。由于这一加法器电路没有考虑低位的进位，所以称该电路为半加器。根据 S 和 C 的表达式，将原电路图改画成如图 11-2（b）所示的逻辑图。真值表见表 11-2。

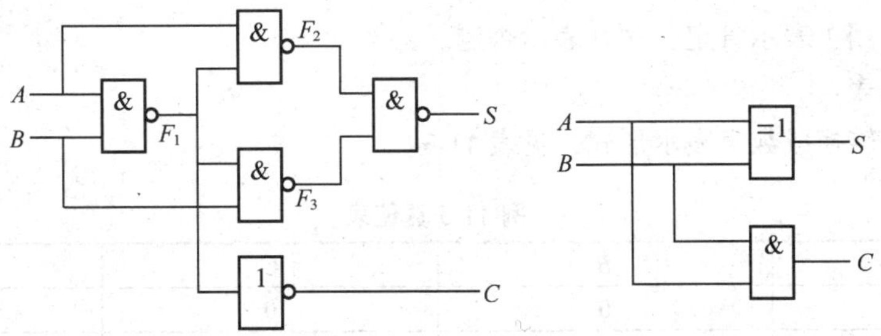

（a）电路图　　（b）逻辑图

图 11-2　例 11.2 图

表 11-2　例 11.2 真值表

A	B	S	C
0	0	0	0
0	1	1	0
1	0	1	0
1	1	0	1

11.2 组合逻辑电路的设计方法

11.2.1 组合逻辑电路的设计步骤

与分析过程相反，组合逻辑电路的设计是根据给定的实际逻辑问题，求出实现其逻辑功能的最简单的逻辑电路。

组合逻辑电路的设计步骤如下所述。

（1）分析设计要求，设置输入、输出变量并逻辑赋值；定义逻辑状态，即确定 0、1 的具体含义。

（2）列真值表。

（3）写出逻辑表达式并化简。

（4）画逻辑电路图。

11.2.2 设计举例

例 11.3　一火灾报警系统，设有烟感、温感和紫外光感三种类型的火灾探测器。为了防止误报警，只有当其中有两种或两种以上类型的探测器发出火灾检测信号时，报警系统产生报警控制信号。设计一个产生报警控制信号的电路。

解：（1）分析设计要求，设输入、输出变量并逻辑赋值。

输入变量：烟感 A、温感 B、紫外线光感 C。

输出变量：报警控制信号 Y。

逻辑赋值：用1表示肯定，用0表示否定。

（2）列真值表。

把逻辑关系转换成数字表示形式，见表11-3。

表11-3　　例11.3真值表

A	B	C	Y
0	0	0	0
0	0	1	0
0	1	0	0
0	1	1	1
1	0	0	0
1	0	1	1
1	1	0	1
1	1	1	1

（3）由真值表写逻辑表达式，并化简。

$$Y=\overline{A}BC+A\overline{B}C+AB\overline{C}+ABC$$

化简得最简式$Y=BC+AC+AB$

（4）画逻辑电路图。

$$Y=\overline{\overline{BC+AC+AB}}$$

用一个与或非门加一个非门就可以实现，其逻辑电路图如图11-3所示。

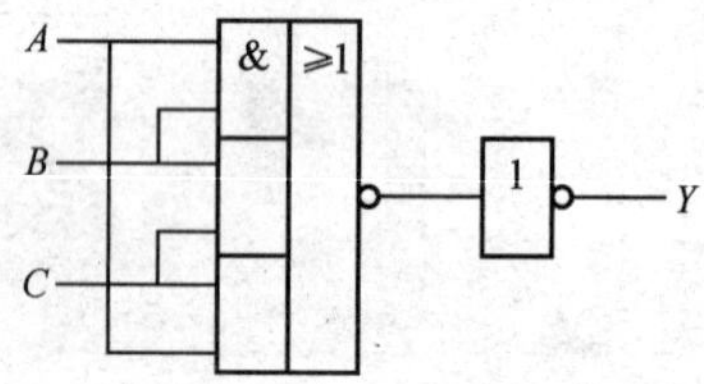

图11-3　例11.3的逻辑电路图

11.3 常用中规模组合逻辑电路

人们为解决实践中遇到的各种逻辑问题，设计了许多逻辑电路。然而，我们发现，其中有些逻辑电路经常、大量出现在各种数字系统当中。为了方便使用，各厂家已经把这些逻辑电路制造成中规模集成的组合逻辑电路产品。比较常用的有编码器、译码器、数据选择器、加法器和数值比较器等。下面分别进行介绍。

11.3.1 编码器

用二进制代码表示文字、符号或者数码等特定对象的过程，称为编码。实现编码的逻辑电路，称为编码器。对M个信号编码时，应如何确定位数N？N位二进制代码可以表示多少个信号？编码原则：N位二进制代码可以表示2^N个信号，则对M个信号编码时，应由$2^N \geqslant M$来确定位数N。

例11.4　对101键盘编码时，采用几位二进制代码？

解：对101键盘编码时，采用了7位二进制代码ASCⅡ码。$2^7=128>101$。

目前经常使用的编码器有普通编码器和优先编码器两种。

1. 普通编码器

定义：任何时刻只允许输入一个有效编码请求信号，否则输出将发生混乱。例如以一个 3 位二进制普通编码器为例，说明普通编码器的工作原理。

输入 8 个信号（对象）I_0～I_7（二值量），输出 3 位二进制代码 $Y_2Y_1Y_0$ 称为 8 线-3 线编码器。其输入、输出对应关系见表 11-4，逻辑图如图 11-4 所示。

表 11-4　　编码器输入输出的对应关系

I_0	I_1	I_2	I_3	I_4	I_5	I_6	I_7	Y_2	Y_1	Y_0
1	0	0	0	0	0	0	0	0	0	0
0	1	0	0	0	0	0	0	0	0	1
0	0	1	0	0	0	0	0	0	1	0
0	0	0	1	0	0	0	0	0	1	1
0	0	0	0	1	0	0	0	1	0	0
0	0	0	0	0	1	0	0	1	0	1
0	0	0	0	0	0	1	0	1	1	0
0	0	0	0	0	0	0	1	1	1	1

2. 优先编码器

在优先编码器中，允许同时输入两个以上的有效编码请求信号。

当几个输入信号同时出现时，只对其中优先权最高的一个进行编码。优先级别的高低由设计者根据输入信号的轻重缓急情况而定。我们以 8 线-3 线优先编码器 74LS148 为例来说明优先编码的逻辑特点及功能。如图 11-5 所示为 74LS148 的逻辑图，表 11-5 为其逻辑功能表。分析其逻辑功能表我们不难发现 74LS148 具有以下几个特点。

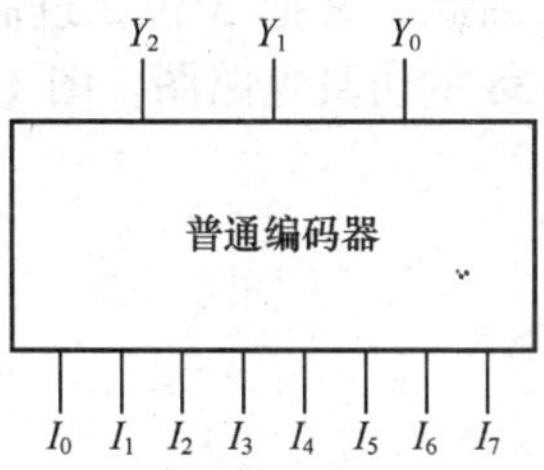

图 11-4　普通编码器的逻辑图

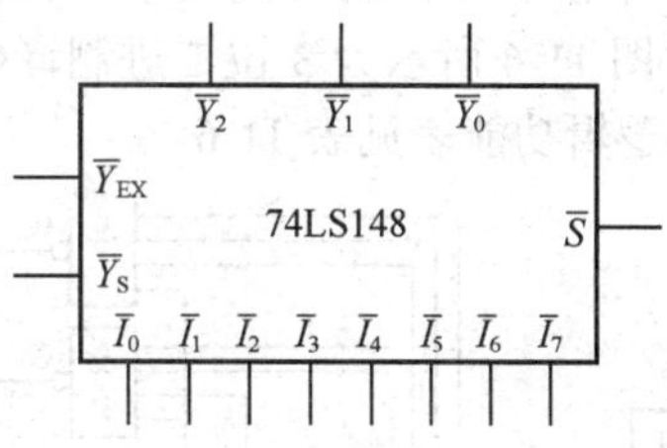

图 11-5　74LS 编码器的逻辑图

表 11-5　　74LS148 电路的逻辑功能表

输入									输出				
$\overline{S}$	$\overline{I}_0$	$\overline{I}_1$	$\overline{I}_2$	$\overline{I}_3$	$\overline{I}_4$	$\overline{I}_5$	$\overline{I}_6$	$\overline{I}_7$	$\overline{Y}_2$	$\overline{Y}_1$	$\overline{Y}_0$	$\overline{Y}_S$	$\overline{Y}_{EX}$
1	×	×	×	×	×	×	×	×	0	1	1	1	1
0	1	1	1	1	1	1	1	1	1	1	1	0	1
0	×	×	×	×	×	×	×	0	0	0	0	1	0
0	×	×	×	×	×	×	0	1	0	0	1	1	0
0	×	×	×	×	×	0	1	1	0	1	0	1	0
0	×	×	×	×	0	1	1	1	0	1	1	1	0

续表

输入									输出				
$\overline{S}$	$\overline{I}_0$	$\overline{I}_1$	$\overline{I}_2$	$\overline{I}_3$	$\overline{I}_4$	$\overline{I}_5$	$\overline{I}_6$	$\overline{I}_7$	$\overline{Y}_2$	$\overline{Y}_1$	$\overline{Y}_0$	$\overline{Y}_S$	$\overline{Y}_{EX}$
0	×	×	×	0	1	1	1	1	1	0	0	1	0
0	×	×	0	1	1	1	1	1	1	0	1	1	0
0	×	0	1	1	1	1	1	1	1	1	0	1	0
0	0	1	1	1	1	1	1	1	1	1	1	1	0

（1）编码输入端：逻辑符号输入端 I_0～I_7 上面均有"—"号，这表示编码输入低电平有效。I_7 的优先权最高，且低电平有效，当全为 1 时，允许编码，但无有效编码请求。

（2）编码输出端 $\overline{Y_2}$、$\overline{Y_1}$、$\overline{Y_0}$：从功能表可以看出，74LS148 编码器的编码输出是反码。

（3）选通输入端：只有在 $\overline{S}$=0 时，编码器才处于工作状态；而在 $\overline{S}$=1 时，编码器处于禁止状态，所有输出端均被封锁为高电平。

（4）选通输出端 Y_S 和扩展输出端 Y_{EX}：为扩展编码器功能而设置。

以上通过对 74LS148 编码器逻辑功能的分析，介绍了通过 MSI 器件逻辑功能表了解集成器件功能的方法。要求初步具备查阅器件手册的能力。

11.3.2 译码器

译码是编码的逆过程，将编码时赋予代码的特定含义"翻译"出来就是译码。实现译码功能的组合逻辑电路称为译码器。常用的译码器有二进制译码器、二-十进制译码器和显示译码器等。

1. 二进制译码器

二进制译码器是指输入为 N 位二进制代码，输出为 2^N 个最小项。输入是 3 位二进制代码、有 8 种状态，8 个输出端分别对应其中一种输入状态。因此，又把 3 位二进制译码器称为 3 线-8 线译码器。图 11-6 所示为 3 位二进制译码器 74LS138 的仿真电路图，图 11-7 所示为其逻辑电路图。它的逻辑功能表见表 11-6。

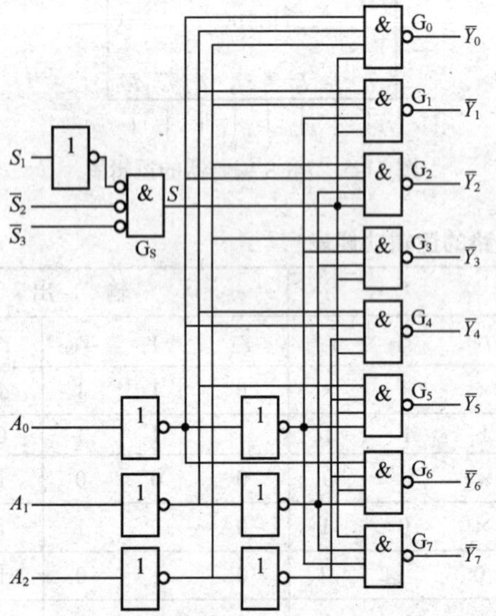

图 11-6 74LS138 的仿真电路图

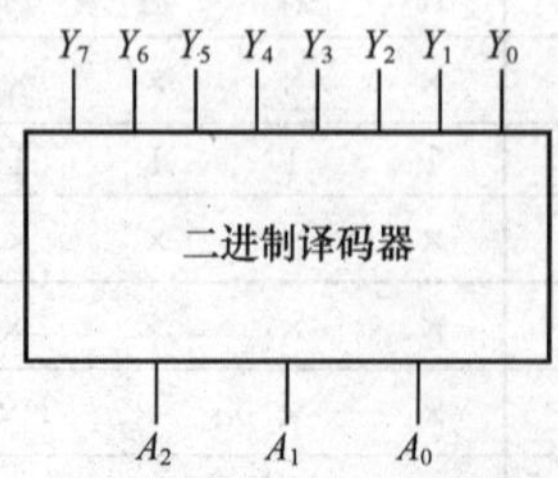

图 11-7 74LS138 的逻辑电路图

表 11-6　74LS138 的逻辑功能表

输入					输出							
S_1	$\overline{S}_2+\overline{S}_3$	A_2	A_1	A_0	$\overline{Y_0}$	$\overline{Y_1}$	$\overline{Y_2}$	$\overline{Y_3}$	$\overline{Y_4}$	$\overline{Y_5}$	$\overline{Y_6}$	$\overline{Y_7}$
×	1	×	×	×	1	1	1	1	1	1	1	1
0	×	×	×	×	1	1	1	1	1	1	1	1
1	0	0	0	0	0	1	1	1	1	1	1	1
1	0	0	0	1	1	0	1	1	1	1	1	1
1	0	0	1	0	1	1	0	1	1	1	1	1
1	0	0	1	1	1	1	1	0	1	1	1	1
1	0	1	0	0	1	1	1	1	0	1	1	1
1	0	1	0	1	1	1	1	1	1	0	1	1
1	0	1	1	0	1	1	1	1	1	1	0	1
1	0	1	1	1	1	1	1	1	1	1	1	0

我们来分析 74LS138 的逻辑功能。S 为控制端（又称使能端），$S=1$ 译码工作，$S=0$ 禁止译码，输出全 1。$S=S_1\cdot\overline{S_2}\cdot\overline{S_3}$。

3 个译码输入端（又称地址输入端）A_2、A_1、A_0，8 个译码输出端 $\overline{Y_1}\sim\overline{Y_7}$，以及 3 个控制端（又称使能端）$S_1$、$\overline{S_2}$、$\overline{S}_3$。$S_1$、$\overline{S_2}$、$\overline{S}_3$ 是译码器的控制输入端，当 $S_1=1$、$\overline{S}_2+\overline{S}_3=0$（即 $S_1=1$，$\overline{S}_2$ 和 $\overline{S}_3$ 均为 0）时，G_S 输出为高电平，译码器处于工作状态。否则，译码器被禁止，所有的输出端被封锁在高电平。

当译码器处于工作状态时，每输入一个二进制代码就将使对应的一个输出端置为低电平，而其他输出端均为高电平。也可以说对应的输出端被“译中”。74LS138 输出端被“译中”时为低电平，所以其逻辑符号中每个输出端 $\overline{Y_1}\sim\overline{Y_7}$ 上方均有“—”符号。

$$\overline{Y_i}=\overline{S\cdot m_i}(i=0,1,\cdots,7)$$

应用举例：

（1）利用使能端实现功能扩展，如图 11-8 所示用两片 74LS138 译码器构成 4 线-16 线译码器。

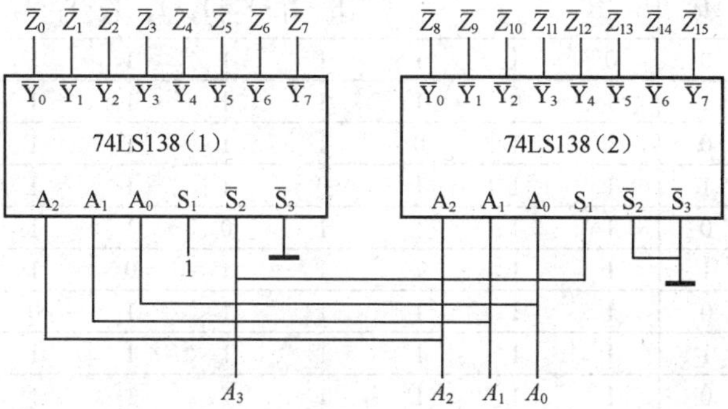

图 11-8　用两片 74LS138 译码器构成 4 线-16 线译码器

（2）实现组合逻辑函数 $F(A,B,C)$。

$$F(A,B,C)=\sum m_i(i\in 0\sim 7)$$

$$\overline{Y_i}=\overline{S\cdot m_i}=\overline{m_i}(S=1,i=0\sim 7)$$

比较以上两式可知，把 3 线-8 线译码器 74LS138 地址输入端（A_2、A_1、A_0）作为逻辑函数的输入变量（A、B、C），译码器的每个输出端 Y_i 都与某一个最小项 m_i 相对应，加上适当的门电路，就可以利用译码器实现组合逻辑函数。

例 11.5 试用 74LS138 译码器实现逻辑函数。

$$F(A,B,C)=\sum m(1,3,5,6,7)$$

解：因为 $\overline{Y_i}=\overline{m_i}(i=0\sim 7)$

则 $F(A,B,C)=\sum m(1,3,5,6,7)=m_1+m_3+m_5+m_6+m_7$

$$=\overline{\overline{m}_1\cdot\overline{m}_3\cdot\overline{m}_5\cdot\overline{m}_6\cdot\overline{m}_7}=\overline{\overline{Y_1}\cdot\overline{Y_3}\cdot\overline{Y_5}\cdot\overline{Y_6}\cdot\overline{Y_7}}$$

逻辑图如图 11-9 所示。

因此，正确连接控制输入端使译码器处于工作状态，将 $\overline{Y_1}$、$\overline{Y_3}$、$\overline{Y_5}$、$\overline{Y_6}$、$\overline{Y_7}$ 经一个与非门输出，A_2、A_1、A_0 分别作为输入变量 A、B、C，就可实现组合逻辑函数。

2. 二-十进制译码器

二-十进制译码器的逻辑功能是将输入的 BCD 码译成 10 个输出信号。图 11-10 所示是二-十进制译码器 74LS42 的逻辑符号，其功能表见表 11-7。

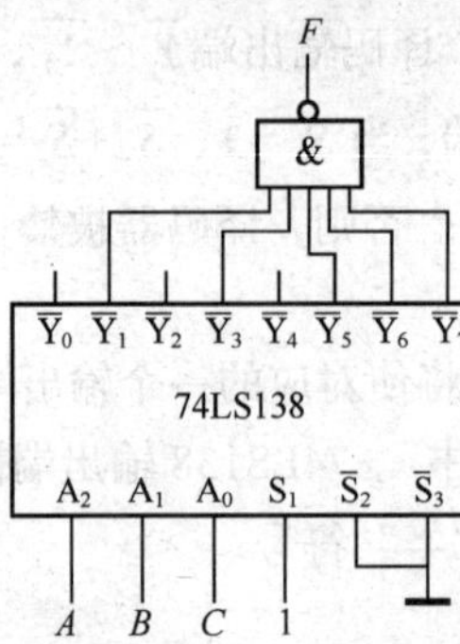

图 11-9 例 11.5 逻辑图

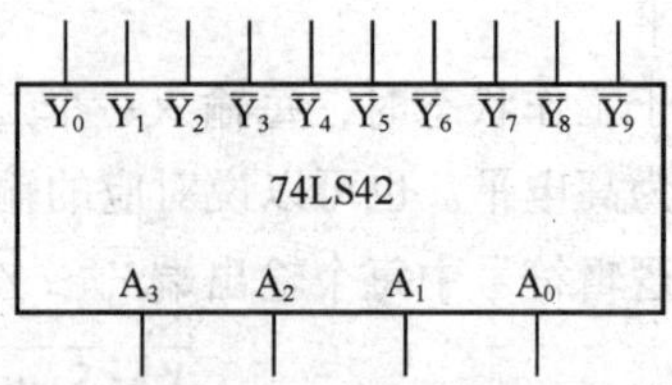

图 11-10 二-十进制译码器 74LS42 的逻辑符号

表 11-7 二-十进制译码器 74LS42 的功能表

A_3	A_2	A_1	A_0	$\overline{Y_0}\cdot\overline{Y_1}\cdot\overline{Y_2}\cdot\overline{Y_3}\cdot\overline{Y_4}\cdot\overline{Y_5}\cdot\overline{Y_6}\cdot\overline{Y_7}$									
0	0	0	0	0	1	1	1	1	1	1	1	1	1
0	0	0	1	1	0	1	1	1	1	1	1	1	1
0	0	1	0	1	1	0	1	1	1	1	1	1	1
0	0	1	1	1	1	1	0	1	1	1	1	1	1
0	1	0	0	1	1	1	1	0	1	1	1	1	1
0	1	0	1	1	1	1	1	1	0	1	1	1	1
0	1	1	0	1	1	1	1	1	1	0	1	1	1
0	1	1	1	1	1	1	1	1	1	1	0	1	1
1	0	0	0	1	1	1	1	1	1	1	1	0	1
1	0	0	1	1	1	1	1	1	1	1	1	1	0
1	0	1	0	1	1	1	1	1	1	1	1	1	1
1	0	1	1	1	1	1	1	1	1	1	1	1	1
1	1	0	0	1	1	1	1	1	1	1	1	1	1
1	1	0	1	1	1	1	1	1	1	1	1	1	1
1	1	1	0	1	1	1	1	1	1	1	1	1	1
1	1	1	1	1	1	1	1	1	1	1	1	1	1

3. 显示译码器

在数字测量仪表和各种数字系统中，都需要将数字量直观地显示出来，一方面供人们直接读取测量和运算的结果，另一方面用于监视数字系统的工作情况。

数字显示电路是数字设备不可缺少的部分。数字显示电路通常由显示译码器、驱动器和显示器等部分组成，如图 11-11 所示。

（1）数字显示器件

数字显示器件是用来显示数字、文字或者符号的器件，常见的有辉光数码管、荧光数码管、液晶显示器、发光二极管数码管、场致发光数字板、等离子体显示板等。本书主要讨论发光二极管数码管。

① 发光二极管（LED）及其驱动方式。

LED 具有许多优点，它不仅有工作电压低（1.5～3V）、体积小、寿命长、可靠性高等优点，而且响应速度快（≤100ns）、亮度比较高。一般 LED 的工作电流选在 5～10mA，但不允许超过最大值（通常为 50mA）。LED 可以直接由门电路驱动，如图 11-12 所示。图 11-12（a）所示是输出为低电平时，LED 发光，称为低电平驱动；图 11-12（b）所示是输出为高电平时，LED 发光，称为高电平驱动。采用高电平驱动方式的 TTL 门最好选用 OC 门。

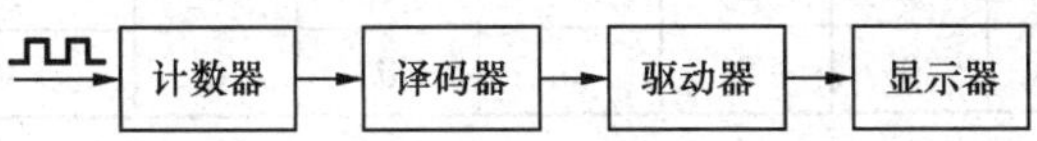

图 11-11 数字显示电路的组成方框图

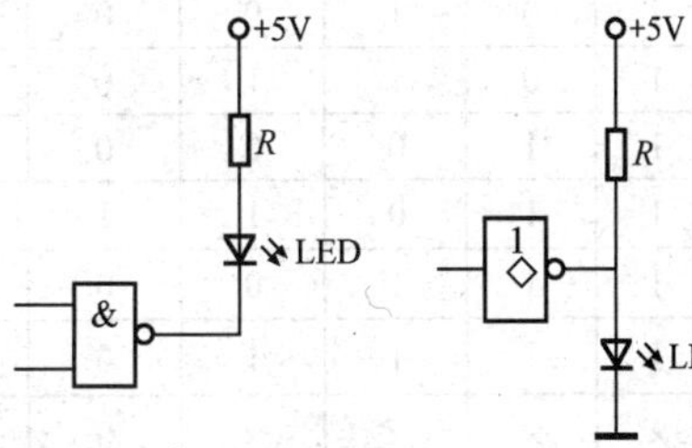

（a）低电平驱动 （b）高电平驱动

图 11-12 门电路驱动 LED

② LED 数码管。

LED 数码管又称为半导体数码管，它是由多个 LED 按分段式封装制成的。LED 数码管有两种形式：共阴型和共阳型。如图 11-13 所示。

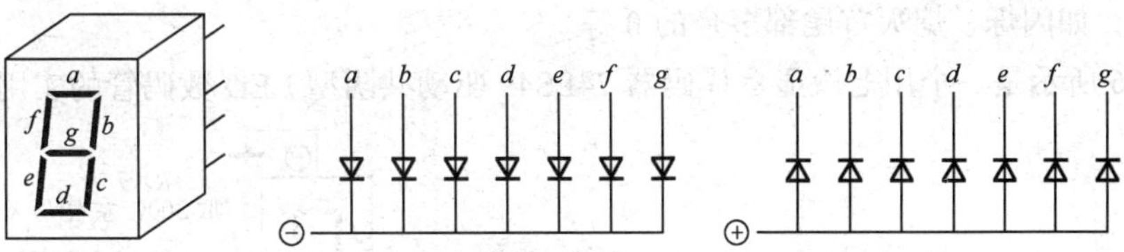

（a）外形图 （b）共阴型 （c）共阳型

图 11-13 七段显示 LED 数码管

（2）七段显示译码器

① 七段字形显示方式。

LED 数码管通常采用如图 11-14 所示的七段字形显示方式来表示 0～9 十个数字。

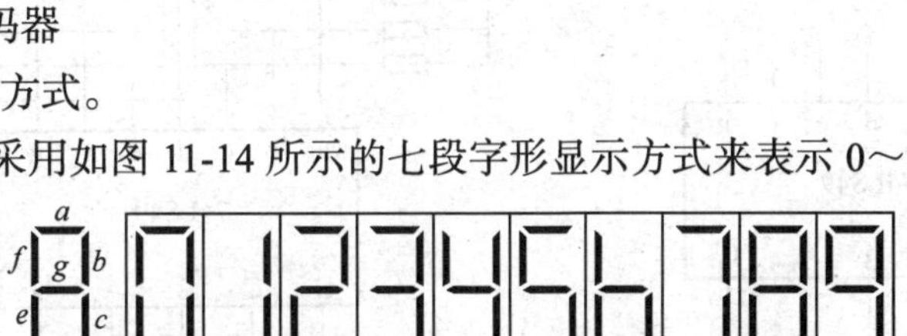

图 11-14 七段数码管字形显示方式

② 七段显示译码器。

七段显示器译码器把输入的 BCD 码，翻译成驱动七段 LED 数码管各对应段所需的电平。74LS49 是一种七段显示译码器。74LS49 的逻辑符号如图 11-15 所示，功能表见表 11-8。

表 11-8　　74LS49 的功能表

输入					输出							字形
I_B	D	C	B	A	a	b	c	d	e	f	g	
1	0	0	0	0	1	1	1	1	1	1	0	0
1	0	0	0	1	0	1	1	0	0	0	0	1
1	0	0	1	0	1	1	0	1	1	0	1	2
1	0	0	1	1	1	1	1	1	0	0	1	3
1	0	1	0	0	0	1	1	0	0	1	1	4
1	0	1	0	1	1	0	1	1	0	1	1	5
1	0	1	1	0	0	0	1	1	1	1	1	6
1	0	1	1	1	1	1	1	0	0	0	0	7
1	1	0	0	0	1	1	1	1	1	1	1	8
1	1	0	0	1	1	1	1	0	0	1	1	9
1	1	0	1	0	0	0	0	1	1	0	1	c
1	1	0	1	1	0	0	1	1	0	0	1	ɔ
1	1	1	0	0	0	1	0	0	0	1	1	u
1	1	1	0	1	1	0	0	1	0	1	1	⊆
1	1	1	1	0	0	0	0	1	1	1	1	t
1	1	1	1	1	0	0	0	0	0	0	0	暗
0	×	×	×	×	0	0	0	0	0	0	0	暗

译码输入端：D、C、B、A，为 8421BCD 码；七段代码输出端：a、b、c、d、e、f、g，某段输出为高电平时该段点亮，用以驱动高电平有效的七段显示 LED 数码管；灭灯控制端：I_B，当 $I_B = 1$ 时，译码器处于正常译码工作状态；若 $I_B = 0$，不管 D、C、B、A 输入什么信号，译码器各输出端均为低电平，处于灭灯状态。利用 I_B 信号，可以控制数码管按照要求处于显示或者灭灯状态，如闪烁、熄灭首尾部多余的 0 等。

图 11-16 所示是一个用七段显示译码器 74LS49 驱动共阴型 LED 数码管的实用电路。

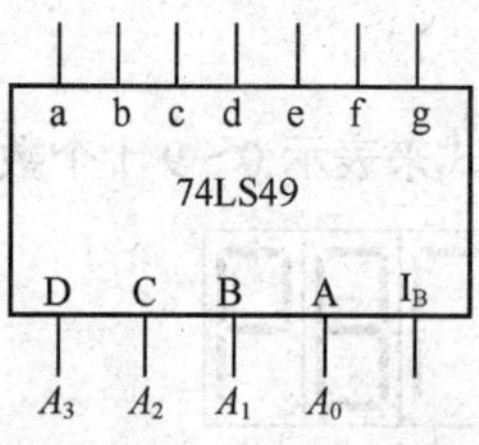

图 11-15　74LS49 的逻辑符号

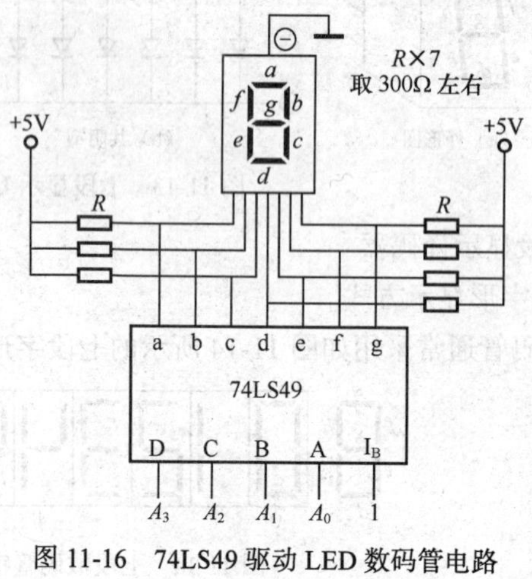

图 11-16　74LS49 驱动 LED 数码管电路

11.3.3 数据选择器

在多路数据传送过程中，能够根据需要将其中任意一路挑选出来的电路，称为数据选择器，也称为多路选择器，其作用相当于多路开关。常见的数据选择器有 4 选 1、8 选 1 等电路，其功能表分别如表 11-9 和表 11-10 所示。

表 11-9　　4 选 1 数据选择器的功能表

输入			输出
S	A_1	A_0	Y
0	×	×	0
1	0	0	D_0
1	0	1	D_1
1	1	0	D_2
1	1	1	D_3

表 11-10　　8 选 1 数据选择器的功能表

输入				输出	
$\overline{S}$	A_2	A_1	A_0	Y	$\overline{Y}$
1	×	×	×	0	1
0	0	0	0	D_0	$\overline{D_0}$
0	0	0	1	D_1	$\overline{D_1}$
0	0	1	0	D_2	$\overline{D_2}$
0	0	1	1	D_3	$\overline{D_3}$
0	1	0	0	D_4	$\overline{D_4}$
0	1	0	1	D_5	$\overline{D_5}$
0	1	1	0	D_6	$\overline{D_6}$
0	1	1	1	D_7	$\overline{D_7}$

1. 数据选择器的工作原理

以 4 选 1 数据选择器为例。如图 11-17 和图 11-18 所示分别为 4 选 1 数据选择器仿真电路和逻辑电路，其公式表达为

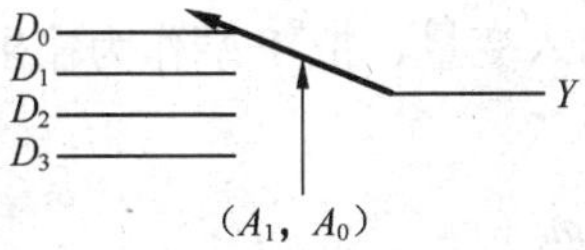

图 11-17　4 选 1 数据选择器仿真电路

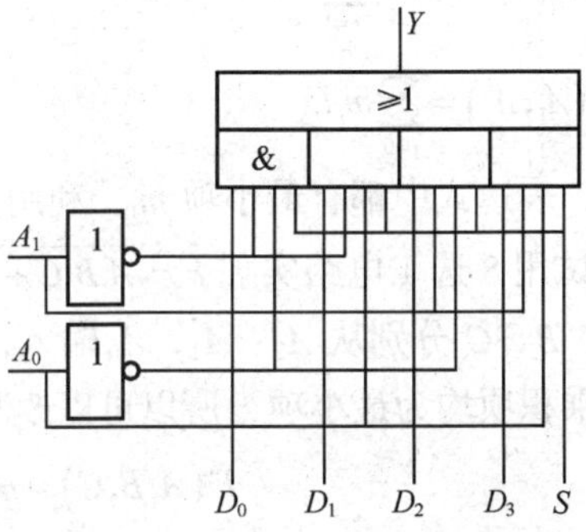

图 11-18　4 选 1 数据选择器电路

$$Y(A_1, A_0) = S(m_0D_0 + m_1D_1 + m_2D_2 + m_3D_3)$$

A_1、A_0为地址输入端，D_3、D_2、D_1、D_0为数据输入端，S为控制输入端，Y为输出端。

2. 8选1数据选择器74LS151

8选1数据选择器74LS151具有三个地址输入端A_2、A_1、A_0，8个数据输入端D_0～D_7，两个互补输出的数据输出端Y和$\overline{Y}$，一个控制输入端$\overline{S}$。74LS151是一种典型的集成电路数据选择器，利用数据选择器，当使能端有效时，将地址输入、数据输入代替逻辑函数中的变量以实现逻辑函数。74LS151的逻辑符号如图11-19所示。

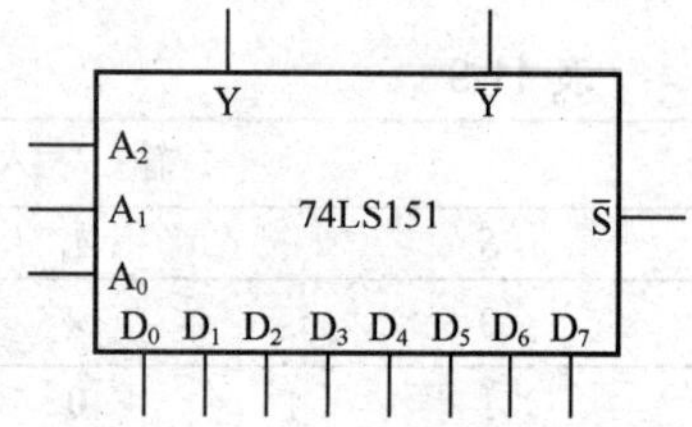

图11-19 74LS151的逻辑符号

3. 应用举例

（1）功能扩展

用两片8选1数据选择器74LS151，利用使能端可以构成16选1数据选择器，如图11-20所示。

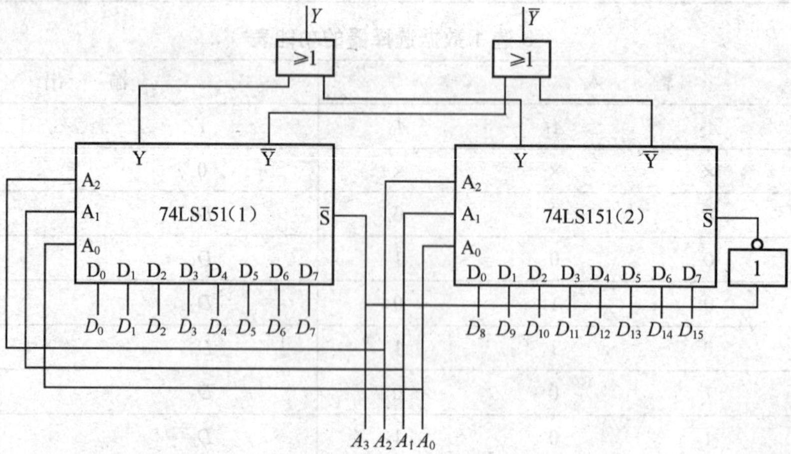

图11-20 74LS151的功能扩展

$A_3 = 1$时，片1禁止，片2工作。$A_3 = 0$时，片1工作，片2禁止。

（2）实现组合逻辑函数

组合逻辑函数

$$F(A,B,C) = \sum m_i (i \in 0 \sim 7)$$

8选1 $Y(A_2, A_1, A_0) = \sum_{i=0}^{7} m_i D_i$

4选1 $Y(A_1, A_0) = \sum_{i=0}^{3} m_i D_i$

比较可知，表达式中都有最小项m_i，利用数据选择器可以实现各种组合逻辑函数。

例11.6 试用8选1电路实现$F = \overline{A}\,\overline{B}\,\overline{C} + \overline{A}BC + A\overline{B}C + ABC$。

解：将A、B、C分别从A_2、A_1，A_0输入，作为输入变量，把Y端作为输出F。因为逻辑表达式中的各乘积项均为最小项，所以可以改写为

$$F(A,B,C) = m_0 + m_3 + m_5 + m_7$$

根据8选1数据选择器的功能，令

$$D_0=D_3=D_5=D_7=1$$
$$D_1=D_2=D_4=D_6=0$$
$$S=0$$

具体电路如图 11-21 所示。

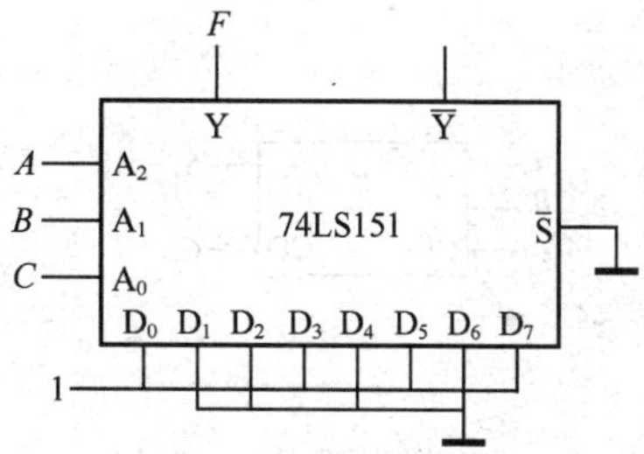

图 11-21　例 11.6 电路图

11.3.4　加法器

算术运算是数字系统的基本功能，更是计算机中不可缺少的组成单元。本节介绍实现加法运算的逻辑电路。

1. 全加器

全加器能把本位两个加数 A_n、B_n 和来自低位的进位 C_{n-1} 三者相加，得到求和结果 S_n 和该位的进位信号 C_n，真值表见表 11-11。

表 11-11　全加器真值表

A_n	B_n	C_{n-1}	S_n	C_n
0	0	0	0	0
0	0	1	1	0
0	1	0	1	0
0	1	1	0	1
1	0	0	1	0
1	0	1	0	1
1	1	0	0	1
1	1	1	1	1

由真值表写最小项之和式，再稍加变换得

$$\begin{aligned}S_n &= \overline{A_n}\,\overline{B_n}C_{n-1}+\overline{A_n}B_n\overline{C_{n-1}}+A_n\overline{B_n C_{n-1}}+A_nB_nC_{n-1}\\ &= \overline{A_n}(B_n\oplus C_{n-1})+A_n\overline{(B_n\oplus C_{n-1})}\\ &= A_n\oplus B_n\oplus C_{n-1}\end{aligned}$$

$$\begin{aligned}C_n &= \overline{A_n}B_nC_{n-1}+A_n\overline{B_n}C_{n-1}+A_nB_n\\ &= (A_n\oplus B_n)C_{n-1}+A_nB_n\end{aligned}$$

由表达式得逻辑图如图 11-22 所示。

2. 多位加法器

全加器可以实现两个 1 位二进制数的相加，要实现多位二进制数的相加，可选用多位加法器电路。74LS283 电路是一个 4 位加法器电路，可实现两个 4 位二进制数的相加，其逻辑符号如图 11-23 所示。

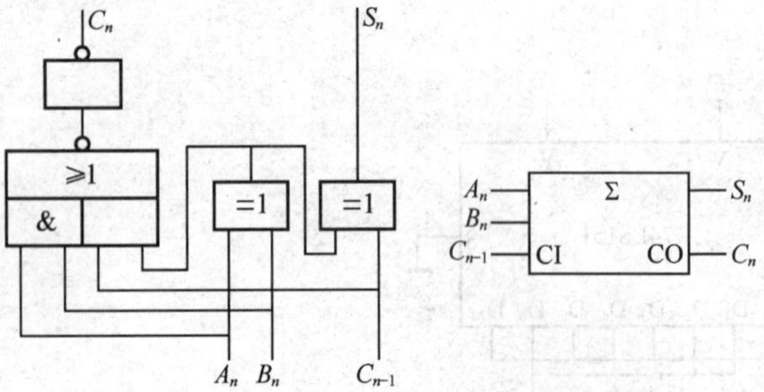

（a）电路图　　（b）逻辑符号

图 11-22　全加器电路图及逻辑符号

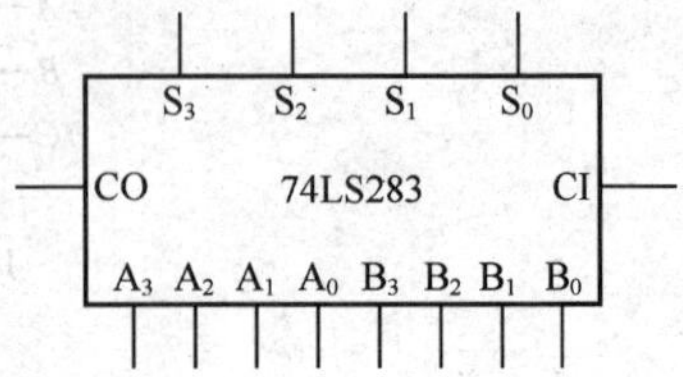

图 11-23　74LS283 电路的逻辑符号

C_I是低位的进位，C_O是向高位的进位，$A_3A_2A_1A_0$和 $B_3B_2B_1B_0$是两个二进制待加数，S_3、S_2、S_1、S_0 是对应各位的和。多位加法器除了可以实现加法运算功能之外，还可以实现组合逻辑电路。

11.3.5　数值比较器

数值比较器是能够比较数字大小的电路。

两个 1 位数 A 和 B 相比较的情况如下。

（1）$A>B$：只有当 $A=1$、$B=0$ 时，$A>B$ 才为真。

（2）$A<B$：只有当 $A=0$、$B=1$ 时，A＜B 才为真。

（3）$A=B$：只有当 $A=B=0$ 或 $A=B=1$ 时，$A=B$ 才为真。

真值表见表 11-12。

表 11-12　　真值表

A	B	Y	Y	Y
0	0	0	0	1
0	1	0	1	0
1	0	1	0	0
1	1	0	0	1

如果要比较两个多位二进制数 A 和 B 的大小，必须从高向低逐位进行比较，如果高位已经比较出大小，便可得出结论，就不用比较低位了。只有在高位相等时，才有必要去比较低位。如 4 位数值比较器 74LS85。其逻辑符号如图 11-24 所示，功能表见表 11-13。

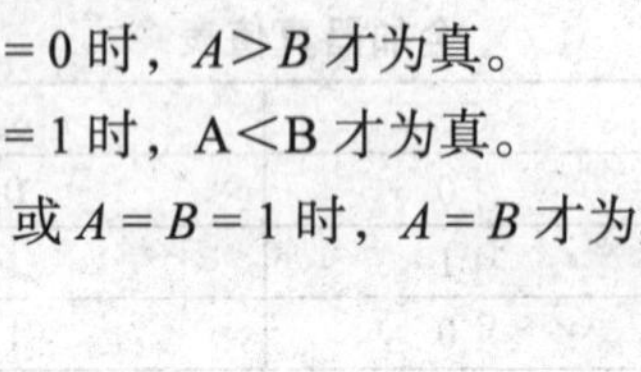

图 11-24　74LS85 的逻辑符号

表 11-13　　74LS85 的功能表

输入				级联输入	输出
A_3，B_3	A_2，B_2	A_1，B_1	A_0，B_0	$I_{A>B}I_{A<B}I_{A=B}$	$F_{A>B}F_{A<B}F_{A=B}$
1　0	×	×	×	×　×　×	1　0　0
0　1	×	×	×	×　×　×	0　1　0
$A_3=B_3$	1　0	×	×	×　×　×	1　0　0
$A_3=B_3$	0　1	×	×	×　×　×	0　1　0
$A_3=B_3$	$A_2=B_2$	1　0	×	×　×　×	1　0　0
$A_3=B_3$	$A_2=B_2$	0　1	×	×　×　×	0　1　0
$A_3=B_3$	$A_2=B_2$	$A_1=B_1$	1　0	×　×　×	1　0　0
$A_3=B_3$	$A_2=B_2$	$A_1=B_1$	0　1	×　×　×	0　1　0
$A_3=B_3$	$A_2=B_2$	$A_1=B_1$	$A_0=B_0$	1　0　0	1　0　0
$A_3=B_3$	$A_2=B_2$	$A_1=B_1$	$A_0=B_0$	0　1　0	0　1　0
$A_3=B_3$	$A_2=B_2$	$A_1=B_1$	$A_0=B_0$	0　0　1	0　0　1
$A_3=B_3$	$A_2=B_2$	$A_1=B_1$	$A_0=B_0$	×　×　1	0　0　1

本章小结

1. 组合逻辑电路是一种应用很广的逻辑电路。本章介绍了组合逻辑电路的分析和设计方法，还介绍了几种常用的中规模（MSI）组合逻辑电路器件。

2. 本章总结出了采用集成门电路构成组合逻辑电路的分析和设计的一般方法，只要掌握这些方法，就可以分析任何一种给定电路的功能，也可以根据给定的功能要求设计出相应的组合逻辑电路。

3. 本章介绍了编码器、译码器、数据选择器、加法器和数值比较器等 MSI 组合逻辑电路器件的功能，并讨论了利用译码器、数据选择器和加法器实现组合逻辑函数的方法。

4. 对于 MSI 组合逻辑电路，主要应熟悉电路的逻辑功能。了解其内部电路只是帮助理解器件的逻辑功能，只有熟悉 MSI 组合逻辑电路的功能，才能正确应用好电路。

5. 本章通过举例，介绍了基于功能块的 MSI 组合逻辑电路的分析方法。熟悉这种方法，对 MSI 组合逻辑电路的分析很有帮助。

习 题

11-1　分析如题图 11-1 所示电路的逻辑功能。

11-2　分析如题图 11-2 所示电路的逻辑功能。

11-3　设计一个组合电路，将 8421BCD 码变换为余 3 代码。

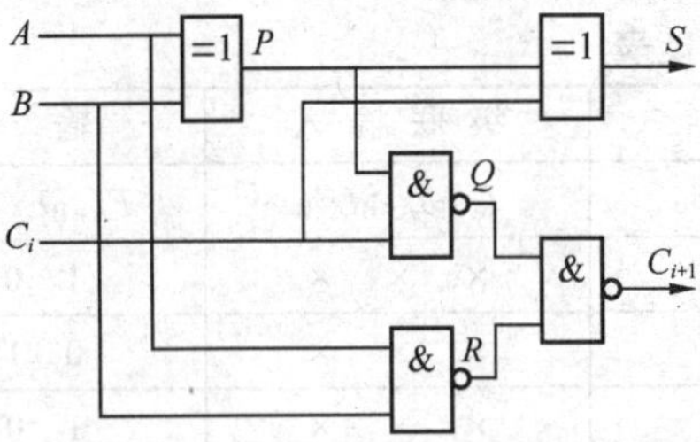

题图 11-1

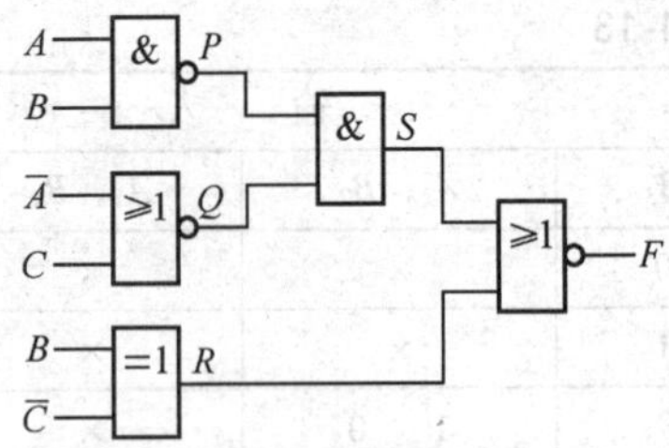

题图 11-2

11-4　设计一个判奇电路。要求：三个输入端，一个输出端。当输入有奇数个 1 时，输出为 1，否则输出为 0，试用与非门实现电路。

11-5　某产品有 A、B、C、D 四项指标，其中 A 为主要指标。产品检验标准规定：当主要指标和另两项或两项以上的指标合格时产品定为合格品，否则为废品。试用 74LS00 集成与非门设计一个判断产品为合格品的逻辑电路。

11-6　某汽车驾驶员培训班进行结束考试，有三名评判员，其中 A 为主评判员，B 和 C 为副评判员。在评判时，按照少数服从多数的原则通过，但主评判员认为合格，亦可通过。试用与非门实现此评判规定逻辑电路。

11-7　某同学参加四门课程考试，规定如下：

（1）课程 A 及格得 1 分，不及格得 0 分。

（2）课程 B 及格得 2 分，不及格得 0 分。

（3）课程 C 及格得 4 分，不及格得 0 分。

（4）课程 D 及格得 5 分，不及格得 0 分。

若总得分 8 分（含 8 分），就可结业。试用与非门实现上述逻辑要求。

11-8　设计一个电话机信号控制电路。电路有 I_0（火警）、I_1（盗警）和 I_2（日常业务）三种输入信号，通过排队电路分别从 L_0、L_1、L_2 输出，在同一时间只能有一个信号通过。如果同时有两个以上信号出现时，应首先接通火警信号，其次为盗警信号，最后是日常业务信号。试按照上述轻重缓急设计该信号控制电路。要求用集成门电路 7 400（每片含 4 个 2 输入端与非门）实现。

11-9　设计三人表决电路（A、B、C）。每人一个按键，如果同意则按下，不同意则不按。结果用指示灯表示，多数同意时指示灯亮，否则不亮。

11-10　设计一个译码电路，输入为 4 位二进制代码 $X=A_3A_2A_1A_0$，要求 $3\leqslant X<7$ 和 $X>12$ 时输出为 1，其他情况输出为 0。

11-11　译码器实现下列逻辑函数，画出连线图。

（1）$Y_1=\sum m(3,4,5,6)$。

（2）$Y_2=\sum m(1,3,5,9,11)$。

（3）$Y_3=\sum m(2,6,9,12,13,14)$。

11-12　试用 74LS151 数据选择器实现逻辑函数。

（1）$Y(A,B,C)=\sum m(1,3,5,7)$。

（2）$Y=\overline{A}\overline{B}C+\overline{A}BC+AB\overline{C}+ABC$。

第12章 时序逻辑电路

本章提要

本章主要讲解各类触发器的逻辑功能，各类计数器的功能及分析方法，触发器的类型以及触发器的功能转换。

组合逻辑电路中，任意时刻的输出信号仅仅取决于当时的输入信号，这是组合逻辑电路的共同特点。本章要介绍的另一类逻辑电路中，任意时刻的输出信号不但取决于当时的信号，而且还取决于电路原来的状态，或者说，还与以前的输入有关。我们把具备这种逻辑功能特点的电路称为时序逻辑电路（简称时序电路）。

时序逻辑电路是由存储电路（主要是触发器，必不可少）和组合逻辑电路（可选）构成，如图 12-1 所示。时序逻辑电路的状态是由存储电路来记忆和表示的。

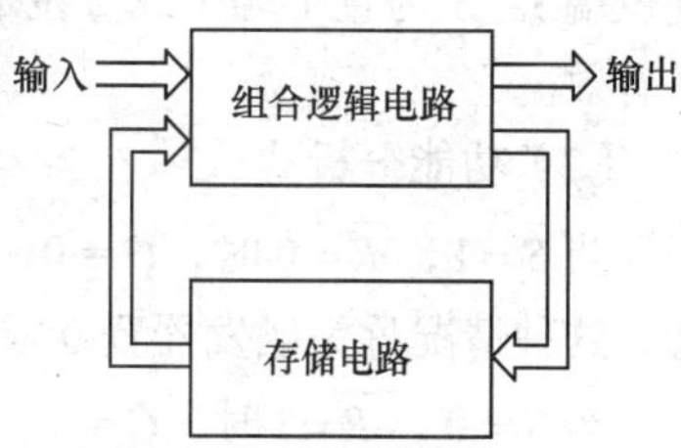

图 12-1 时序逻辑电路的结构框图

按各触发器接受时钟信号的不同，时序逻辑电路分为：同步时序电路，特点是各触发器状态的变化都在同一时钟信号作用下同时发生；异步时序电路，特点是各触发器状态的变化不是同步发生的，可能有一部分电路有公共的时钟信号，也可能完全没有公共的时钟信号。

12.1 集成触发器

在数字电路中不但需要对二值信号进行算术运算和逻辑运算，而且还经常需要将这些信号和运算结果暂时保存起来。为此，需要使用具有记忆功能的基本逻辑单元。我们把能够存储 1 位二值信号的基本电路叫触发器，又称双稳态触发器。

触发器是构成时序逻辑电路的基本单元电路。触发器具有记忆功能，能存储 1 位二进制数码。触发器有三个基本特性：

（1）有两个稳态，可分别表示二进制数码 0 和 1，无外触发时可维持稳态。

（2）外触发下，两个稳态可相互转换（称翻转）。

（3）有两个互补输出端。

触发器的种类很多，按逻辑功能不同分为 RS 触发器、D 触发器、JK 触发器、T 触发器和 T′ 触发器等。按触发方式不同分为电平触发器、边沿触发器和主从触发器等。按电路结构不同分为基本 RS 触发器，同步触发器、维持阻塞触发器、主从触发器和边沿触发器等。以下按触发器的逻辑功能分别介绍常用的几种触发器。

12.1.1 基本 RS 触发器

基本 RS 触发器是各种触发器中电路结构最简单的一种，同时，也是构成其他复杂触发器电路的一个组成部分。

（1）电路组成及逻辑符号

基本 RS 触发器可由两个与非门交叉而成。图 12-2 所示分别是它的逻辑电路和逻辑符号。Q 和 $\overline{Q}$ 称为输出端，并且定义 $Q=1$、$\overline{Q}=0$ 为触发器的“1”状态，$Q=0$、$\overline{Q}=1$ 为触发器的“0”状态。这两种稳定状态，说明在正常情况下 Q 和 $\overline{Q}$ 端保持相反。$\overline{R}$ 为置 0 端（或复位端），$\overline{S}$ 为置 1 端（或置位端）。非号“–”：表示低电平有效。

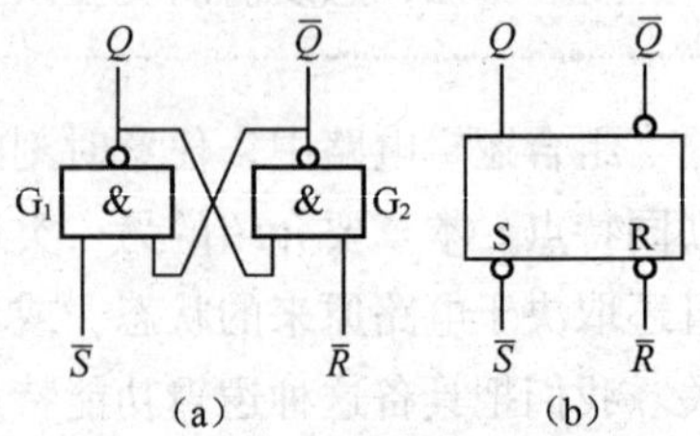

图 12-2　基本 RS 触发器

（2）功能分析

当 $\overline{S}=1$，$\overline{R}=0$ 时，$Q=0$、$\overline{Q}=1$，触发器处于 0 状态，这种情况称为触发器置 0 或复位。

当 $\overline{S}=0$，$\overline{R}=1$ 时，$Q=1$、$\overline{Q}=0$，触发器处于 1 状态，这种情况称为触发器置 1 或置位。

当 $\overline{S}=\overline{R}=1$ 时，各自的输出状态保持不变，即说明触发器有记忆功能。

当 $\overline{S}=\overline{R}=0$ 时，显然 $Q=\overline{Q}=1$，这既不是定义的 1 状态，也不是定义的 0 状态，并且与触发器的两个输出端应该相反的要求矛盾，而且同时去除输入信号，无法判定触发器恢复为 0 状态还是 1 状态，故称为不定状态。在实际使用中，应避免这种状态发生。因此在正常工作时，输入信号应遵守约束条件 $\overline{S}+\overline{R}=1$，即不允许输入 $\overline{S}=\overline{R}=0$ 的信号。

把以上所讲的逻辑关系列成真值表见表 12-1。

表 12-1　与非门组成的基本 RS 触发器的功能表

$\overline{S}$　$\overline{R}$	Q^n	Q^{n+1}	状态（功能）
1　1	Q^n	$\overline{Q^n}$	保持
1　0	0	1	置 0
0　1	1	0	置 1
0　0	1	1	不定

（3）状态转换表（特性表）

现态：指触发器输入信号变化前的状态，用 Q^n 表示。

次态：指触发器输入信号变化后的状态，用Q^{n+1}表示。

特性表：次态Q^{n+1}与输入信号和现态Q^n之间关系的真值表，见表 12-2。

表 12-2　与非门组成的基本 RS 触发器的状态转换表

$\overline{R}$	$\overline{S}$	Q^n	Q^{n+1}	状态（功能）
0	0	0	×	不定
0	0	1	×	
0	1	0	0	置 0
0	1	1	0	
1	0	0	1	置 1
1	0	1	1	
1	1	0	0	保持
1	1	1	1	

（4）基本 RS 触发器的时序图（设初态为 0）

通常用虚线或阴影表示触发器处于不定状态。

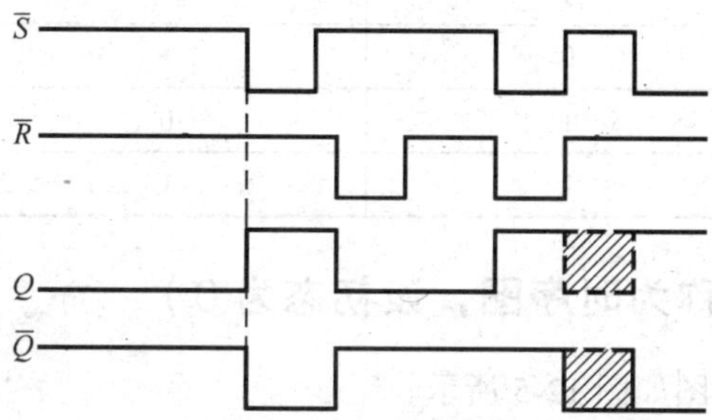

图 12-3　基本 RS 触发器的时序图

触发器的不定状态有两种含义：$Q=\overline{Q}=1$时，触发器既不是 0 状态，也不是 1 状态；R、S同时从 0 回到 1 时，触发器的新状态不能预先确定。

（5）特性方程

如果将表 12-1 给出的特性表示为逻辑函数，则可得到特性方程

$$Q^{n+1}=\overline{S}+\overline{R}Q^n \qquad \overline{S}+\overline{R}=1(\text{约束条件})$$

由上述可得出结论：基本 RS 触发器有两个稳定状态。可以通过输入控制使触发器从一种稳定状态翻转到另一种稳定状态，并且可以保留到外加控制信号作用过后，即当$\overline{S}=\overline{R}=1$时，电路能保持其输出状态不变，这就是触发器具有记忆功能。

12.1.2　同步 RS 触发器

基本 RS 触发器的触发方式（动作特点）是逻辑电平直接触发即输入信号直接控制。在实际工作中，要求触发器按统一的节拍进行状态更新。同步触发器（时钟触发器或钟控触发器）便是具有时钟脉冲 CP 控制的触发器。该触发器状态的改变与时钟脉冲同步。CP 是控制时序电路工作节奏的固定频率的脉冲信号，一般是矩形波。同步触发器的状态更新时刻受 CP 输入控制。触发器更新为何种状态由触发输入信号决定。

1. 电路组成及逻辑符号

同步 RS 触发器的逻辑符号和逻辑图如图 12-4 所示。

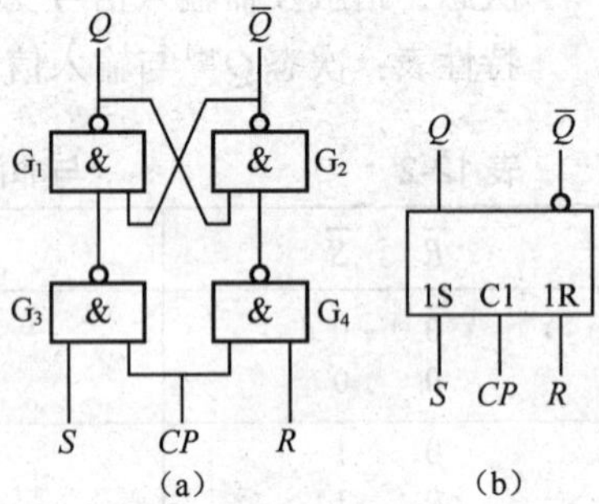

图 12-4　同步 RS 触发器的逻辑符号和逻辑图

2. 功能分析

在 $CP=0$ 期间，G_3、G_4 被封锁，触发器状态不变。

在 $CP=1$ 期间，由 R 和 S 端信号决定触发器的输出状态。

结论：触发器的动作时间是由时钟脉冲 CP 控制的。只有 $CP=1$ 时（高电平有效），触发器的状态才由输入信号 R 和 S 来决定。

类似于基本 RS 触发器的分析，我们得到关于同步 RS 触发器的特性表。

表 12-3　　同步 RS 触发器功能表

S R	Q^n	Q^{n+1}	状态（功能）
0　0	Q^n	$\overline{Q^n}$	保持
0　1	0	1	置 0
1　0	1	0	置 1
1　1	1	1	不定

3. 工作波形（又称为时序图，设初态为 0）

同步 RS 触发器的时序图如图 12-5 所示。

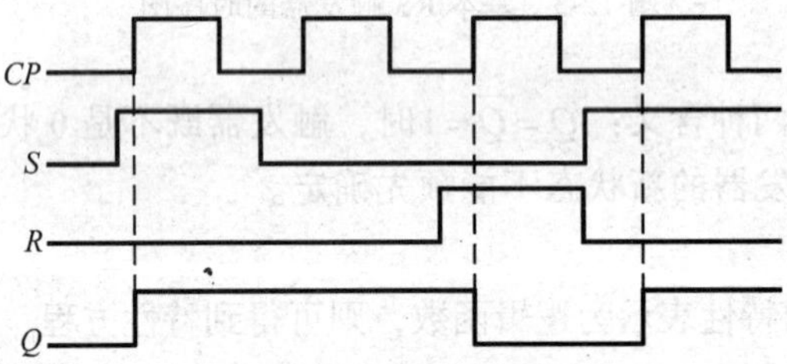

图 12-5　同步 RS 触发器的时序图

4. 特性方程

描述触发器逻辑功能的逻辑函数表达式称为特性方程。

由特性表可得特性方程

$$Q^{n+1}=S+RQ^n \quad CP=1\text{ 期间}$$

$$RS=0\text{（约束条件）}$$

12.1.3　JK 触发器

JK 触发器是一种多功能触发器，在实际中应用很广。JK 触发器是在 RS 触发器基础上改进而来，在使用中没有约束条件。

1. 电路组成及逻辑符号

JK 触发器的电路组成及逻辑符号如图 12-6 所示。

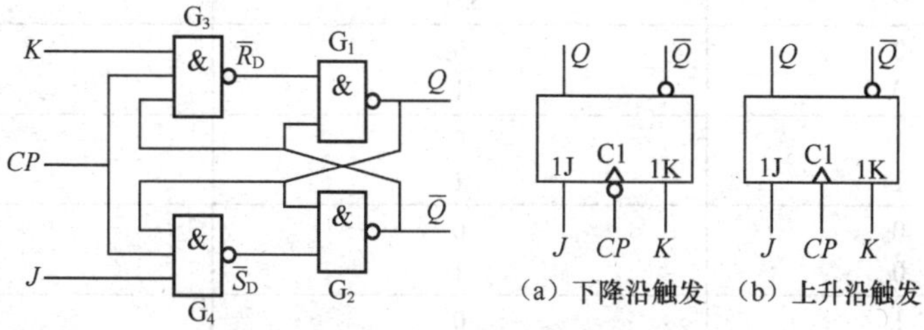

图 12-6 JK 触发器的电路图和逻辑符号

2. 功能分析

当 $CP=0$ 时，G_3 和 G_4 被封锁，都输出 1，触发器保持原状态不变。

当 $CP=1$ 时，G_3 和 G_4 解除封锁，输入 J、K 端的信号可控制触发器的状态。

（1）当 $J=K=0$ 时，G_3 和 G_4 都输出 1，触发器保持原状态不变，即 $Q^{n+1}=Q^n$。

（2）当 $J=1$、$K=0$ 时，如触发器为 $Q^n=0$、$\overline{Q^n}=1$ 的 0 状态，则在 $CP=1$ 时，G_3 输入全 1，输出 0，G_1 输出 $Q^{n+1}=1$。由于 $K=0$，G_4 输出 1，这时 G_2 输入全 1，输出 $\overline{Q^{n+1}}=0$。触发器翻转到 1 状态，即 $Q^{n+1}=1$。

如触发器为 $Q^n=1$、$\overline{Q^n}=0$ 的 1 状态，在 $CP=1$ 时，G_3 和 G_4 的输入分别是 $\overline{Q^n}=0$ 和 $K=0$，这两个门都输出 1，触发器保持原状态不变，即 $Q^{n+1}=Q^n$。

可见当 $J=1$、$K=0$ 时，不论触发器原来处于什么状态，则在 CP 由 0 变为 1 后，触发器翻到和 J 相同的状态。

（3）当 $J=0$、$K=1$ 时，用同样的分析方法可知，在 CP 由 0 变为 1 后，触发器翻到 0 状态，即翻到和 J 相同的 0 状态。

（4）当 $J=1$、$K=1$ 时，在 CP 由 0 变为 1 后，触发器的状态由 Q 和 $\overline{Q}$ 端的反馈信号决定。用上述分析方法我们可以看到，每输入一个时钟脉冲，触发器的状态变化一次，电路处于计数状态，这时 $Q^{n+1}=\overline{Q^n}$。

根据上述分析过程，我们可以得到 JK 触发器功能表见表 12-4。

表 12-4 JK 触发器功能表

J	K	Q^{n+1}	功能
0	0	Q^n	保持
0	1	0	置 0
1	0	1	置 1
1	1	$\overline{Q^n}$	翻转（计数）

3. 状态转换表

通过功能分析我们可以得到 JK 触发器的状态转换表见表 12-5。

表 12-5　　JK 触发器状态转换表

J	K	Q^n	Q^{n+1}
0	0	0	0
0	0	1	1
0	1	0	0
0	1	1	0
1	0	0	1
1	0	1	1
1	1	0	1
1	1	1	0

4. 特性方程

由 JK 触发器的特性表，得到 JK 触发器的特性方程为

$$Q^{n+1} = J\overline{Q^n} + \overline{K}Q^n$$

并可相应地画出其状态图。

5. 状态转换图

JK 触发器的状态转换图如图 12-7 所示。

6. 时序图（以 *CP* 下降沿触发的 JK 触发器为例）

JK 触发器的时序图如图 12-8 所示。

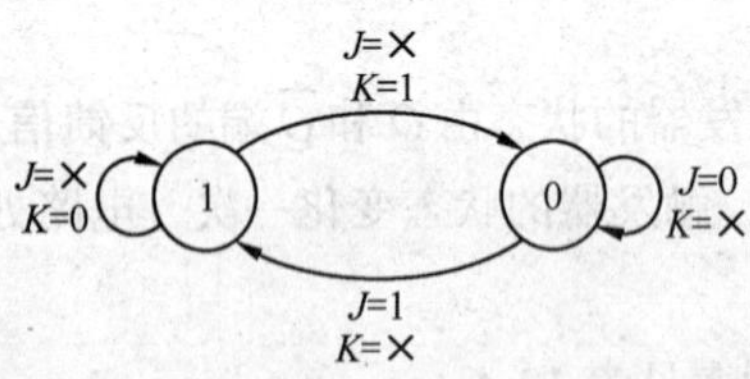

图 12-7　JK 触发器的状态转换图

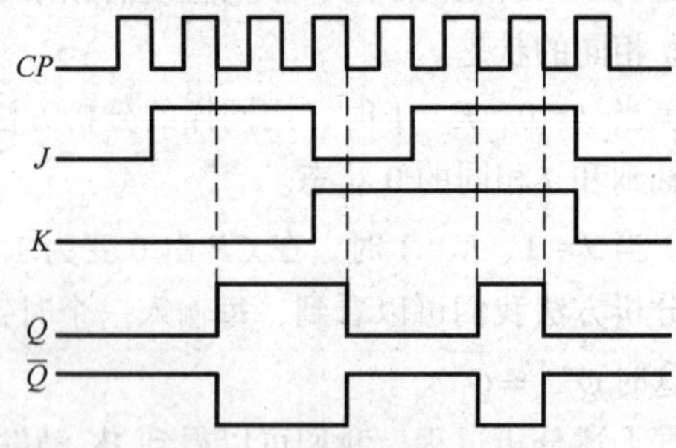

图 12-8　JK 触发器的时序图

说明：在 *CP* 的下降沿更新状态，次态由 *CP* 下降沿到来之前的 *J*、*K* 输入信号决定。

12.1.4　T 触发器

在某些应用场合，需要这样一种逻辑功能的触发器：当控制信号 $T=1$ 时，每来一个 *CP* 信

号它的状态就翻转一次；而当 $T=0$ 时，触发器的状态保持不变。我们把具有这种逻辑功能的触发器称为 T 触发器。

1. T 触发器的功能表和状态转换表

T 触发器的功能表和状态转换表分别见表 12-6 和表 12-7。

表 12-6　T 触发器的功能表

T	Q^{n+1}	功能
0	Q^n	保持
1	$\overline{Q^n}$	计数

表 12-7　T 触发器的状态转换表

T	Q^n	Q^{n+1}
0	0	0
0	1	1
1	0	1
1	1	0

2. 特性方程

T 触发器的特性方程为

$$Q^{n+1}=T\overline{Q^n}+\overline{T}Q^n$$

3. 状态转换图

T 触发器的状态转换图如图 12-9 所示。

事实上，只要将 JK 触发器的两个输入端 J 和 K 连在一起作为 T 端，就可以得到 T 触发器了，如图 12-10 所示。正因为如此，在触发器的定型产品中极少生产专门的 T 触发器。

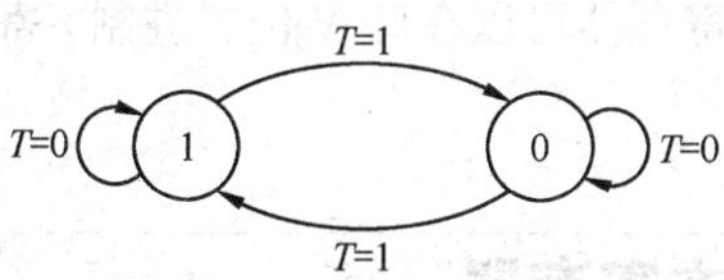

图 12-9　T 触发器的状态转换图

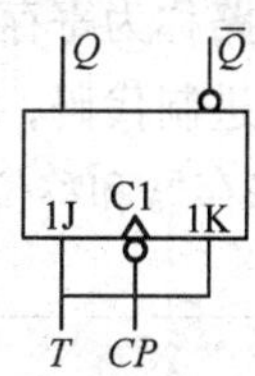

图 12-10　JK 触发器接成 T 触发器

12.1.5　D 触发器

1. 状态转换表

D 触发器的状态转换表见表 12-8。

表 12-8　　D 触发器的状态转换表

D	Q^n	Q^{n+1}
0	0	0
0	1	0
1	0	1
1	1	1

2. 特性方程

D 触发器的特性方程为

$$Q^{n+1}=D$$

3. 状态转换图

D 触发器的状态转换图如图 12-11 所示。

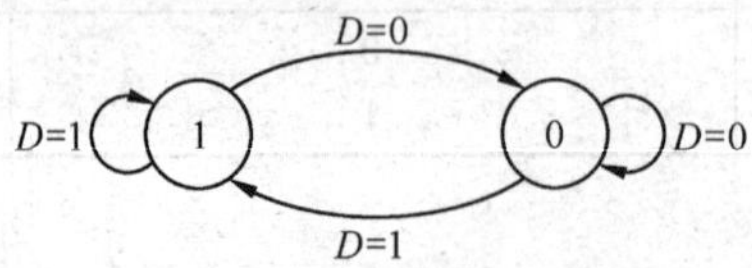

图 12-11　D 触发器的状态转换图

12.2 寄存器

在数字设备系统中，经常需要将一组二值代码暂时储存起来，等待处理或应用，实现这种功能的逻辑电路称为寄存器。寄存器具有清除、接收、记忆和传递数码的功能。一个触发器可以存储 1 位二进制代码，所以 N 个触发器组成的寄存器可以存储 N 位二进制。寄存器通常分为两大类:基本寄存器和移位寄存器。

12.2.1 基本寄存器

基本寄存器具有接收、存放、输出和清除数码的功能。在接收指令（在计算机中称为写指令）控制下，将数据送入寄存器存放；需要时可在输出指令（读出指令）控制下，将数据由寄存器输出。

以下主要讲解由 D 触发器构成的数码寄存器。

（1）电路组成

图 12-12 所示为单拍工作方式的数码寄存器的电路组成。

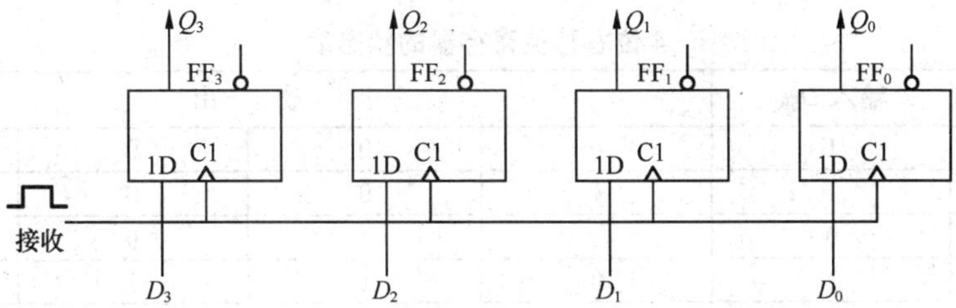

图 12-12　单拍工作方式的数码寄存器

（2）工作原理

当 $CP\uparrow$ 时，触发器更新状态，$Q_3Q_2Q_1Q_0 = D_3D_2D_1D_0$，即接收输入数码并保存。

单拍工作方式是不需清除原有数据，只要 $CP\uparrow$ 一到达，新的数据就会存入的一种工作方式，常用 4D 型触发器 74LS175、6D 型触发器 74LS174、8D 型触发器 74LS374 或 MSI 器件等实现。

如果要把一个 4 位二进制 1100 寄存到寄存器，可将 1100 数码分别并行加到 4 个寄存器对应的 D 输入端。当接收命令脉冲到达时，寄存器中的 4 个触发器的状态就变成了 1100，在此之后，只要不输入清零脉冲或接收新的数码，寄存器就会一直保持这个状态。如要从寄存器中取出寄存的数码，从各触发器的 Q 端就可以并行得到。

12.2.2　移位寄存器

移位寄存器除了具有存储数据的功能，还具有移位功能。所谓移位功能，就是寄存器所储存的数据能够在移位脉冲作用下依次左移或右移。移位寄存器广泛地应用于数字电路之间的数据缓冲、数据延迟和数据传送方式的变换。它由一组触发器构成，其中每位触发器的输出与下一位的输入相连接，所有触发器共用一个时钟，同步工作。移位寄存器又分为单向移位寄存器和双向移位寄存器。

1. 单向移位寄存器

单向移位寄存器，是指仅具有左移功能或右移功能的移位寄存器。

（1）右移位寄存器

① 电路组成如图 12-13 所示。

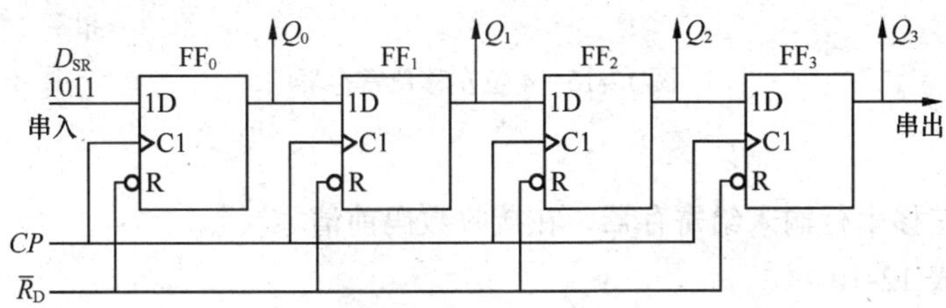

图 12-13　4 位右移位寄存器

② 工作过程。

将数码 1101 右移串行输入给寄存器（串行输入是指逐位依次输入）。在接收数码前，从输入端输入一个负脉冲把各触发器置为 0 状态（称为清零）。

③ 状态表见表 12-9。

表 12-9　　4 位右移位寄存器的状态表

CP 顺序	输入 D_{SR}	输 出			
0	1	0	0	0	0
1	1	1	0	0	0
2	0	1	1	0	0
3	1	0	1	1	0
4	0	1	0	1	1
5	0	0	1	0	1
6	0	0	0	1	0
7	0	0	0	0	1
8	0	0	0	0	0

④ 时序图如图 12-14 所示。

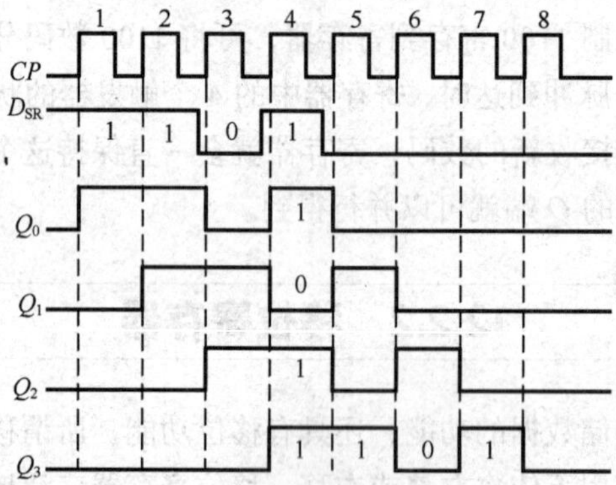

图 12-14　4 位右移位寄存器时序图

（2）左移位寄存器

① 电路组成如图 12-15 所示。

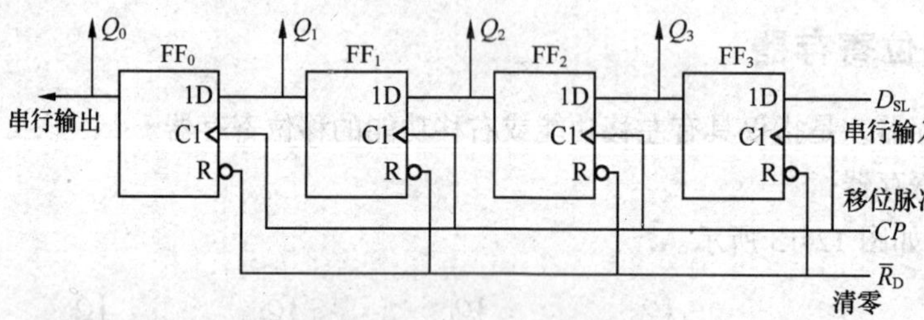

图 12-15　4 位左移位寄存器

② 工作过程。

将数码 1011 左移串行输入给寄存器，在接收数码前清零。

③ 状态表见表 12-10。

表 12-10　　4 位左移位寄存器的状态表

CP 顺序	输 入 D_{SR}	输 出			
		Q_0	Q_1	Q_2	Q_3
0	1	0	0	0	0
1	0	0	0	0	1
2	1	0	0	1	0

续表

CP 顺序	输　入 D_{SR}	输　出			
		Q_0	Q_1	Q_2	Q_3
3	1	0	1	0	1
4	0	1	0	1	1
5	0	0	1	1	0
6	0	1	1	0	0
7	0	1	0	0	0
8	0	0	0	0	0

④　时序图如图 12-16 所示。

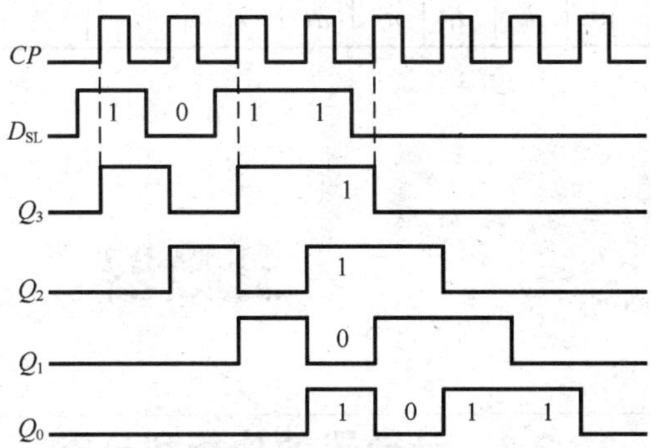

图 12-16　4 位左移位寄存器时序图

2. 双向移位寄存器

在单向移位寄存器的基础上，增加由门电路组成的控制电路实现双向移位寄存器。74LS194 为 4 位双向移位寄存器。图 12-17 和表 12-11 分别为 74LS194 为 4 位双向移位寄存器的逻辑符号和功能表。与 74LS194 的逻辑功能和外引脚排列都兼容的芯片有 CC40194、CC4022 和 74198 等。

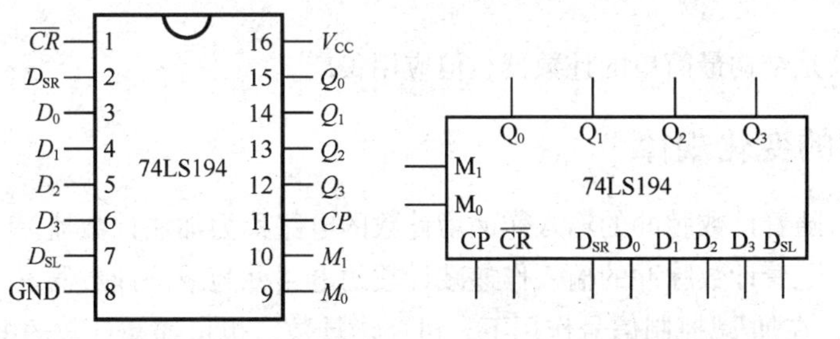

（a）外引脚图　　（b）逻辑符号

图 12-17　双向移位寄存器 74LS194

图 12-17 中 $\overline{CR}$ 为异步置 0 端，M_1、M_0 为工作方式控制端，D_0～D_3 为并行数码输入端，Q_0～Q_3 为并行数码输出端，D_{SR} 为右移串行数码输入端，D_{SL} 为左移串行数码输入端，CP 为移位脉冲输入端。通过分析其功能表我们发现清零功能最优先（异步方式）。计数、移位、并行输入都需 CP 脉冲的上升沿到来（同步方式）。

表 12-11　　74LS194 功能表

输入										输出				说明
$\overline{CR}$	M_1	M_0	CP	D_{SL}	D_{SR}	D_0	D_1	D_2	D_3	Q_0	Q_1	Q_2	Q_3	
0	×	×	×	×	×	×	×	×	×	0	0	0	0	异步置零
1	×	×	0	×	×	×	×	×	×	保持				保持
1	0	0	×	×	×	×	×	×	×	保持				保持
1	0	1	↑	×	1	×	×	×	×	1	Q_0	Q_1	Q_2	右移输入 1
1	0	1	↑	×	0	×	×	×	×	0	Q_0	Q_1	Q_2	右移输入 0
1	1	0	↑	1	×	×	×	×	×	Q_1	Q_2	Q_3	1	左移输入 1
1	1	0	↑	0	×	×	×	×	×	Q_1	Q_2	Q_3	0	左移输入 0
1	1	1	↑	×	×	d_0	d_1	d_2	d_3	d_0	d_1	d_2	d_3	并行置数

12.3 计数器

12.3.1 计数器的功能和分类

计数器是用以统计输入时钟脉冲 CP 个数的电路。计数器的分类如下所述。

1. 按计数进制分

二进制计数器：按二进制数运算规律进行计数的电路称为二进制计数器。

十进制计数器：按十进制数运算规律进行计数的电路称为十进制计数器。

任意进制计数器：二进制计数器和十进制计数器之外的其他进制计数器统称为任意进制计数器。

二进制计数器是结构最简单的计数器，但应用很广。

2. 按数字的变化规律

加法计数器：随着计数脉冲的输入作递增计数的电路称为加法计数器。

减法计数器：随着计数脉冲的输入作递减计数的电路称为减法计数器。

加/减计数器：在加/减控制信号作用下，可递增计数，也可递减计数的电路，称为加/减计数器，又称可逆计数器。

也有特殊情况，不作加/减，其状态可在外触发控制下循环进行特殊跳转，状态转换图中构成封闭的计数环。

3. 按计数器中触发器翻转是否同步分

异步计数器：计数脉冲只加到部分触发器的时钟脉冲输入端上，而其他触发器的触发信号则由电路内部提供，应翻转的触发器状态更新有先有后的计数器，称为异步计数器。

同步计数器：计数脉冲同时加到所有触发器的时钟信号输入端，使应翻转的触发器同时翻转的计数器，称为同步计数器。

12.3.2 异步二进制计数器

异步计数器的计数脉冲没有加到所有触发器的 *CP* 端。当计数脉冲到来时，各触发器的翻转时刻不同。分析时，要特别注意各触发器翻转所对应的有效时钟条件。

异步二进制计数器是计数器中最基本最简单的电路，它一般由接成计数型的触发器连接而成，计数脉冲加到最低位触发器的 *CP* 端，低位触发器的输出 *Q* 作为相邻高位触发器的时钟脉冲。

1. 异步二进制加法计数器

异步二进制加法计数器必须满足二进制加法原则：逢二进一（1 + 1 = 10，即 *Q* 由 1→0 时有进位）。组成二进制加法计数器时，各触发器应当满足：每输入一个计数脉冲，触发器应当翻转一次（即用T′触发器）；当低位触发器由 1 变为 0 时，应输出一个进位信号加到相邻高位触发器的计数输入端。

以下以 JK 触发器构成的 3 位异步二进制加法计数器（用 *CP* 脉冲下降沿触发）为例进行讲解。

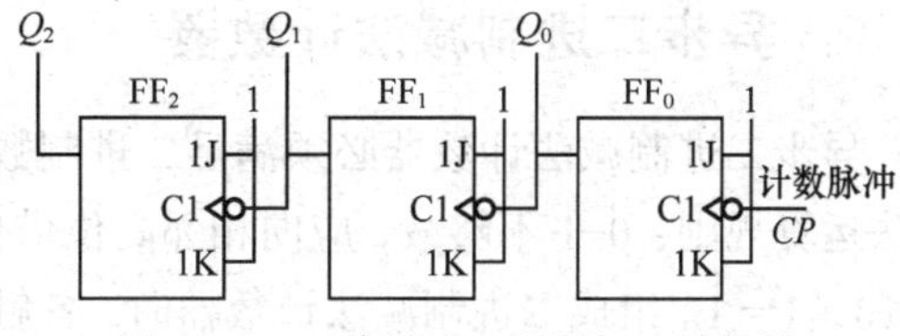

图 12-18　3 位异步二进制加法计数器

（1）电路组成如图 12-18 所示。

（2）工作原理如下。

FF$_0$：$Q_0^{n+1}=\overline{Q_0^n}$（*CP* 下降沿触发）

FF$_1$：$Q_1^{n+1}=\overline{Q_1^n}$（$Q_0$ 下降沿触发）

FF$_2$：$Q_2^{n+1}=\overline{Q_2^n}$（$Q_1$ 下降沿触发）

（3）3 位异步二进制加法计数器的状态转换表见表 12-12。

表 12-12　3 位二进制加法计数器状态转换表

CP 顺序	Q_2	Q_1	Q_0	等效十进制数
0	0	0	0	0
1	0	0	1	1
2	0	1	0	2
3	0	1	1	3
4	1	0	0	4
5	1	0	1	5
6	1	1	0	6
7	1	1	1	7
8	0	0	0	0

（4）3 位异步二进制加法计数器时序图如图 12-19 所示。

（5）3 位异步二进制加法计数器的状态转换图如图 12-20 所示。

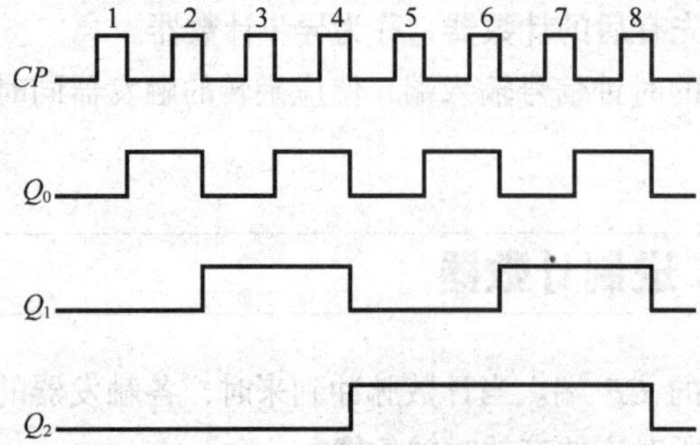

图 12-19　3 位二进制加法计数器的时序图

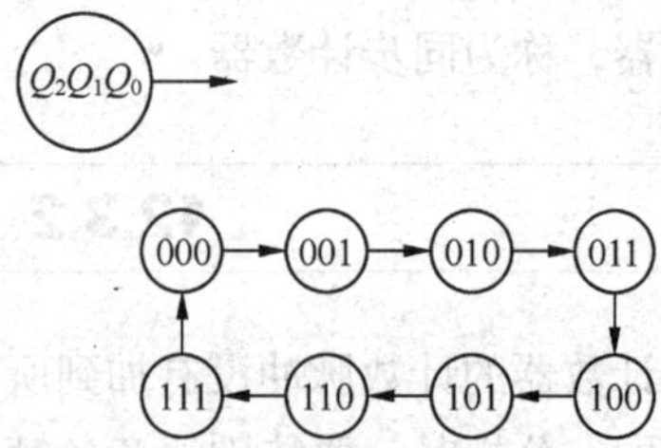

图 12-20　3 位二进制加法计数器的状态转换图

说明　圆圈内表示 $Q_2Q_1Q_0$ 的状态，用箭头表示状态转换的方向。

（6）结论：如果计数器从 000 状态开始计数，在第 8 个计数脉冲输入后，计数器又重新回到 000 状态，完成了一次计数循环。所以该计数器是八进制加法计数器或称为模 8 加法计数器。如果计数脉冲 CP 的频率为 f_0，那么 Q_0 输出波形的频率为 $1/2f_0$，Q_1 输出波形的频率为 $1/4f_0$，Q_2 输出波形的频率为 $1/8f_0$。这说明计数器除具有计数功能外，还具有分频的功能。

2. 异步二进制减法计数器

异步二进制减法计数器必须满足二进制数的减法运算规则：0-1 不够减，应向相邻高位借位，即 10 − 1 = 1。组成二进制减法计数器时，各触发器应当满足两个条件：每输入一个计数脉冲，触发器应当翻转一次（即用 T′ 触发器）；当低位触发器由 0 变为 1 时，应输出一个借位信号加到相邻高位触发器的计数输入端。

下面以 JK 触发器组成的 3 位异步二进制减法计数器（用 CP 脉冲下降沿触发）为例进行讲解。其逻辑图和时序图如图 12-21 所示，状态表见表 12-13，状态转换图如图 12-22 所示。

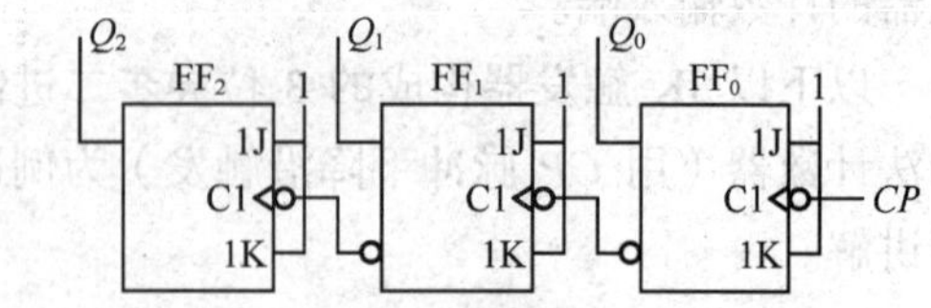

（a）逻辑图

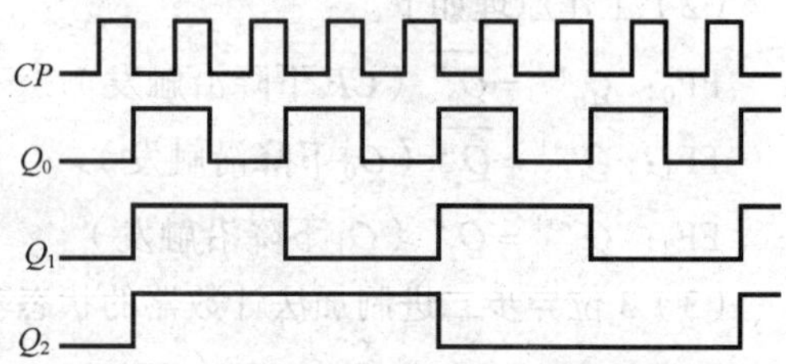

（b）时序图

图 12-21　3 位异步二进制减法计数器

表 12-13　　3 位二进制减法计数器状态表

CP 顺序	Q_2	Q_1	Q_0	等效十进制数
0	0	0	0	0
1	1	1	1	7
2	1	1	0	6
3	1	0	1	5
4	1	0	0	4
5	0	1	1	3
6	0	1	0	2
7	0	0	1	1
8	0	0	0	0

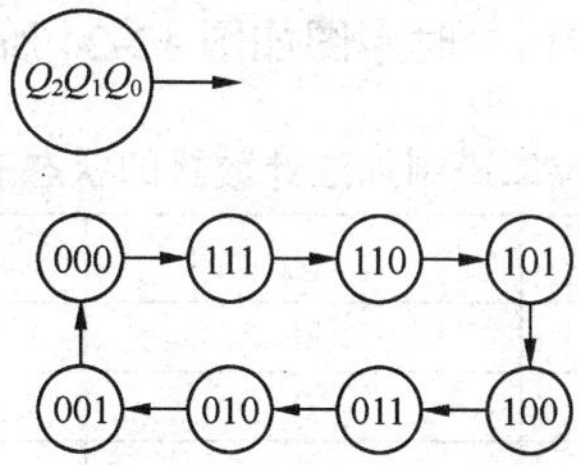

图 12-22　3 位异步二进制减法计数器的状态转换图

说明：圆圈内表示 $Q_2Q_1Q_0$ 的状态，用箭头表示状态转换的方向。

异步二进制计数器的优点是电路较为简单，缺点是进位（或借位）信号是逐级传送的，工作频率不能太高；状态逐级翻转，存在中间过渡状态。

12.3.3　同步二进制计数器

同步计数器中，各触发器的翻转与时钟脉冲同步。同步计数器的工作速度较快，工作频率也较高。

1. 同步二进制加法计数器

（1）设计思想如下所述。

① 所有触发器的时钟控制端均由计数脉冲 *CP* 输入，*CP* 的每一个触发沿都会使所有的触发器状态更新。

② 应控制触发器的输入端，可将触发器接成 T 触发器。

当低位不向高位进位时，令高位触发器的 $T=0$，触发器状态保持不变；

当低位向高位进位时，令高位触发器的 $T=1$，触发器翻转，计数加 1。

（2）当低位全 1 时再加 1，则低位向高位进位。

1 + 1 = 1　　　11 + 1 = 100　　　111 + 1 = 1000　　　……

可得到 T 的表达式为

$$T_0 = J_0 = K_0 = 1$$
$$T_1 = J_1 = K_1 = Q_0$$
$$T_2 = J_2 = K_2 = Q_1Q_0$$
$$T_3 = J_3 = K_3 = Q_2Q_1Q_0$$

（3）根据以上设计思路和设计要求我们用 JK 触发器得到如图 12-23 所示 4 位二进制加法

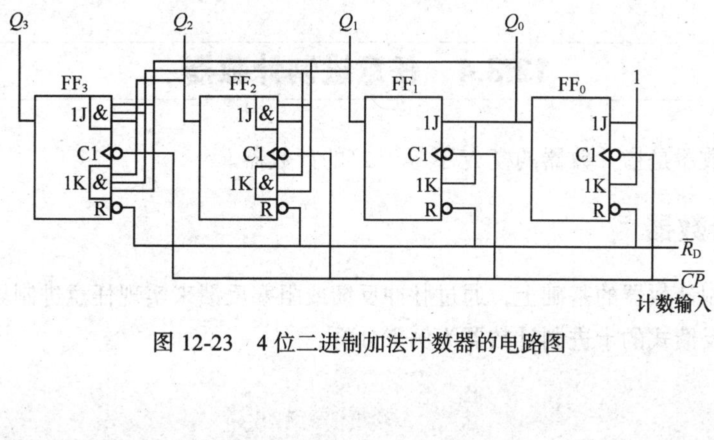

图 12-23　4 位二进制加法计数器的电路图

计数器的电路图，其状态表见表 12-14，时序图如图 12-24 所示。

表 12-14　　4 位二进制加法计数器的状态表

顺　序	Q_3	Q_2	Q_1	Q_0
0	0	0	0	0
1	0	0	0	1
2	0	0	1	0
3	0	0	1	1
4	0	1	0	0
5	0	1	0	1
6	0	1	1	0
7	0	1	1	1
8	1	0	0	0
9	1	0	0	1
10	1	0	1	0
11	1	0	1	1
12	1	1	0	0
13	1	1	0	1
14	1	1	1	0
15	1	1	1	1
16	0	0	0	0

2. 同步二进制减法计数器

（1）设计思想如下所述。

① 所有触发器的时钟控制端均由计数脉冲 *CP* 输入，*CP* 的每一个触发沿都会使所有的触发器状态更新。

② 应控制触发器的输入端，可将触发器接成 T 触发器。

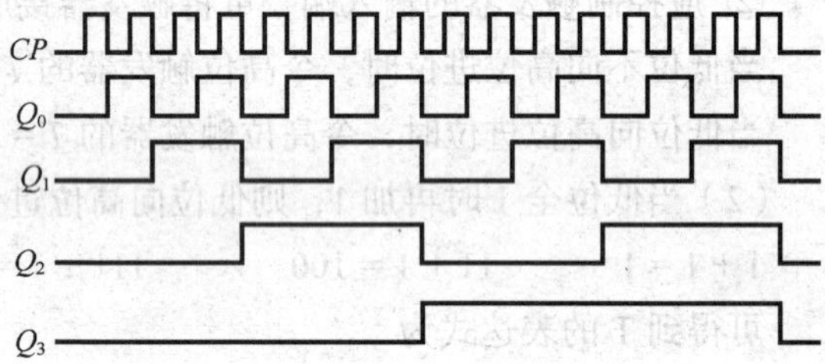

图 12-24　4 位同步二进制加法计数器的时序图

当低位不向高位借位时，令高位触发器的 $T=0$，触发器状态保持不变；

当低位向高位借位时，令高位触发器的 $T=1$，触发器翻转，计数减 1。

（2）触发器的翻转条件是：当低位触发器的 Q 端全 1 时再减 1，则低位向高位借位。

同步二进制减法计数器的状态转换表请读者自行画出。

12.3.4　任意进制计数器

任意进制计数器是指计数器的模 N 不等于 2^n 的计数器。

1. 异步计数器

在异步二进制计数器的基础上，通过脉冲反馈或阻塞反馈来实现任意进制异步计数器。

以下以脉冲反馈式的十进制计数器为例来分析。

（1）设计思想：通过反馈线和门电路来控制二进制计数器中各触发器的 R_D 端，以消去多余状态（无效状态）构成任意进制计数器。

（2）实现十进制计数器的工作原理：4 位二进制加法计数器从 0000 到 1001 计数。当第 10 个计数脉冲 CP 到来后，计数器变为 1010 状态瞬间，要求计数器返回到 0000。可令 $\overline{R_D}=\overline{Q_1Q_3}$，当 1010 状态时 $\overline{Q_1}$ 、$\overline{Q_3}$ 同时为 1，$R_D=0$，使各触发器置 0。当计数器变为 0000 状态后，R_D 又迅速由 0 变为 1 状态，清零信号消失，可以重新开始计数。

显然，1010 状态存在的时间极短（通常只有 10ns 左右），可以认为实际出现的计数状态只有 0000～1001，所以该电路实现了十进制计数功能。

（3）状态转换表

十进制加法计数器的状态表见表 12-15。

表 12-15　十进制加法计数器的状态表

CP 顺序	Q_3	Q_2	Q_1	Q_0	等效十进制数
0	0	0	0	0	0
1	0	0	0	1	1
2	0	0	1	0	2
3	0	0	1	1	3
4	0	1	0	0	4
5	0	1	0	1	5
6	0	1	1	0	6
7	0	1	1	1	7
8	1	0	0	0	8
9	1	0	0	1	9
10	0	0	0	0	10

（4）十进制加法计数器状态转换图如图 12-25 所示。

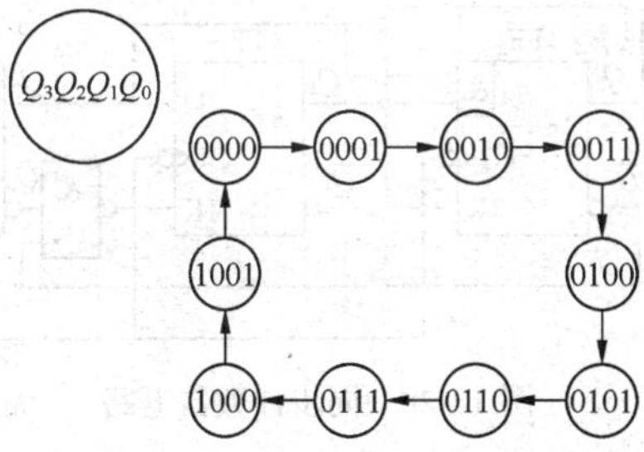

图 12-25　十进制加法计数器状态转换图

（5）逻辑电路图如图 12-26 所示。

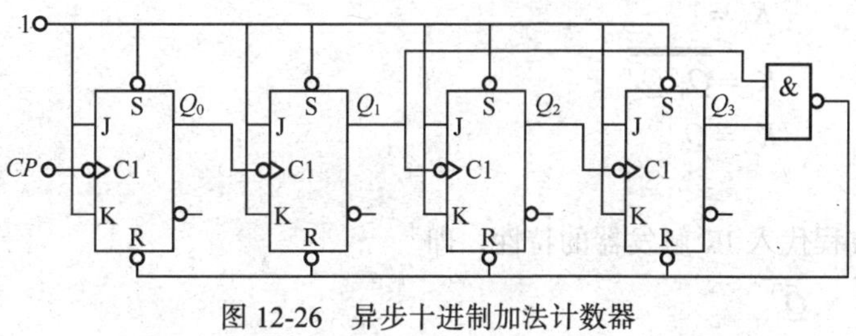

图 12-26　异步十进制加法计数器

（6）时序图如图 12-27 所示。

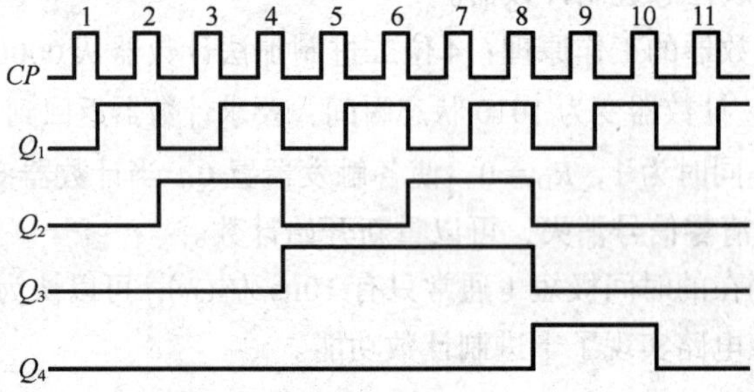

图 12-27　异步十进制加法计数器时序图

2. 同步计数器

下面介绍同步计数器的分析方法。

计数器的分析：根据给定的逻辑电路图，分析计数器状态和它的输出在输入信号和时钟信号作用下的变化规律。

分析步骤：

（1）写驱动方程和输出方程。

（2）将驱动方程代入触发器的特性方程，求出电路的状态方程（Q^{n+1} 表达式）。

（3）画出相应的 Q^{n+1} 卡诺图，然后画计数器的状态卡诺图。

（4）列计数器的状态转换表，并画状态转换图和时序图。

（5）说明计数器的逻辑功能。

例 12.1　试分析图 12-28 所示计数器的逻辑功能。

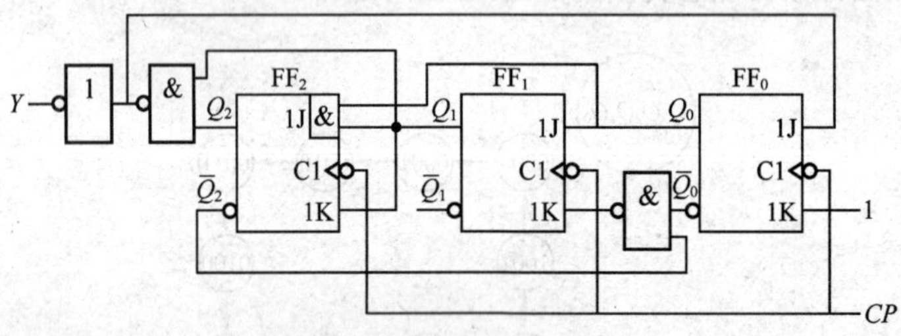

图 12-28　同步计数器电路

解：

（1）根据给定的逻辑图写出驱动方程和输出方程，即

$J_0 = \overline{Q_1^n Q_2^n}$　　$K_0 = 1$

$J_1 = Q_0^n$　　$K_1 = \overline{\overline{Q_0^n Q_2^n}}$

$J_2 = Q_0^n Q_1^n$　　$K_2 = Q_1^n$

$Y = Q_1^n Q_2^n$

（2）将驱动方程代入 JK 触发器的特性，即

$Q_0^{n+1} = \overline{Q_1^n Q_2^n} \cdot \overline{Q_0^n}$

$$Q_1^{n+1} = Q_0{}^n\overline{Q_1{}^n} + \overline{Q_0{}^n}Q_1{}^n\overline{Q_2{}^n}$$

$$Q_2^{n+1} = Q_0{}^nQ_1{}^n\overline{Q_2{}^n} + \overline{Q_1{}^n}Q_2{}^n$$

（3）填 Q^{n+1} 卡诺图及计数器的状态卡诺图如图 12-29 所示。

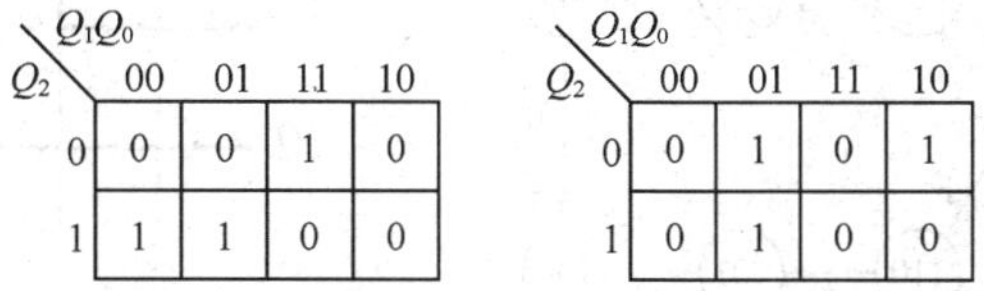

（a）Q_2^{n+1} 卡诺图　（b）Q_1^{n+1} 卡诺图

（c）Q_0^{n+1} 卡诺图　（d）计数器的状态卡诺图

图 12-29　计数器的状态卡诺图

（4）列出状态转换表见表 12-16。

表 12-16　　例 12.1 电路的状态转换表

Q_3^n	Q_2^n	Q_1^n	Q_2^{n+1}	Q_1^{n+1}	Q_0^{n+1}	Y
0	0	0	0	0	1	0
0	0	1	0	1	0	0
0	1	0	0	1	1	0
0	1	1	1	0	0	0
1	0	0	1	0	1	0
1	0	1	1	1	0	0
1	1	0	0	0	0	1
1	1	1	0	0	0	1
0	0	0	0	0	1	0

（5）画状态转换图如图 12-30 所示。

（6）检查自启动。自启动是指若计数器由于某种原因进入无效状态后，在连续时钟脉冲作用下，能自动从无效状态进入到有效计数状态。由状态转换图我们可以看到七个有效状态构成计数环。111 虽然是个无效状态，但我们只要连续地输入脉冲它就能够回到有效状态，所以这个电路能够实现自启动。

（7）画时序图（即工作波形图）如图 12-31 所示。

（8）说明计数器的逻辑功能。图 12-28 所示计数器是一个同步七进制加法计数器，Y 为进位脉冲，能够自启动。需要说明的是，对于一些简单的时序逻辑电路，可能分析过程不遵循上述步骤就可以画出状态图，或者直接确定电路的逻辑功能。但是对于复杂的时序逻辑电路，必须遵守上述步骤，才能达到分析时序逻辑电路的目的。

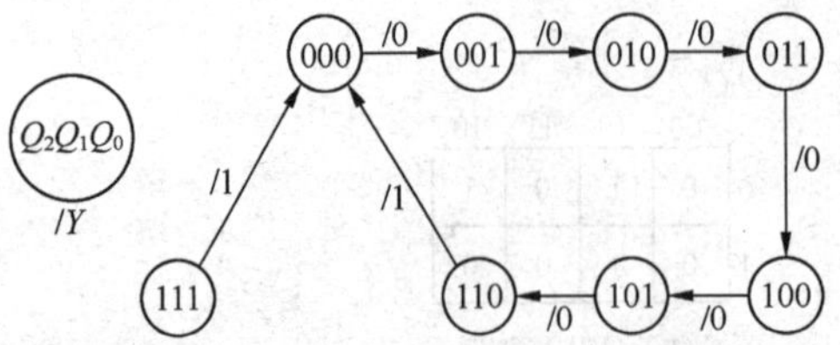

图 12-30　例 12.1 电路的状态转换图

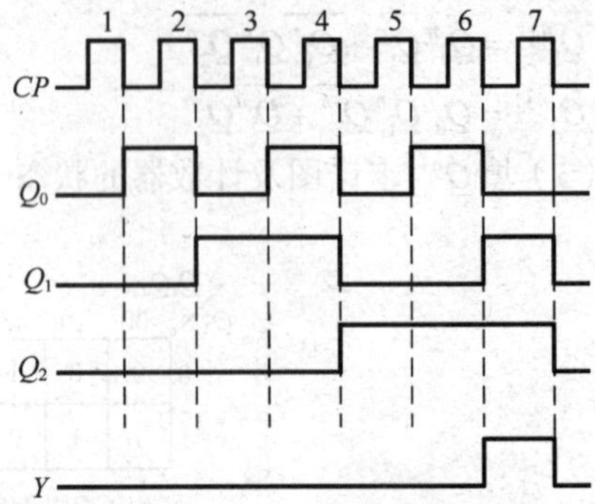

图 12-31　例 12.1 电路的时序图

12.3.5　中规模集成计数器及其应用

中规模集成计数器一般由 4 个集成触发器和若干门电路，经内部连接用工艺的方法集成在一块硅片上。它是计数功能比较完善，并能十分容易地进行功能扩展的逻辑器件。下面我们以异步二-五-十进制计数器 74LS290 来说明集成计数器的功能和应用。

1. 74LS290 的外引脚图、逻辑符号及逻辑功能

如图 12-32 所示是 74LS290 外引脚图和逻辑符号图。其功能表见表 12-17。

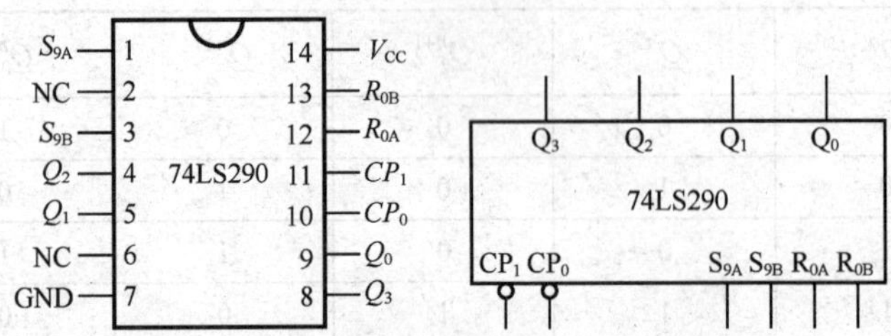

（a）外引脚图　　（b）逻辑符号

图 12-32　74LS290　二-五-十进制计数器

表 12-17　　74LS290 的功能表

输入					输出				功能
$R_{0A}\cdot R_{0B}$	$S_{9A}\cdot S_{9B}$	CP			Q_3	Q_2	Q_1	Q_0	
		CP_0	CP_1	顺序					
1	0	×	×	-	0	0	0	0	异步置 0
×	1	×	×	-	1	0	0	1	异步置 9
0	0	↓	↓	0	0	0	0	0	二－五进制计数
				1	0	0	1	1	
				2	0	1	0	0	
				3	0	1	1		
				4	1	0	0		
				5	0	0	0		

2. 基本工作方式

（1）二进制计数：将计数脉冲由 CP_0 输入，由 Q_0 输出，其逻辑符号和功能表如图 12.33 所示。

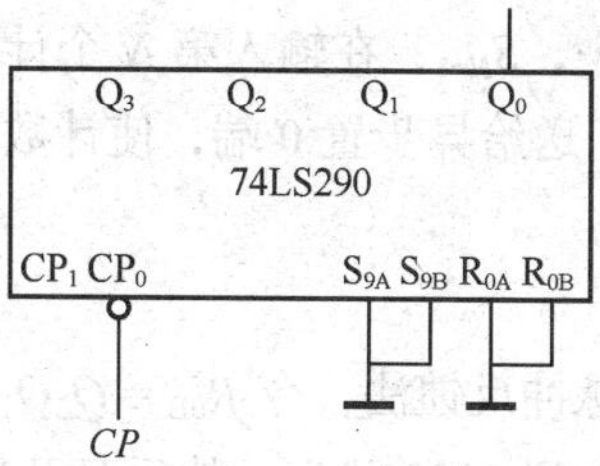

计数顺序	计数器状态
CP_0	Q_0
0	0
1	1
2	0

图 12-33　二进制计数器

（2）五进制计数：将计数脉冲由 CP_1 输入，由 Q_3、Q_2、Q_1 输出，其逻辑符号和功能表如图 12-34 所示。

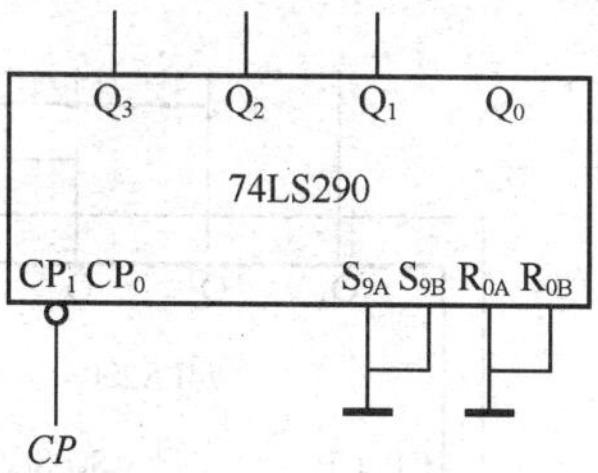

计数顺序	计数器状态
CP_0	Q_3 Q_2 Q_1
0	0 0 0
1	0 0 1
2	0 1 0
3	0 1 1
4	1 0 0
5	0 0 0

图 12-34　五进制计数器

（3）8421BCD 码十进制计数：将 Q_0 与 CP_1 相连,计数脉冲 CP 由 CP_0 输入，其逻辑符号和功能表如图 12-35 所示。

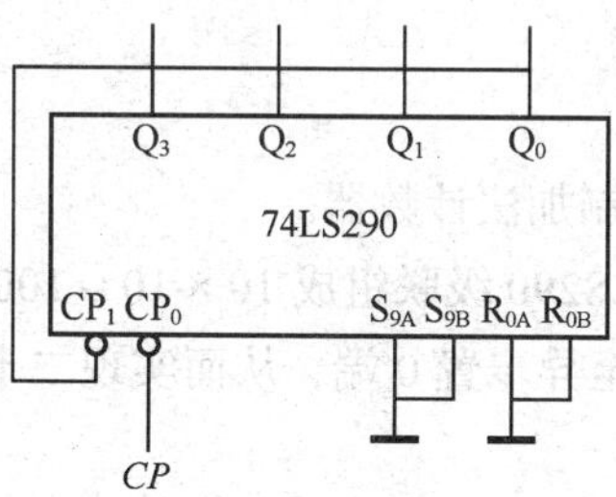

计数顺序	计数器状态
CP_0	Q_3 Q_2 Q_1 Q_0
0	0 0 0 0
1	0 0 0 1
2	0 0 1 0
3	0 0 1 1
4	0 1 0 0
5	0 1 0 1
6	0 1 1 0
7	0 1 1 1
8	1 0 0 0
9	1 0 0 1
10	0 0 0 0

图 12-35　8421BCD 码十进制计数器

3. 应用举例

（1）利用脉冲反馈法获得 N 进制计数器

用 S_0，S_1，S_2，⋯，S_N 表示输入 0，1，2，⋯，N 个计数脉冲 CP 时计数器的状态。N 进制

计数器的计数工作状态应为 N 个：S_0，S_1，S_2，…，S_{N-1}，在输入第 N 个计数脉冲 CP 后，通过控制电路，利用状态 S_N 产生一个有效置 0 信号，送给异步置 0 端，使计数器立刻置 0，即实现了 N 进制计数。

① 构成七进制计数器。

先构成 8421BCD 码的十进制计数器；再用脉冲反馈法，令 $R_{0B}=Q_2Q_1Q_0$ 实现。

当计数器出现 0111 状态时，计数器迅速复位到 0000 状态，然后又开始从 0000 状态计数，从而实现 0000～0110 七进制计数。七进制计数器逻辑电路如图 12-36 所示。

② 构成六进制计数器。

先构成 8421BCD 码的十进制计数器；再用脉冲反馈法，令 $R_{0A}=Q_2$、$R_{0B}=Q_1$。当计数器出现 0110 状态时，计数器迅速复位到 0000 状态，然后又开始从 0000 状态计数，从而实现 0000～0101 六进制计数。六进制计数器逻辑电路如图 12-37 所示。

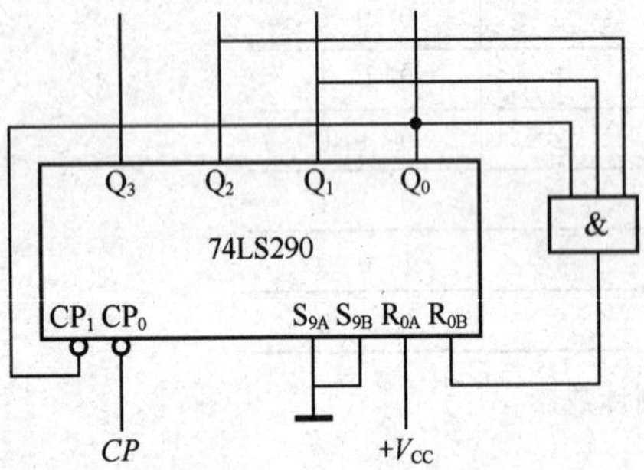

图 12-36　七进制计数器

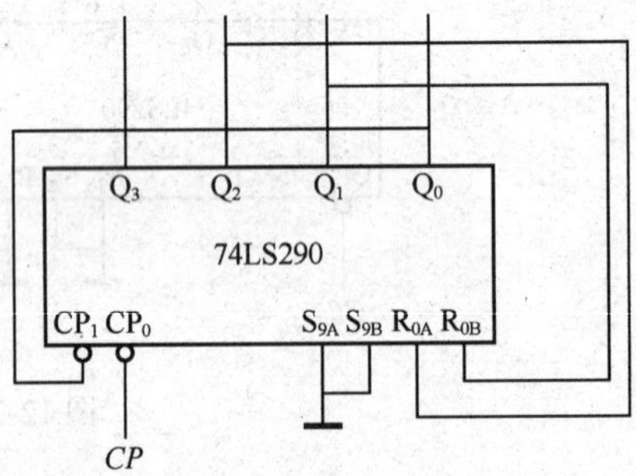

图 12-37　六进制计数器

（2）构成大容量计数器

① 先用级联法。

计数器的级联是将多个集成计数器（如 M_1 进制、M_2 进制）串接起来，以获得计数容量更大的 $N(=M_1\times M_2)$ 进制计数器。一般集成计数器都设有级联用的输入端和输出端。异步计数器实现的方法：低位的进位信号→高位的 CP 端。

② 再用脉冲反馈法。

例 12.2　利用两片 74LS290 构成二十三进制加法计数器。

先将两片接成 8421BCD 码十进制的 CT74LS290 级联组成 $10\times10=100$ 进制异步加法计数器。再将状态“0010 0011”通过反馈与门输出至异步置 0 端，从而实现二十三进制计数器，如图 12-38 所示。

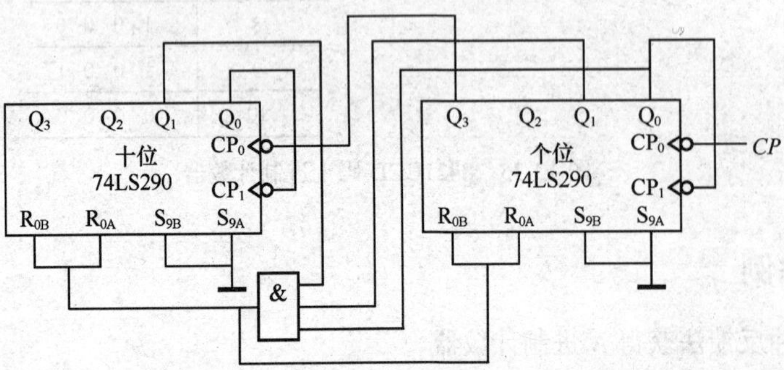

图 12-38　74LS290 构成二十三进制计数器

本章小结

1. 时序电路任何时刻的输出不仅与当时的输入信号有关，而且还和电路原来的状态有关。从电路的组成上来看，时序逻辑电路一定含有存储电路（触发器）。

2. 时序逻辑电路的功能可以用状态方程、状态转换表、状态转换图或时序图来描述。

3. 数码寄存器是用触发器的两个稳定状态来存储 0、1 数据，一般具有清 0、存数、输出等功能。

4. 移位寄存器除具有数码寄存器的功能外，还有移位功能。由于移位寄存器中的触发器一定不能存在空翻现象，所以只能用主从结构或边沿触发的触发器组成。移位寄存器还可实现数据的串行-并行转换、数据处理等。

5. 计数器是一种非常典型、应用很广的时序电路，不仅能统计输入时钟脉冲的个数，还能用于分频、定时、产生节拍脉冲等。计数器的类型很多，按计数器时钟脉冲引入方式和触发器翻转时序的异同，可分为同步计数器和异步计数器；按计数体制的异同，可分为二进制计数器、二-十进制计数器和任意进制计数器；按计数器中数字变化规律的异同，可分为加法计数器、减法计数器和可逆计数器。

6. 对各种集成寄存器和计数器，应重点掌握它们的逻辑功能，对于内部电路的分析，则放在次要位置。现在已生产出的集成时序逻辑电路品种很多，可实现的逻辑功能也较强，应在熟悉其功能的基础上加以充分利用。

习 题

12-1 试分析如题图 12-1 所示的时序逻辑电路。

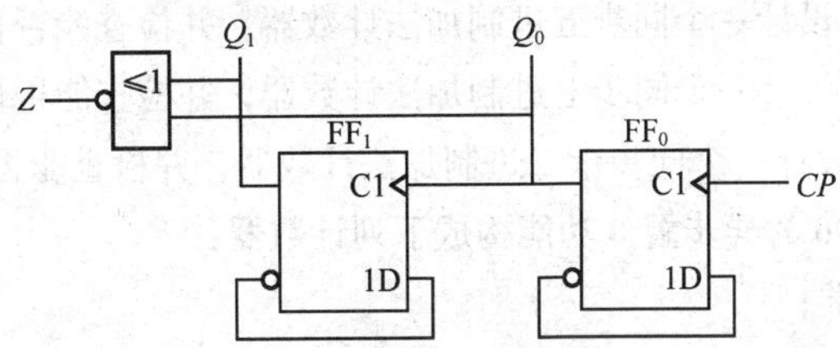

题图 12-1

12-2 分析如题图 12-2 所示电路的逻辑功能，并检查能否自启动。

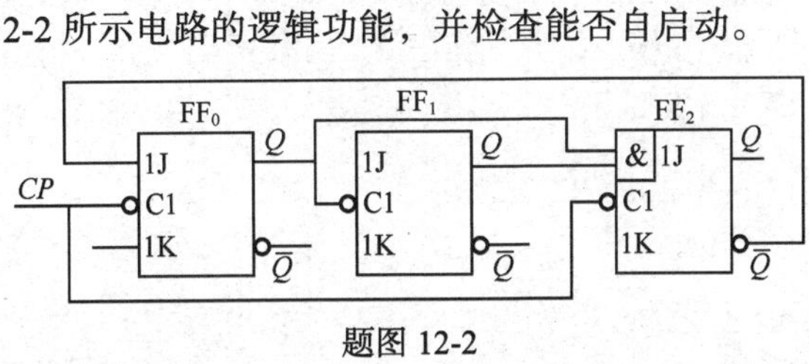

题图 12-2

12-3 题图 12-3 是用两片中规模集成电路 CT74LS290 组成的计数电路，试分析此电路是多少进制的计数器。

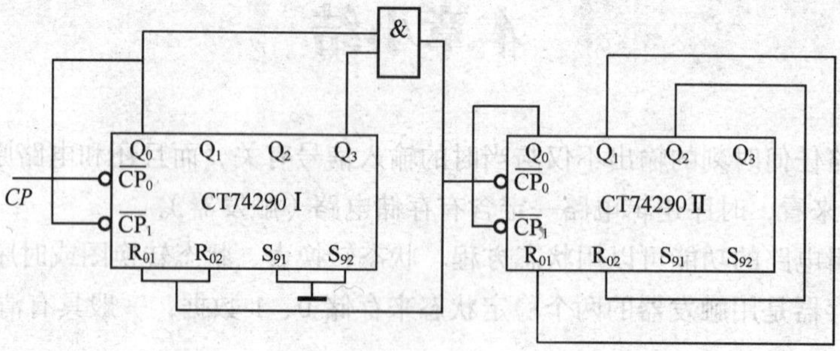

题图 12-3

12-4 试分析如题图 12-4 所示电路的逻辑功能。

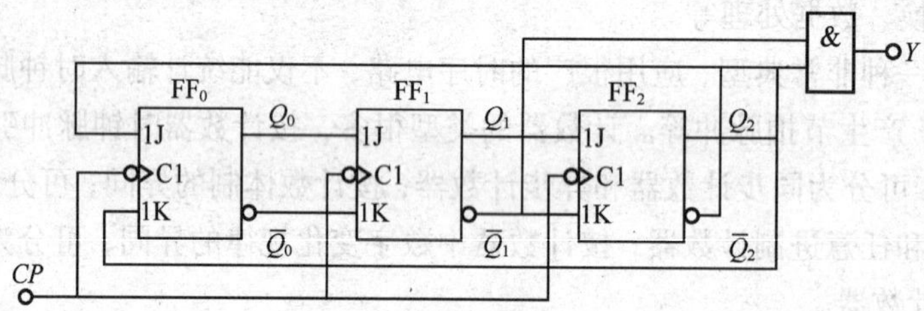

题图 12-4

12-5 分析如题图 12-5 所示电路的逻辑功能，画出状态转换图和时序图。

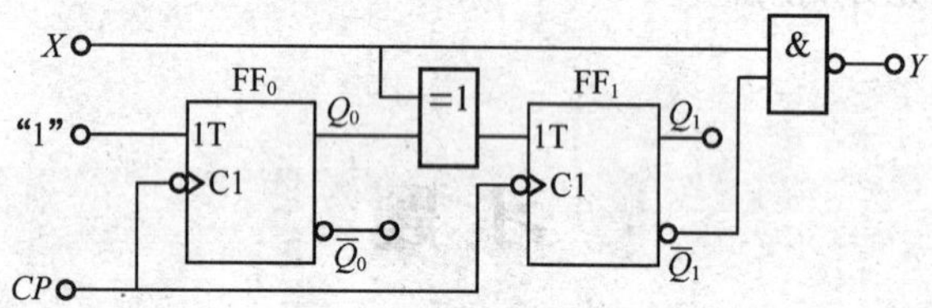

题图 12-5

12-6 试用 JK 触发器设计一个同步五进制加法计数器，并检查能否自启动。

12-7 试用 JK 触发器设计一个同步七进制加法计数器，并检查能否自启动。

12-8 试用 D 触发器设计一个同步十二进制加法计数器，并检查能否自启动。

12-9 试用 CT74LS290 的异步置 0 功能构成下列计数器：

（1）二十四进制计数器；

（2）五十进制计数器。

实验

第一节 概述

1. 电工电子学实验的基本要求

电工电子学实验课是一门以实验为主的技术基础课程，是高职高专电工电子学课程教学的重要环节。它的主要任务是对学生进行电工电子实验基本技能的训练，培养学生运用所学电工电子学理论知识来分析、解决实际问题的能力、动手能力及初步的电路设计能力，为后续的专业课实验和生产实践打下基础。现按实验过程，提出电工电子学实验的基本要求。

（1）实验前的准备

认真预习实验指导书，了解所做实验的目的、内容、方法与步骤，复习相关的理论知识。对于要自行设计的实验，则必须在实验前，先将电路设计好，以便顺利进行实验。

（2）实施实验

① 建立实验小组，并合理分工。每次实验以实验小组为单位进行，并注意在各次实验中合理轮换。

② 实验开始前，了解本次实验的所有仪器、设备的使用方法。

③ 按实验电路接好线路，经自查、互查无误后，再请指导教师复查，同意后才能合上电源。

④ 实验过程中，严格按要求操作，观察现象，记录读数，审查数据，得出真实的结果。

⑤ 实验内容结束后，应将实验数据或结果交给指导教师审阅，认可后，才算结束。

⑥ 实验完毕后，应做好扫尾工作，如拆线，放好仪器、设备，整理导线，清洁桌面等，经教师同意后方可离开。

（3）实验注意事项

① 切实遵守实验室的各项安全操作规程，注重人身和设备安全。做到不擅自接通电源，不触及带电部分，严格遵守先接线后合电源，先断电源后拆线的操作程序。若发现异常现象（如声响、发热、焦臭等）应立即断开电源，保持现场，报告指导教师，等待处理。

② 注重仪器仪表设备的使用，严格按其操作规程操作。对不了解性能和用法的设备不得随意使用。同时还要注意设备容量，参数选取应符合实验要求，其工作电压和电流不超过额定值。

③ 正确接线。根据实验电路的结构特点和要求，选择合理的接线步骤。一般按先串后并，先分后合，先主后辅的原则进行接线。

④ 正确读数。读数前应弄清仪表的量程及刻度，读数时应注意正确姿势，做到眼、针、影成一线。记录时要求完整清晰，力求表格化。

（4）实验报告要求

每次实验完毕后，学生应填写实验报告。实验报告应用实验报告纸填写。首先要填写实验名称、专业、班级、组别、姓名、同组姓名、实验日期等，然后根据实验指导书中的实验报告要求，填写实验报告。要求做到简明扼要，字迹清楚，图表整洁，结论明确。实验波形、曲线一律要画在坐标纸上，且比例要适当，坐标轴上应注明物理量的符号和单位，图下应标明波形、曲线的名称。

2. 测量误差的产生和消除

（1）测量误差的产生

在任何测量中，由于各种主观和客观因素的影响，如仪表不准、测量原理不当、测量人员生理习惯等，使得测量结果不可能完全等于被测参数的实际值，而只是它的近似值，这样就产生了测量误差。我们把这种测量值与被测量实际值之差称为测量误差。

（2）测量误差的分类

根据测量误差的性质和特征可分为系统误差、偶然误差和疏忽误差。

① 系统误差。

系统误差是由于仪表的不准、不完善、使用不当或测量原理不当，测量方法采用了近似公式以及外界因素如温度、电场、磁场等引起的误差。它遵循一定规律变化或保持不变。按误差产生的原因，系统误差又包括以下三种：

- 基本误差。这是由于仪表在结构上和制造中的缺陷而产生的，它是仪表所固有的误差。
- 附加误差。这是由于外界因素的变化如温度、磁场的变化，仪表的放置方法等而产生的。
- 方法误差。这是由于测量原理不当或测量方法不完善、测量人员生理习惯、采用近似公式等原因而产生的。

② 偶然误差。

偶然误差是由于测量时周围环境的偶发原因造成的，是一种大小和符号都不确定的误差。

③ 疏忽误差。

疏忽误差是由于测量中的疏忽引起的误差。一般表现为测量结果严重偏离被测量的实际值，如读数错误、记录错误、计算错误等。

（3）减小或消除误差的方法

测量的目的就是要尽可能求出被测量的实际值，为了达到这一目的，就必须设法减小或消除测量误差。

① 减小系统误差的方法。

- 对仪表进行校正，在测量中引用更正值，减小基本误差。在条件允许情况下，采用高准确度仪表。
- 按仪表所规定的条件使用仪表，减小附加误差。
- 采用特殊的方法测量，减小方法误差。如采用替代法测量等。

② 减小偶然误差的方法。

减小偶然误差的方法就是把同一测量值进行重复多次测量，最后取其算术平均值作为被测量的值。测量次数越多，偶然误差就越小。

③ 消除疏忽误差的方法。

由于疏忽误差有明显的错误，只要测量后对数据进行详细的分析，即可发现。对于疏忽测量的数据应予以抛弃，因为它是不可信的。

第二节 实 验

实验一 基尔霍夫定律

1. 实验目的

（1）验证基尔霍夫的电流定律及电压定律。

（2）学习使用电流表及电压表。

2. 实验原理

实验原理图如实图 1-1 所示。

（1）第一定律（结点电流定律）：电路中，任意时刻流入任一个结点的电流恒等于流出这个结点的电流。若规定流入结点的电流为正，流出结点的电流为负值，则 $\sum I=0$。

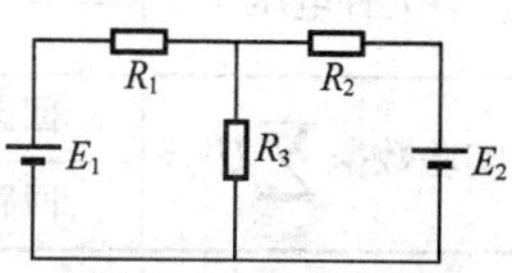

实图 1-1 实验原理图

（2）第二定律（回路电压定律）：沿着任一个闭合回路绕行一周电路中各元件上电压降的代数和恒为零，即 $\sum U=0$。

说明：在分析和计算电路时，按选定的回路绕行方向列方程，若所得的值为正值，则表明实际的电流方向和电压方向与图中所标的参考方向一致，若为负值则相反。

3. 实验仪器及设备

（1）直流电源一台（J1202）；

（2）干电池一节；

（3）电压表 C19-V 一只；

（4）电流表 C19-mA 三只；

（5）电阻三个；

（6）开关两个；

（7）综合实验板及连接导线若干。

4. 实验内容和步骤

实验接线图如实图 1-2 所示。

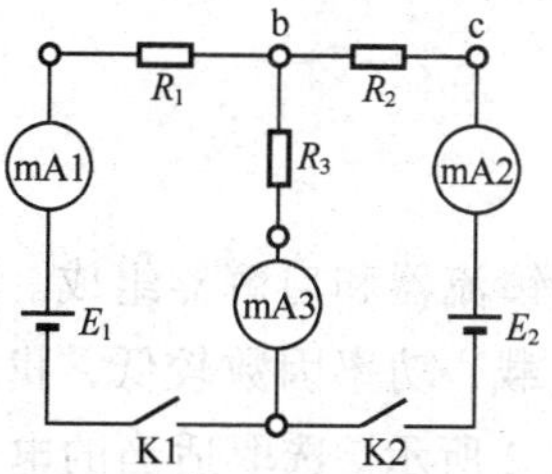

实图 1-2 实验接线图

图 1-2 中：E_1—12V； E_2—1.5V；

mA1 用 0—250—500mA 表接 250mA 量程。

mA2 用 0—150—300mA 表接 150mA 量程。

mA3 用 0—100—200mA 表接 100mA 量程。

（1）看懂原理图后，按照实验接线图，将所有实验的仪器仪表及元器件接到综合实验板上，请教师检查。

（2）用双手同时合上 K1、K2 开关，观察三个电流表（若指针有反向指示，立即关闭 K1、K2，将电流表正、负极调换，再重新合上 K1、K2）并将三个电流数值记录在实表 1-1 中。

实表 1-1　　电流值

各支路电流（mA）			结点电流 $\sum I$
实验数据	I_1		
	I_2		
	I_3		
计算数据	I_1		
	I_2		
	I_3		

（3）用电压表的 15V 量程，测量回路各点（元件上电压）的电压值及 E_1、E_2，并记入实表 1-2 中。

实表 1-2　　电压值

各元件电压	U_{ab}	U_{bc}	U_{bd}	E_1	E_2
实验数据 $\sum U$	回路Ⅰabda				
	回路Ⅱbcdb				

（4）数据完成好待教师检查后，方可整理好实验台。

5. 填写实验报告

（1）用实验测得各支路电流值，计算“b”点处 I 为多少，填入表中。

（2）计算各支路电流为多少，并与实验测的各值进行比较，有无误差，为什么？

（3）计算各回路压降值的代数是否为零？为什么？

6. 注意事项

（1）测量与计算，记好各电流值的正、负值。

（2）计算过程要有简单的运算过程。

（3）电源正、负极不能短路。

实验二　功率因数提高的实验

1. 实验目的

（1）了解日光灯的组成和工作原理。

（2）掌握提高功率因数的方法及其意义。

（3）学会使用功率表测功率。

2. 原理说明

（1）本次实验所用的负载是日光灯。整个实验电路是由灯管、镇流器和启辉器组成。如实图 2-1 所示。镇流器是一个铁芯线圈，因此日光灯是一个感性负载，功率因数较低，我们用并联电容的方法可以提高整个电路的功率因数。其电路如实图 2-2 所示。选取适当的电容值使用容性电流等于感性的无功电流，从而使整个电路的总电流减小，电路的功率因数将会接近于 1。功率因数提高后，能使电源得到充分利用，还可以降低线路的损耗，从而提高传输效率。

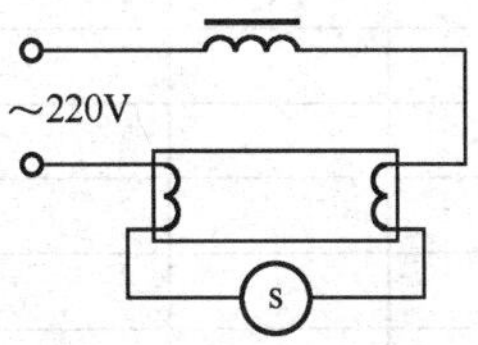

实图 2-1　实验原理图

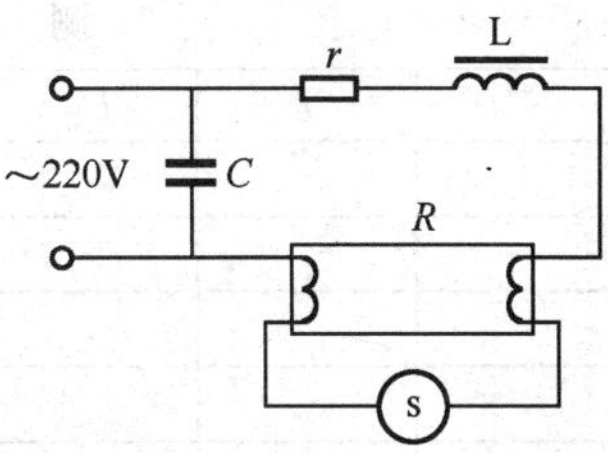

实图 2-2　实验原理图

（2）日光灯的组成及工作原理。

组成：灯管、启辉器、整流器。

工作原理：日光灯管内壁上涂有荧光物质，管内抽成真空，并允许有少量的水银蒸汽，管的两端各有一个灯丝串联在电路中，灯管的启辉电压在 400～500V 之间，启辉后管降压约为 110V（40W 日光灯的管压降），所以日光灯不能直接在 220V 的电压上使用。启辉器相当于一个自动开关，它有两个电极靠得很近，其中一个电极是双金属片制成，使用电源时，两电极之间会产生放电，双金属片电极热膨胀后，使两电极接通，此时灯丝也被通电加热。当两电极接通后，两电极放电现象消失，双金属片因降温而收缩，使两极分开。在两极断的瞬间镇流器将产生很高的自感电压，该自感电压和电源电压一起加到灯管两端，产生紫外线，从而使涂在管壁上的荧光粉发出可见的光。当灯管启辉后，镇流器又起着降压限流的作用。

3. 实验所用仪器设备

（1）T21—A 电流表，0—0.5—1A；

（2）40W 日光灯组件一套；

（3）电容箱一个；

（4）功率表 D26—W；

（5）万用表一只。

4. 实验步骤

（1）按图 2-3 接完线后，请教师检查后，方可通电实验。

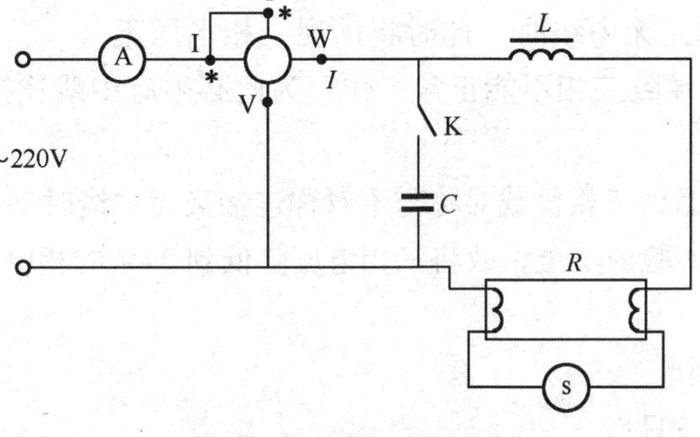

实图 2-3　实验接线图

（2）接通电源，断开电容，记下此时的 P 及 I 值，并用万用表测量 U 值，记入实表 2-1 中。

实表 2-1　　实验数据表

电容值	测量值						计算 $\cos\varphi$
	U	I	U_R	U_L	U_C	P_W	
0							
1							
2							
3							
4							
5							
6							
8							
10							

（3）接通电容，逐渐增大电容分别为 1、2、3、4、5、6、8、10μF 时各个电容上的 I 与 P 值。同样用万用表测量不同电容时的 U_R、U_L、U_C。

（4）完成后，数据交给教师检查后，方可整理好实验台，离开实验室。

5. 思考题

（1）计算并入及未并入电容时的功率因数，填入表格。

（2）提高功率因数有何意义？

（3）绘制 $I=f(C)$ 曲线，并说明电容并得是否愈多愈好，为什么？

实验三　三相负载星形连接

1. 实验目的

（1）熟悉三相负载作星形连接的方法。

（2）学习和验证三相负载对称与不对称电路中，相电压，线电压之间的关系。

（3）了解三相四线制中中线的作用。

2. 实验原理

三相负载作星形连接时，如实图 3-1 所示。

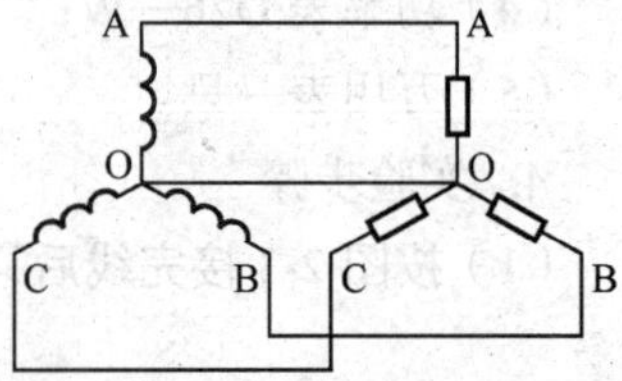

实图 3-1　实验原理图

当三相负载对称或不对称的星形连接有中线时，线电压与相电压均对称，且 $U_{线}=\sqrt{3}\,U_{相}$。而且 $U_{线}$超前与 $U_{相}$ 30°。

当三相负载不对称又无中线时，此时将出现三相电压不平衡、不对称的现象，导致三相不能正常工作，为此必须有中线连接，才能保证三相负载正常工作。

从上述理论中，考虑到三相负载对称与不对称连接又无中线时某相电压升高，影响负载的使用时间，同时考虑到实验的安全，故将三相电压降低到 24V 的相电压做实验。

3. 实验仪器设备

（1）三相负载箱一个；

（2）电流 T15-MA 一只；

（3）万用表 500 型一只；

（4）连接导线不限。

4．实验内容及步骤

负载箱内部接线如实图 3-2 所示。将实验台供电箱的三相电源 A、B、C、O 对应接到负载箱上。再接成星形连接，即 X、Y、Z、O 连接。

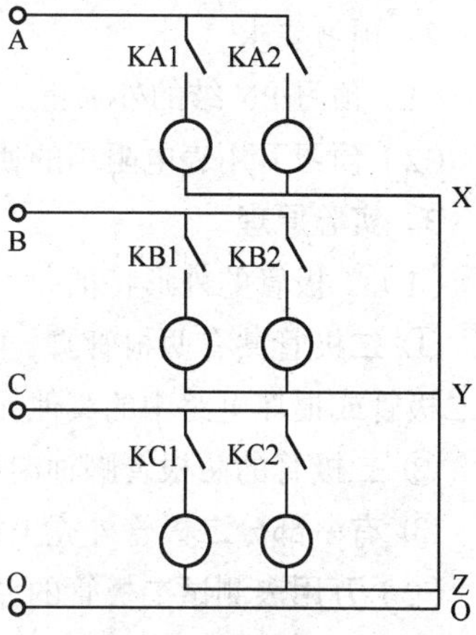

实图 3-2　负载箱内部接线图

用电流表插头及万用表电压挡进行下列情况的测量。并将数据记入实表 3-1 内。

（1）负载对称有中线，将三相负载箱上的开关全部打到接通位置。

（2）负载对称无中线，即断开中线。

（3）负载不对称有中线，将 A 相的 KA1 开关断开。

（4）负载不对称无中线。

上述数据完成后，请教师检查数据后，方可整理好实验台离开。

实表 3-1　　实验数据表

负载接法 / 测量数据		对称负载		不对称负载	
		有中线	无中线	有中线	无中线
相电压	U_A				
	U_B				
	U_C				
线电压	U_{AB}				
	U_{BC}				
	U_{CA}				
相电流	I_A				
	I_B				
	I_C				
中线电流	I_O				

5．填写实验报告

（1）分析负载不对称又无中线连接时的数据。

（2）想想中线有何作用?

6．注意事项

（1）万用表测量时，一定要打到测电压挡的位置。

（2）每测一次，改变负载连接方式都要断开电源开关。

实验四　常用半导体元件的识别与性能测试

1．实验目的

（1）认识常用二极管和晶体管的外形特征。

（2）学会使用万用表判别二极管的极性和晶体管的管脚。

（3）熟悉用万用表判别二极管和晶体管的质量。

2. 预习要求

（1）预习 PN 结的外加正、反向电压的工作原理和晶体管电流放大原理。

（2）预习万用表电阻挡的使用方法。

3. 实验原理

（1）二极管的外形特征

① 二极管共有两根管脚，两根管脚有正、负之分，在使用中两根管脚不能接反，否则会损坏二极管或损坏电路中的其他元件。

② 二极管的两根管脚轴向伸出。

③ 有一部分二极管外壳上标出二极管的电路符号，以便识别二极管的正、负极管脚。

（2）万用表测试二极管的原理

晶体二极管内部实质上是一个 PN 结。当外加正向电压，也即 P 端电位高于 N 端电位时，二极管导通呈低电阻，当外加反向电压，也即 N 端电位高于 P 端电位时，二极管截止呈高电阻。因此可应用万用表的电阻挡鉴别二极管的极性和判别其质量的好坏。图 4-1 所示为万用表电阻挡的等效测试电路。由图可知，表外电路的电流方向从万用表负端（-）流向正端（+），即万用表处于电阻挡时，其（-）端为内电源的正极，（+）端为内电源的负极。

由等效电路图可算出电阻挡在 n 倍率下输出的短路电流值。测试时，可由指针偏转角占全量程刻度的百分比 θ（可通过指针所处直流电压刻度位置估算之）估算流经被测元器件的直流电流。

在测试小功率二极管时一般使用 R × 100Ω或 R × 1kΩ挡，不致损坏管子。

（3）万用表测试三极管的原理

① 基极和管型的判断。

三极管内部有两个 PN 结，即集电结和发射结，实图 4-2（a）所示为 NPN 型三极管。与二极管相似，三极管内的 PN 结同样具有单向导电性。因此可用万用表电阻挡判别出基极 b 和管型。例如，NPN 型三极管，当用黑表笔接基极 b，用红表笔分别搭试集电极 c 和发射极 e 时，测得的阻值均较小；反之，表笔位置交换后，测得的阻值均较大。但在测试时未知电极和管型，因此对三个电极管脚要调换测试，直到符合上述测量结果为止。然后，再根据在公共端电极上表笔所代表的电源极性，判别出基极 b 和管型。如实图 4-2（b）所示。

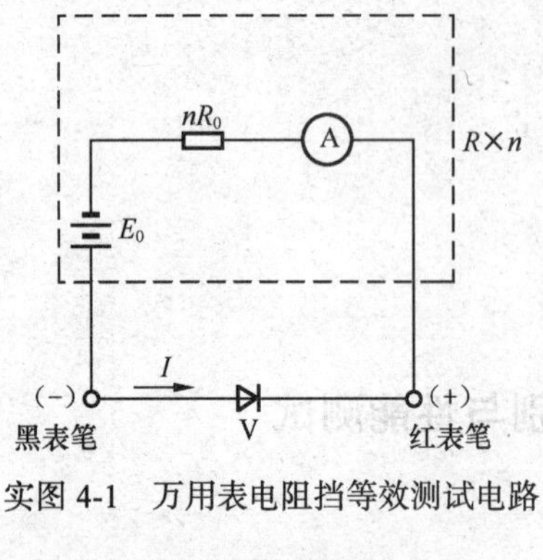

实图 4-1　万用表电阻挡等效测试电路

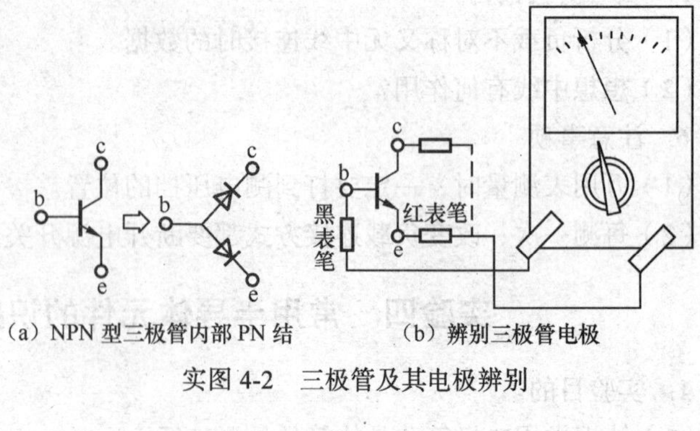

（a）NPN 型三极管内部 PN 结　（b）辨别三极管电极

实图 4-2　三极管及其电极辨别

② 集电极和发射极的判别。

这可根据三极管的电流放大作用进行判别。实图 4-3 所示的电路，当未接上 R_b 时，无 I_B，

则 $I_C = I_{CEO}$很小，测得 c、e 间电阻大；当接上 R_b，则有 I_B，而 $I_C = \beta I_B + I_{CEO}$，因此，$I_C$显然要增大，测得 c、e 间电阻比未接上 R_b时为小。如果 c、e 调头，三极管成反向运用，则β小，无论 R_b接与不接，c、e 间电阻均较大，因此可判断出 c 和 e 极。例如，测量的管型是 NPN 型，若符合β大的情况，则与黑表笔相接的是集电极 c。

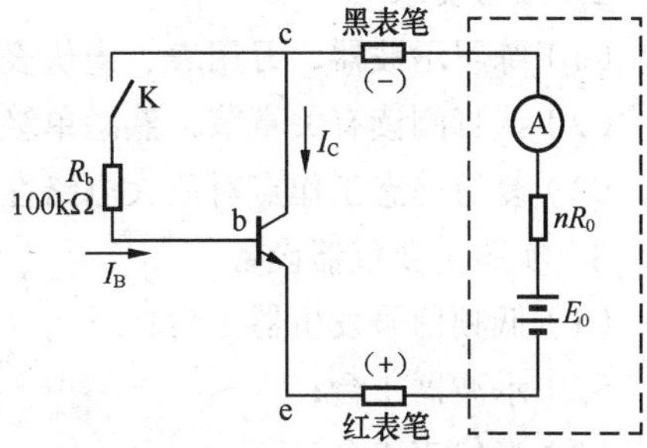

实图 4-3　用万用表判别三极管 c、e 极

4. 实验仪器设备

（1）万用表一只；

（2）二极管：2AP 型，2CP 型各一只；

（3）三极管：3AX31，3DG6 各一只；

（4）电阻：100kΩ一只；

（5）坏的二极管、三极管若干只。

5. 实验内容及步骤

（1）测试二极管的正、负极性和正、反向电阻

用万用表电阻挡 R × 100Ω或 R × 1kΩ挡，判别二极管的正、负极。

（2）判别三极管的管脚和管型（NPN 型和 PNP 型）

① 用万用表电阻挡 R × 100Ω或 R × 1kΩ挡，先判别基极 b 和管型。

② 判别出集电极 c 和发射极 e，测定 I_{CEO}和β的大小。

③ 用万用表测试坏的二极管和三极管，鉴别分析管子质量和损坏情况。

6. 填写实验报告

（1）将测得数据进行分析整理，填入实表 4-1。

实表 4-1　　正、反向电阻测量值

二极管类型	2AP 型		2CP 型	
万用表电阻挡	R × 100(Ω)	R × 1k(Ω)	R × 100(Ω)	R × 1k(Ω)
正向电阻				
反向电阻				

（2）根据测量结果，总结出一般二极管正向电阻、反向电阻的范围。

7. 思考题

通过实验，你能否回答下列问题？

（1）能否用万用表测量大功率三极管？测量时使用哪一挡，为什么？

（2）为什么用万用表不同电阻挡测二极管的正向（或反向）电阻值时，测得的阻值不同？

（3）用万用表测得的二极管的正、反向电阻是直流电阻还是交流电阻？用万用表 R × 10Ω挡和 R × 1kΩ挡去测量同一个二极管的正向电阻时，所得的结果是否相同？为什么？

（4）我们知道，二极管的反向电阻较大，需用万用表欧姆挡的 R × 1kΩ或 R × 10kΩ挡去测量。有人在测量二极管的反向电阻时，为了使表笔和管脚接触良好，用两手分别把两个接触处捏紧，结果发现管子的反向电阻比实际值小很多，这是为什么？

实验五　单管放大电路分析

1. 实验目的

（1）学习电子电路的连接。

（2）测量静态工作点并验证静态工作点参数对放大器的工作的影响。

（3）学会用示波器观察波形并测量放大倍数。

（4）了解失真情况。

2. 预习要求

（1）练习示波器、万用表、毫伏表的使用。

（2）认真阅读有关章节，熟悉单级共射放大电路静态工作点的设置方法。

（3）复习静态工作点对放大电路性能的影响等方面的知识。

3. 实验主要仪器设备

（1）低频信号发生器 1 台；

（2）示波器 1 台；

（3）毫伏表 1 台；

（4）稳压电源 1 台。

4. 实验主要内容

（1）按实图 5-1 所示的共射单管放大电路，连接好电路。

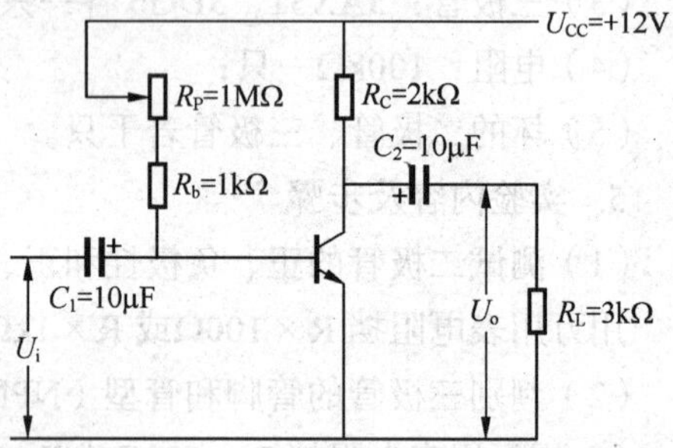

实图 5-1　共射单管放大电路

（2）将直流电源调至 12V，并接入线路中；调节 R_P，使 U_C = 5～7V，测量 I_{CQ}，U_{BEQ}，记录，填入实表 5-1 中。

实表 5-1　　实验数据表

U_{CC}	$U_C(U_{CEQ})$	I_{CQ}	U_{BEQ}

（3）调节信号发生器使其输出值为 1kHz，5mV 的正弦波，并接入放大器输入端，用示波器观察放大器电路波形。

（4）空载情况下，逐步调节信号发生器的大小，使 U_o 为最大不失真波形，用毫伏表测出 U_I 和 U_o 的值，计算 A_u，并记录。填入表 5-2 中。

（5）接入负载。重复（3）操作，并记录。填入实表 5-2 中。

实表 5-2　　实验数据表

输入信号频率	是否加负载 R_L	U_I/mV	U_o/mV	A_u
1kHz				

（6）调节可变电阻器的大小，用示波器观察输出波形的失真情况。

5. 实验报告

（1）整理实验测量数据。

（2）分析静态工作点对放大器性能的影响。

（3）分析空载和带负载情况下，放大倍数的改变原因。

实验六　整流、滤波和稳压电路的测试

1. 实验目的

（1）掌握单相半波整流电路工作原理。

（2）熟悉常用整流和滤波电路的特点。

（3）了解稳压的工作原理。

2. 预习要求

预习整流、滤波和稳压电路工作原理。

3. 实验电路及原理

（1）半波整流、滤波电路原理图如实图 6-1 所示，整流器件是二极管，利用二极管单向导电特性，即可把交流电变成直流电，经过半波整流在没有滤波情况下得到 $U_O = 0.45U_2$。

（2）桥式整流、滤波电路原理图如实图 6-2 所示，图中二极管接成桥式电路。在电容滤波电路中：未闭合开关 K，无滤波情况下，$U_O = 0.9U_2$；闭合开关 K，有滤波情况下，$U_O = 1.2U_2$。

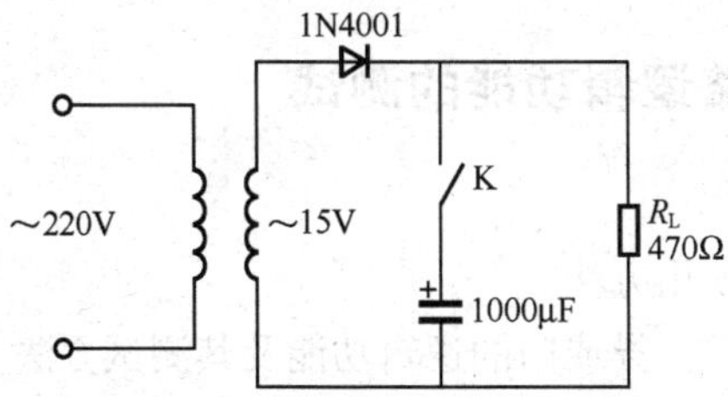

实图 6-1　半波整流、滤波电路原理图

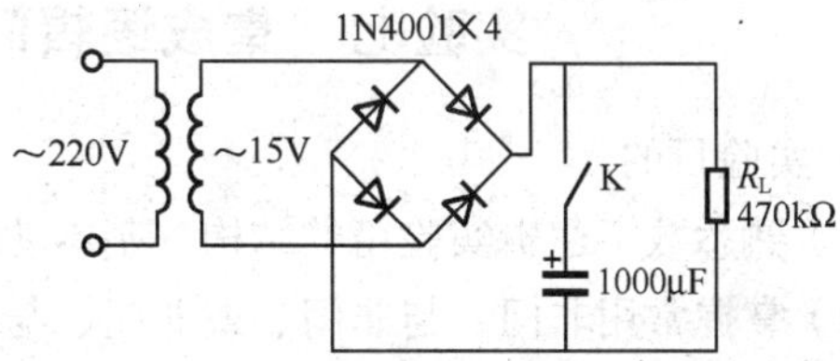

实图 6-2　单相桥式整流、滤波电路原理图

（3）桥式整流、滤波与稳压电路原理图如实图 6-3 所示，在桥式整流、滤波的基础上加 7809 稳压块。

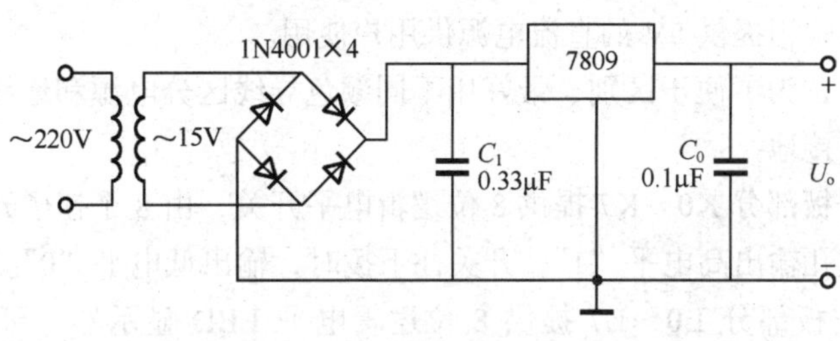

实图 6-3　单相桥式整流、滤波、稳压电路原理图

4. 实验内容

（1）单相半波整流和滤波电路

① 按实图 6-1 接线，经检查无误后接通 220V 交流电，开关 K 打开时，测输入、输出电压并观察波形。记录测量结果。

② 闭合开关 K，测量输出电压，并观察输出波形。并比较 K 打开和闭合的输出电压数值和波形。

③ 改变滤波电容（增大或减小），重复上述实验内容。

（2）桥式整流和滤波电路

按实图 6-2 电路接线，测试内容与半波整流、滤波电路中的内容相同，记录测试数据，并和半波整流、滤波电路的测试数据进行比较。

（3）整流、滤波和稳压电路

按实图 6-3 电路接线，检查后接通电源，主要测量稳压后的输出电压，并观察波形，记录数据，并和没有稳压时进行比较。

5. 实验报告

（1）整理实验数据，画出三种电路的输出波形。

（2）根据实验测试结果，总结三种电路特点。

6. 思考题

（1）如何选用整流二极管，二极管的参数应如何计算？

（2）选用滤波电容时，应注意哪几个方面？

（3）当负载变化时，负载两端的电压是否变化？流过负载上的电流是否变化？

（4）在单相桥式整流电路中，整流二极管的极性接反或虚焊，电路中将会发生什么现象？

实验七　集成逻辑门电路逻辑功能的测试

1. 实验目的

（1）熟悉数字逻辑实验箱的结构、基本功能和使用方法。

（2）掌握常用非门、与非门、或非门、与或非门、异或门的逻辑功能及其测试方法。

2. 实验主要仪器设备

（1）数字逻辑实验箱 DSB-3 1 台；

（2）万用表 1 只；

（3）元器件：74LS00（T065）、74LS04、74LS55、74LS86 各一块，导线若干。

3. 实验原理和方法

（1）数字逻辑实验箱提供 5V 的直流电源供用户使用。

（2）连接导线时，为了便于区别，最好用不同颜色导线区分电源和地线，一般用红色导线接电源，用黑色导线接地。

（3）实验箱操作板部分 K0～K7 提供 8 位逻辑电平开关，由 8 个钮子开关组成，开关往上拨时，对应的输出插孔输出高电平“1”，开关往下拨时，输出低电平“0”。

（4）实验箱操作板部分 L0～L7 提供 8 位逻辑电平 LED 显示器，可用于测试门电路逻辑电平的高低，LED 亮表示“1”，灭表示“0”。

4. 实验内容和步骤

（1）测试 74LS04 六非门的逻辑功能

将 74LS04 正确接入面板，注意识别 1 脚位置，按实表 7-1 要求输入高、低电平信号，测出相应的输出逻辑电平。

实表 7-1　　74LS04 逻辑功能测试表

1A	1Y	2A	2Y	3A	3Y	4A	4Y	5A	5Y	6A	6Y
0		0		0		0		0		0	
1		1		1		1		1		1	

（2）测试 74LS00 四 2 输入与非门逻辑功能

将 74LS00 正确接入面板，注意识别 1 脚位置，按实表 7-2 要求输入高、低电平信号，测出相应的输出逻辑电平。

实表 7-2　　　　74LS00 逻辑功能测试表

1A	1B	1Y	2A	2B	2Y	3A	3B	3Y	4A	4B	4Y
0	0		0	0		0	0		0	0	
0	1		0	1		0	1		0	1	
1	0		1	0		1	0		1	0	
1	1		1	1		1	1		1	1	

（3）测试 74LS55 二 4 输入与或非门逻辑功能

将 74LS55 正确接入面板，注意识别 1 脚位置，按实表 7-3 要求输入信号，测出相应的输出逻辑电平，填入表中。（表中仅列出供抽验逻辑功能用的部分数据）

实表 7-3　　　　74LS55 部分逻辑功能测试表

A	B	C	D	E	F	G	H	Y
0	0	0	0	0	0	0	0	0
0	0	0	0	0	1	1	1	
0	0	0	0	1	0	1	1	
0	0	0	0	1	1	0	1	
0	0	0	0	1	1	1	0	
0	0	0	0	1	1	1	1	
1	1	1	1	0	0	0	0	
1	0	1	1	0	1	1	0	
1	1	1	1	1	1	1	1	

（4）测试 74LS86 四异或门逻辑功能

将 74LS86 正确接入面板，注意识别 1 脚位置，按实表 7-4 要求输入信号，测出相应的输出逻辑电平。

实表 7-4　　　　74LS86 逻辑功能测试表

1A	1B	1Y	2A	2B	2Y	3A	3B	3Y	4A	4B	4Y
0	0		0	0		0	0		0	0	
0	1		0	1		0	1		0	1	
1	0		1	0		1	0		1	0	
1	1		1	1		1	1		1	1	

注意：本器件的逻辑功能表达式应为 $Y=\overline{ABCD+EFGH}$，请与实测值相比较。

5．实验报告要求

（1）整理实验结果，填入相应表格中，并写出逻辑表达式。

（2）小结实验心得体会。

（3）回答思考题：若测试 74LS55 的全部数据，所列测试表应有多少种输入取值组合？

实验八　数据选择器

1. 实验目的

（1）掌握 MSI 组合逻辑电路数据选择器的实验分析方法。

（2）了解中规模集成 8 选 1 数据选择器 74LS151 的应用。

2. 实验器材

（1）数字逻辑实验箱 DSB-3 1 台；

（2）万用表 1 只；

（3）元器件：74LS00（T065）、74LS04 各 1 块、74LS20（T063）、74LS151 各 1 块、导线若干。

3. 实验内容及步骤

（1）利用数字逻辑实验箱测试 74LS151 8 选 1 数据选择器的逻辑功能，并记录实验数据。请在预习时自行拟出实验步骤，列出表述其功能的功能表，要包括所有输入端的功能。

（2）交通灯有红、黄、绿三色。只有当其中一只亮时为正常，其余状态均为故障。试设计一个交通灯故障报警电路。要求用 74LS151 及辅助门电路实现，设计出逻辑电路图，拟出实验步骤，接线并检查电路的逻辑功能，列出表述其功能的真值表，记录实验数据。

（3）有一密码电子锁，锁上有四个锁孔 A、B、C、D，当按下 A 和 D、或 A 和 C、或 B 和 D 时，再插入钥匙，锁即打开。若按错了键孔，当插入钥匙时，锁打不开，并发出报警信号。要求用 74LS151 及辅助门电路实现，设计出逻辑电路图，拟出实验步骤，接线并检查电路的逻辑功能，列出表述其功能的真值表，记录实验数据。

注：可选做步骤 2 或 3 中的任一个。若 S 端悬空，会怎样？请测试。

4. 实验报告要求

（1）列出具体实验步骤，整理实验测试结果，说明 74LS151 8 选 1 的功能。

（2）列出具体实验步骤，画出用 74LS151 及辅助门电路构成的设计电路图，列出真值表，求出逻辑表达式。若 S 端悬空，结果如何？

实验九　计数、译码、显示综合实验

1. 实验目的

（1）熟悉中规模集成电路计数器的功能及应用。

（2）熟悉中规模集成电路译码器的功能及应用。

（3）熟悉 LED 数码管及其驱动电路的工作原理。

（4）初步学会综合安装调试的方法。

2. 实验器材

（1）数字逻辑实验箱 DSB-3 1 台；

（2）万用表 1 只；

（3）元器件：74LS90 2 块，74LS49（或 74LS249）1 块，共阴型 LED 数码管 1 块、导线若干。

3. 实验内容和步骤

用集成计数器 74LS90 分别组成 8421 码十进制和六进制计数器，然后连接成一个六十进制计数器（六进制为高位、十进制为低位）。其中十进制计数器用实验箱上的 LED 译码显示电路显示（注意高、低位顺序及最高位的处理），六进制计数器由自行设计、安装的译码器、数码管电路显示，这样组成一个六十进制的计数、译码、显示电路。用实验箱上的低频连续脉冲作为计数器的计数脉冲，通过数码管观察计数、译码、显示电路的功能是否正确。建议：每一小部分电路安装完后，先测试其功能是否正确，正确后再与其他电路相连。

4. 实验报告要求

（1）画出六十进制计数、译码、显示的逻辑电路图。

（2）说明实验步骤。

（3）简要说明数码管自动计数显示的情况。（可列省略中间某些计数状态的计数状态顺序表说明）

（4）根据实验中的体会，说明综合安装调试较复杂中、小规模数字集成电路的方法。

5. 回答思考题

（1）共阴、共阳 LED 数码管应分别配用何种输出方式的译码器?

（2）该如何确定数码管驱动电路中的限流电阻值?

（3）如果六十进制计数器采用高位接十进制、低位接六进制的方式，计数顺序又如何?

参考文献

[1] 林平勇，高嵩．电工电子技术．北京：高等教育出版社，2000.

[2] 江甦．电工与工业电子学．西安：西安电子科技大学出版社，2002.

[3] 苏丽萍．电子技术基础．西安：西安电子科技大学出版社，2002.

[4] 秦曾煌．电工学．北京：高等教育出版社，2000.

[5] 清华大学电子学教研组，阎石．数字电子技术基础．北京：高等教育出版社，1998.

[6] 杨志忠．数字集成电路．北京：中国电力工业出版社，1999.

[7] 李世雄，丁康源．数字集成电子技术教程．北京：高等教育出版社，1993.

[8] 胡宴如．电子实习（I）．北京：中国电力工业出版社，1996.

[9] 杨静升，邢迎春．电工电子技术．大连：大连理工大学出版社，2006.

[10] 康华光．电子技术基础．北京：高等教育出版社，1999.

[11] 江晓安．模拟电子技术．西安：西安电子科技大学出版社，2000.

[12] 邱关源．电路（第三版）．北京：高等教育出版社，1989.

[13] 丁承浩．电工学．北京：机械工业出版社，1999.

[14] 漆仕速等．图解电工技术．天津：天津科技出版社，1997.